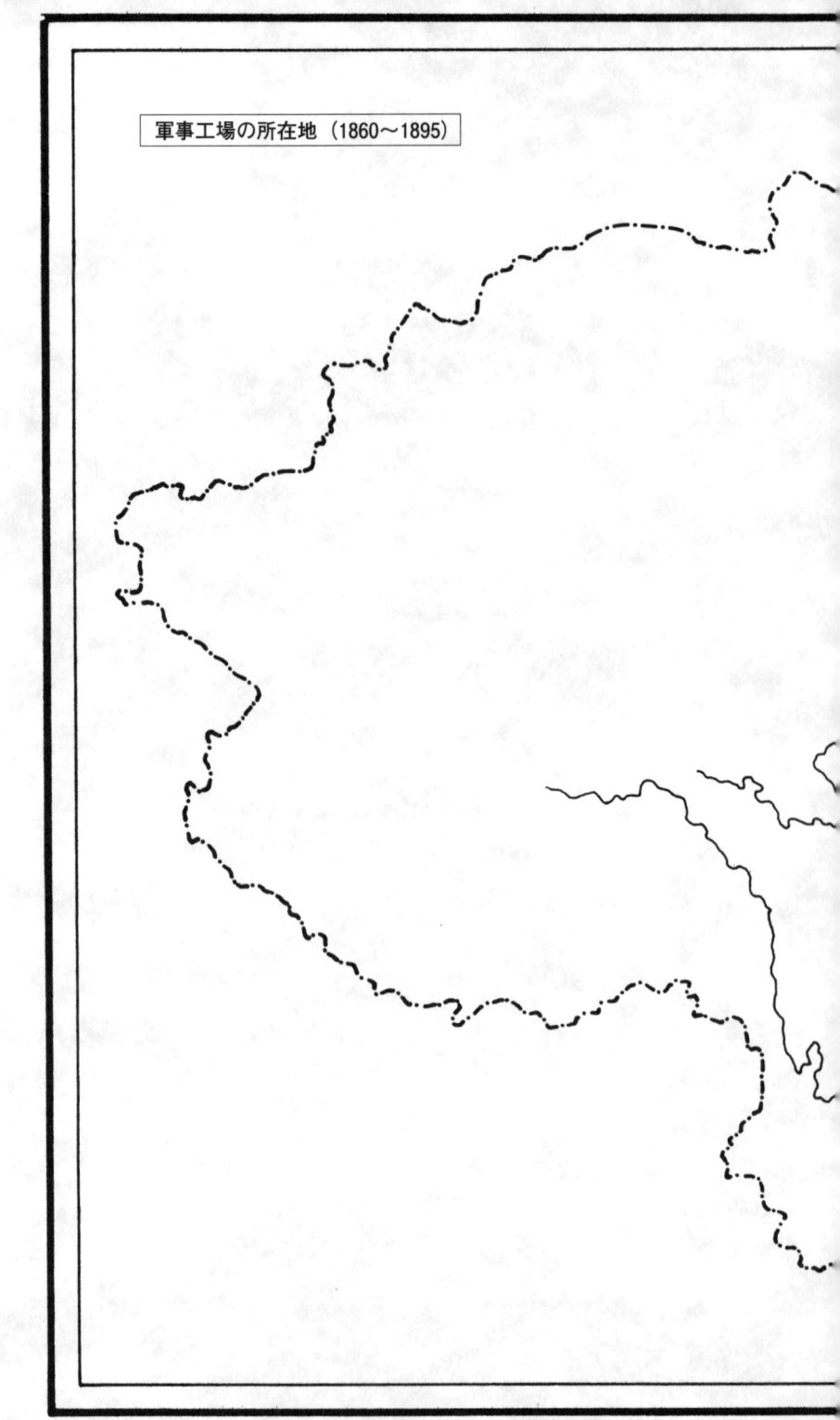

軍事工場の所在地（1860～1895）

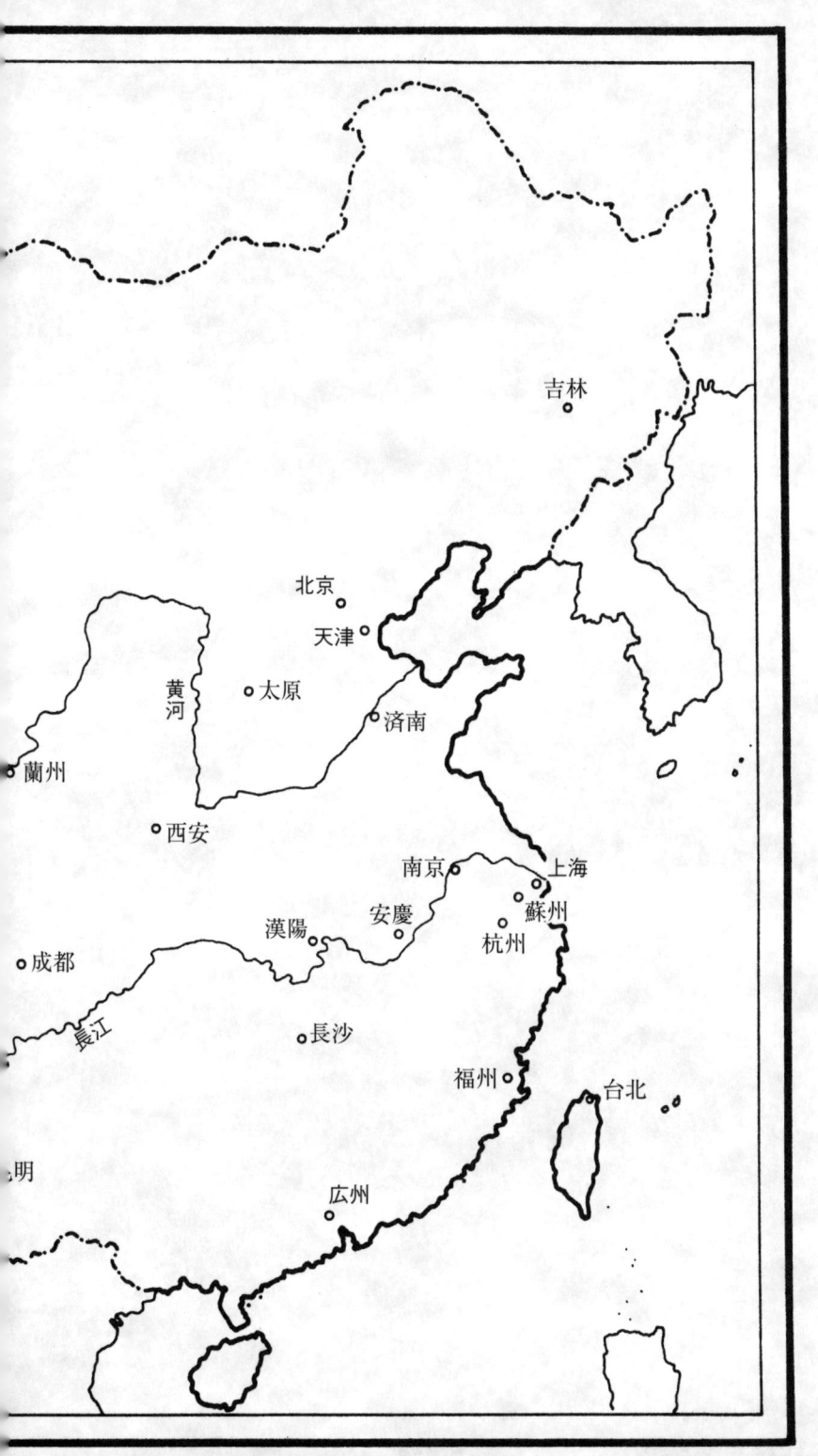

中国軍事工業の近代化

太平天国の乱から日清戦争まで

The Arms of Kiangnan : Modernization in the Chinese Ordnance Industry, 1860-1895

トーマス・L・ケネディ 著
Thomas L.Kennedy

細見和弘 訳
Hosomi Kazuhiro

昭和堂

THE ARMS OF KIANGNAN by Thomas L. Kennedy

Copyright © 1978 by Westview Press, Inc.
Japanese translation rights arranged directly with the Author
thorough Tuttle-Mori Agency, Inc., Tokyo

感謝の言葉

　C・マーチン・ウィルバー教授は，これまで研究者の学術活動の発展に中心的役割を果たしてこられました。そのことを示す長大な学者リストに，私の名前が加えられ，とても嬉しく存じます。1960年代，コロンビア大学における博士論文として始まったこの研究書は，各段階でウィルバー教授の批判，激励，援助，そして学問的な例証を授かりました。数年以上，私はカリフォルニア大学の劉広京教授とオハイオ州立大学の朱昌峻教授から草稿に関して詳細な批評と提案を頂きました。クイーンズ・カレッジの汪一駒教授と香港中文大学の王爾敏教授からは，私の研究のとくに難航した段階でたいへん貴重な力添えと指導を頂きました。とりわけ汪一駒教授に対し，深く感謝いたします。ワシントン州立大学の歴史学科主任レイモンド・ミューズ教授の忍耐強い支援と激励のお陰で，研究・執筆の最終段階はとても順調でした。
　私は，社会科学研究評議会，現代中国に関する共同委員会，アジア研究機関交流委員会，ワシントン州立大学大学院，ハーバード大学東アジア研究センターの資金援助に対し，感謝の意を表したく存じます。中央研究院近代史研究所，およびコロンビア大学東アジア言語文化学部は，その研究資料や個人蔵書を私が必要な時に利用できるようにしてくださいました。
　重砲の模造品の写真は，フランク・カーペンター氏のご厚意により，マサチューセッツ州ミルトンの米中貿易博物館より提供されました。
　最後に，はかりしれないほどの時間，編集の手助けと文体上の批評をしてくれた妻のミッキーに感謝いたします。ミッキーと私の子どもたち，エリザベス，ヨーゼフ，メイダの忍耐強さと激励と理解と愛情に，私は最大級の感謝をいたします。それがなければ，この本は書かれなかったでしょう。

トーマス・L・ケネディ
ワシントン州プルマンにて
1978年1月

日本語版への序文

　この研究は，冷戦時代にその原点があります。上海の江南造船所は，1950年代末に初めて私の眼に留まりました。アメリカ合衆国海兵隊の情報部員として私は，江南造船所が新興ではあるがパワフルな中華人民共和国のために海軍兵器を造る生産者であると学びました。数年後，私は市民生活に戻り，コロンビア大学東アジア言語文化学部の博士課程に進んだ後，C・マーチン・ウィルバー教授の中国近代史セミナーに登録し，そこで1860年代の江南製造局と造船所を再発見しました。すなわち，独自の考えを持つ中国の開明的な自強官僚たちが太平天国革命運動を鎮圧し，西洋帝国主義の猛攻撃を撃退するために奮闘したことを再発見しました。私はコロンビア大学の東アジア・コレクションの中に，江南製造局に関連する文献資料を見つけ，驚喜しました。そして，ウィルバー教授の指導の下，汪一駒教授の助力を得て，江南製造局に関する博士論文を書き始めました。

　私は台湾の中央研究院近代史研究所に自分の研究を持って行きました。そこには郭廷以教授や王爾敏教授がおられ，より広範な防衛産業の分野，すなわち19世紀中国の工業近代化の最先端に私を導いて下さいました。

　防衛産業の研究は，中国の初期近代化で鍵となる諸問題を解明する上で重要であることがわかりました。すなわち，新しい軍事工業は中国を強化し，新しい世紀に導く進歩的官僚の開明的な活動を意味していたのか，それとも，この新しい工業は瀕死の王朝支配体制を救うため外国の技術を使用しようとした利己的な試みであったのか，という問題です。中国が日清戦争（1894～1895）に敗れたのは，軍事工業の失敗した決定的証拠であると長い間理解されてきました。中国の軍産複合体は日本の近代化された軍隊に抵抗できないことが立証されました。それにもかかわらず，中国が近代世界における自らの位置を理解するための重要な変化，すなわち，科学，技術，西洋の言語，西洋文明は，軍事工場が持ち込んだのです。軍事工場が対日戦争で最初の試

練に失敗したのは確かですが，歴史がこれまで裁いてきたような惨めな失敗ではなかったのです。

　最後に，この研究書が最初に出版されて以来，世界の変化，とりわけ中国における変化には著しいものがあります。中国は，ふたたび当世風の近代化運動に着手し，今日に至っています。19世紀における近代化活動との類似が印象的です。過去二，三十年の間に中国で進行していることは，早期の共産主義社会を変容させようとする正真正銘の企てなのでしょうか？　あるいは，苛酷な一党独裁体制に現代風の衣裳を着せただけの表面的な活動なのでしょうか？

トーマス・L・ケネディ
ワシントン州プルマンにて
2012年7月

凡　例

　翻訳者による訳註は，本文中では原則として〔　〕の中に記し，該当する語句の後ろに挿入する。原書の註の中において長文の訳註を入れる場合は，重複を厭わず〔訳註：　〕のように書き入れることにする。原書の中で（　）を用いて註記されている箇所については，典拠の漢文史料に当たり，そこで表記されている語句を訳語としたものがある。その際，原書の記述を基に註釈を加える場合には（　）を使って書き入れた。

　訳註を作成するに際し，主に参照したのは以下の文献である（註記したものを除く）。

William Frederick Mayers, *The Chinese Government*, 3rd ed; reprint edition, Taipei, Cheng-wen Publishing Company, 1970.

坂野正高『近代中国政治外交史——ヴァスコ・ダ・ガマから五四運動まで』東京大学出版会，1982 年，第 2 刷。

植田捷雄・魚返善雄・坂野正高・衛藤瀋吉・曽村保信編『中国外交文書辞典（清末篇）』国書刊行会，1985 年。

山腰敏寛編『中国歴史公文書読解辞典』汲古書院，2004 年。

―― 目　次 ――

感謝の言葉　　i

日本語版への序文　　iii

凡例　　v

図版一覧　　ix

[第1章] 中国の伝統的軍事工業 1
　　兵器の生産 4
　　火器の初期の発展 9
　　西洋式兵器の導入 12
　　結　論 17

[第2章] 19世紀中葉の自強運動と軍事工業の役割 23

[第3章] 李鴻章の軍事工場
　　―― 創設期（1860〜1868）―― 43
　　安慶内軍械所 46
　　容閎の使命 47
　　上海・蘇州洋砲局 49
　　江南製造局 57
　　金陵機器局 60
　　天津機器局 61
　　江南製造局の初期の生産 64

捻軍の叛乱と天津機器局……………………………………… 66
　　　結　論 …………………………………………………………… 68

[第4章] 李鴻章の軍事工場
――生産の開始（1868～1875）―― …………… 73
　　　江南製造局 ……………………………………………………… 75
　　　金陵機器局 ……………………………………………………… 84
　　　天津機器局 ……………………………………………………… 88
　　　結　論 …………………………………………………………… 94

[第5章] 国家による軍事工業政策の進展（1872～1875）…… 101
　　　江南製造局における造船の終焉 ……………………………… 104
　　　1875年の新海防政策 …………………………………………… 112
　　　結　論 …………………………………………………………… 123

[第6章] 新海防政策の下での兵器生産（1875～1885）…… 127
　　　江南製造局 ……………………………………………………… 129
　　　金陵機器局と火薬工場 ………………………………………… 143
　　　天津機器局 ……………………………………………………… 146
　　　結　論 …………………………………………………………… 150

[第7章] 武器・弾薬生産の近代化（1885～1895）………… 157
　　　江南製造局 ……………………………………………………… 160
　　　金陵機器局と洋火薬局 ………………………………………… 176

天津機器局 179
　　　結　論 184

[第8章] 結　論 191

　　付　表　　205
　　あとがき　　217
　　人名索引　　225
　　事項索引　　228

図版一覧

1頁：長身のマスケット銃（gingal）を持つ中国人兵士（1843年）
Edward Belcher, *Narrative of a Voyage Round the World*, Volume2, 1843, p.158.

23頁：英仏連合軍に占領された後の大沽口北砲台（1860年8月21日）
1860年8月21日，Felice Beato 撮影

43頁：李鴻章（1871年）
Mrs. Archibald Little, *Li Hung-chang: His Life and Times*, London, 1903.

73頁：金陵機器局（1872年）
"Scene in Nanking Arsenal" 1872年，John Thomson 撮影

101頁：沈葆楨
國立故宮博物院編輯委員会編『故宮台湾史料概述』國立故宮博物院，1995年，275頁より転載

127頁：初期の重砲，中国人砲手，外国人技術者
原書（Thomas L. Kennedy, *The Arms of Kiangnan: Modernization in the Chinese Ordnance Industry, 1860-1895*），132頁より転載

157頁：海軍衙門大臣（左から善慶，醇親王奕譞，李鴻章）
Alicia E. Neva Little, *Intimate China, The Chinese as I Have Seen Them*, Cambridge University Press, 1899, p.495 (digitally printed version 2010).

191頁：1900年の夏，外国軍から砲撃を受けた後の天津機器局西局
原書，148頁より転載

第1章
中国の伝統的軍事工業

長身のマスケット銃（gingal）を持つ中国人兵士（1843年）

[第1章] 中国の伝統的軍事工業

　1964年10月16日，中国の遠隔地にある広大な中央アジアの太古の静けさは，20メガトンの原子爆弾が爆発したことで粉砕された。中国は核クラブに入会した5番目の大国となった。中国の原爆は，米英ソが前年に調印した部分的核実験禁止条約〔地下を除くすべての核実験の停止を決めた条約〕への反応であり，百年祭の記念でもあった。中国はだいたい百年前機械の時代に入り，そしてそれに引き続き，核の時代に入った。すなわち，中国で最初の機械工業である江南製造局が，1865年の秋，上海で開設され，一世紀の間，原子力の発展にむけて誘導した前兆となった。江南製造局は，軍事兵器を生産するため蒸気機関を導入した。そしてその兵器は，王朝（Empire）を世界列強の脅威から防衛するよう期待された。こうして一つの世紀が始まった。この一世紀において，軍事工業が工業近代化の画期となった。それだけでなく，新しい技術，新しい教育，新しい組織の導入に焦点を据えて中国を自強することが目指され，指導者が敵と見なした者に対抗しようとした。敵とは，国内外の敵であり，現実の敵であり，仮想の敵であった。旧き中国（Middle Kingdom）に降り積もる核の塵と共に，一つの世紀が終わった。

　1860年から1895年に至るまでの時期は，中国近代軍事工業の設立における第一段階であった。蒸気機関を使った機械が，工業化以前の社会的・経済的設備に代わって，鉄製や鋼製の武器・弾薬を生産するため政府の工場で使用された。軍事工場が論争の焦点になるまで長期を要しなかった。生産品目や数量が議論されただけでなく，現存する経済・社会・教育システムが，これらの新体制に適応するため整えるべき範囲も議論された。これらの問題は，兵器の技術や生産の範囲を超え，より広範な問題に触れるものであった。すなわち，清朝の制度の構造への適応性，指導者個人の動機付け，中国社会のさまざまな階層における社会経済的変化に対する開放性といったような問題である。要するに，中国の新しい軍事工場に関連する諸問題は，本質的に伝統的中国文明において始まりつつあり，実現しつつある変化であった。

　近代的な兵器生産の設立に伴う変化の重要性を理解するには，新しい工場設備（plant）を伝統的文明の生産標準と比較しなければならないし，19世紀における中国と西洋との最初の相互作用の文脈の中で考察されなければな

らない。火器（firearm）の手工業的生産は，古くから確立された中国文明の技術であった。実際，諸世紀を通じて，技術の進歩は文明の発展に並行する傾向があり，かつそれを反映する傾向があった。19世紀におけるこの発展は，新しい軍隊を必要とし，破壊的な一連の叛乱，西洋帝国主義列強の侵略行為，西洋の技術や知識の刺激的な到来により複雑となった。歴史的な状況，国内の叛乱，外国の侵略，新しい技術への適応能力——こうした背景が組み合わさることで，中国の旧式火器工業は，伝統的文明が最初に根本的変化を経験する部門になった。まず最初に，中国の指導者の中で影響力のあるグループは，外国文明の技術が示した方向に沿って，王朝の政治経済的基本構造に属する主要路線の中で，変化を巧みに処理しようと試みた。この路線，すなわち官辦軍事工業は，王朝それ自体の歴史と同じだけの旧い歴史をもっていた。

兵器の生産

　紙，羅針盤，印刷，火薬の発明は，古代中国文明の四つの偉大な技術的成果であった。[*1] 火薬の場合，そのきわめて重大な結果は，われわれが住んでいる地球の隅々にまで感じられてきた。中国において，その影響は，戦争だけでなく，社会的・宗教的生活にも浸透してきた。たとえば，花火は祝賀の際に中国人がほうほうで喜びを表現するしるしとなってきた。また，火薬および結局火薬を活用するために考案された火器は，王朝の時代を通じ中国文明を治めた持続的な体制によって規制された。このように，漸進的に発展する行政機構が存在し，清代において近代化が試みられた危機的な時期に至るまで，その後の火器の発明と使用の方向付けを示したのは，紀元前3世紀であった。

　紀元前3世紀，東アジアの物質文化が銅から鉄に移り変わった。それに伴い，政治的な中央集権化への前進も起こった。中国文明は，はじめて一つの統治権力，すなわち秦朝（前221〜前206）による支配の下でもたらされた。秦が華北平原と長江北部にまで拡がる中国文明の勝利者として現れたのは，

[第1章] 中国の伝統的軍事工業

数世紀もの政治闘争を経た後のことであったが,その期間中,大国は小国を併呑して拡大し,それに引き続き大国同士が戦った。法家哲学の教えは,秦が政権を掌握するための理論的基礎を提供した。それは,社会を専制的に支配し,支配者の手中に富と軍事力を独占することを唱えた。同じ基礎の下で,秦の始皇帝は新しい王朝支配を強固にするため行動した。[*2]

秦の画期的な中央集権体制が成立したのは,同じ時期に鉄の技術が発展したおかげでもあった。新しい政治権力が打ち立てられた下での経済成長は,主に鉄を被せた新しい鋤が使用された結果生じた。他の道具や用具も主に鉄から作られたが,他方,武器は鉄と銅の双方から作られた。秦朝初期の政策は,疑いなく彼らが権力を掌握する際の一要素として武器を重視していた。始皇帝による最初のそして最も目立った行動は,征服された人々が使用していたすべての武器を没収したことであった。それらの武器は秦の首都咸陽(現在の西安の付近にあった)に移され,その地で溶解されて12の巨大な男性像に鋳造された。このことは,その後の諸王朝でも執拗に繰り返されてきた政策の最初の具体例であると思われる。すなわち政府の外側にいる個人が,武器を生産したり,あるいは所有したりすることを禁止した具体例であった。[*3]

秦朝およびそれを長期的に引き継いだ漢朝(前206〜後220)の時代,当局は鉄の技術発展とその軍事的応用について関心が高かったと思われる。官僚名簿には,工官と鉄官が含まれており,前者は武器の生産に関わったいくつかの実例があり,後者は軍用と民間用の双方を含むあらゆるすべての種類の鉄の生産に関わっていた。鉄官は非常に数が多かったが,おそらく秦漢両朝の時期に鉄の技術が普及したことを反映しているのであろう。[*4] しかしながら,政府の支配は問題にならないわけではなかった。いったん漢が秦に取って代わると,法家による経済統制は緩和された。秦が採用した法家は,経済統制を極端なまでに推し進め,経済を事実上壊滅させた。経済的回復の促進を目指した自由放任的な政策が,漢による支配の最初の一世紀を特徴づけていた。こうした状況の下で,個人の商業的発展は隆盛を極めた。非常に隆盛したため,紀元前178年,文帝は,食糧不足の原因は商業目的で土地を放棄した耕作者のせいであると嘆いた。そうした不満は,おそらく農業からの租

5

税収入の潜在的減少を懸念したことに由来するのであろうが，商業が拡大し，それに伴い個人資本が成長し，富裕な商人層が出現したのは事実であった。彼らの中には，ともかく鉄鉱業を通して富を蓄積してきたことで知られる者が存在していた。

　前漢（前206～後8）の時代，こうした新生の商人層は社会的に優勢であり，経済力を有していたが，前漢の役人を犠牲にして影響力を増した。彼らは公式に唱えられた儒教的な社会構造を崩壊させたが，それは商人を社会の最下層に追いやるものであった。そのうえ，派手な拡大政策家の武帝（在位：前141～前87）は，王朝政府とそれを基盤とする農業経済を破綻させた。しかし中央アジアに通じる新しい通商ルート〔シルクロード〕を開発することで，王朝の拡大は実際に商人の間で富を増大させた。国内の通商でも，鉄商はおそらく漢の武帝の軍事的必要により創出された需要の恩恵に浴したであろう。皇帝の軍隊に広く使用されるような優れた鉄製武器を供給しえた者が，大金を手に入れやすかったに違いない。こうした商人層は，鉄および鉄製兵器の生産を支配する傾向があったが，まもなく武帝の建国により創出された全般的な貧困の中で唯一の富裕集団として現れた。しかし，武帝が国庫に貢献するよう商人に救いを求めた時，その訴えは聞き入れてもらえなかった。

　こうした財政上のジレンマに直面して，前漢の助言者（アドバイザー）たちは商人の富を国家のために動員させるシステムを創り出した。本質において，それは四つの要点から成っている。すなわち，① 商人の所有する通貨に代わる新通貨の発行，② 新しい商業税の導入，③ 政府による商品の購入と販売，④ 二つの鍵となる交易品すなわち塩と鉄の政府による専売であった。鉄の専売は，具体案を定式化した富裕な鉄商によって実際に確立されたが，それによりその産業全体が国家に接収された。それ以後，私人は個人的に鉄鉱業，あるいは鉄製の道器具の製作に従事することが禁じられた。違反者は罰せられ，左足に枷（かせ）をはめられた。鉄の専売の確立は，小商人を鉄の交易から排除する効果をもたらしたが，大商人は単に自分の勤めを私企業から政府へ移しただけであった。大商人は鉄官に任命され，定められた郡や封建王国において，鉄の採掘と加工処理，そして販売を監督した。少なくとも48名が任命された。

[第1章] 中国の伝統的軍事工業

小役人は鉄官に従属させられ，そして最下層に労働者がいたが，そのほとんどは奴隷であった。漢の元帝の治世（前48〜前32）に至るまで，専売は拡大し，銅も含められた。これら二つの金属業に年間約10万人が雇用された。

　鉄の専売の確立を通じて，事実上，政府は兵器生産の独占を強化した。というのも，鉄は戦争物資として入手されていた時期であったからである。そうした統制の必要は，塩と鉄に関する名高い論争（塩鉄論）の中ではっきりと表現された。塩鉄論争は紀元前81年，すなわち専売がほとんど40年間機能していた後に起こったのであるが，儒教の政治理論の文脈で，国家が経済を支配するのは適切か否かに関する一連の問題が提起された。独占的生産に対する世間一般の不満に加え，それ以外の方面でも国家の経済操作に対する不満が高まったため，昭帝（在位：前86〜前73）は儒学者——彼らは批判する側の中でも一流であった——を京師〔みやこ〕に呼び出し，そこで専売に関する傑出した指導者である法家官僚と対決させた。儒家は経済問題に官が関与することを軽蔑したのに対し，法家は国家による経済支配を力説した。こうしたイデオロギーの衝突は，この研究の範囲を超えている。しかしながら，塩と鉄の専売継続に賛成する法家の議論の中に，兵器の生産を政府が統制する根本的な理由について，早くもそして誤りなく明確に述べたものがあった。法家は，私企業が軍事工業を運営することで，特定の一族の手中に巨大な権力が蓄積されることになり，そしてその権力は中央政府の権力に挑戦し脅威を与えると主張した。非常に多くの歴史上の例が，この点を裏付けるため引き合いに出された。しかし，当時の鉄製兵器生産の発展は，彼らの議論に対し現実的な説得力を与えた。反政府の叛乱軍がより優れた兵器を装備し，皇帝の軍隊がそうした兵器の使用を拒まれるという可能性は，王朝政府には耐えられなかった。鉄製兵器は，王朝の維持にとって重要と見なされた。そして，大衆の手中に収められるべきものではなかった。

　専売に関する儒家の攻撃は説得力がなく，さまざまな理由のために，ほんの一部分しか成功しなかった。その理由の一つは，王朝政府の財政的弱点の治癒に向けた代替案の提出に失敗したからであろう。儒家は，鉄製兵器の生産に関する法家の立場に反駁することにも成功しなかった。百年以上生き延

びた専売制，そして鉄の生産が政府の統制から滑り落ちることを法家が恐れたのには，充分な根拠がある。というのも，政府による統制の範囲内ですら，トラブルが発生したからである。紀元前22年，「鉄官徒」が武装蜂起を挙行し，九つの郡と封建王国に侵入した。紀元前14年，ふたたび「鉄官徒」が武装蜂起を挙行し，十九の郡と封建王国に波及した。兵器の生産を政府による厳格な統制政策の下で行うとする通念は，中国の支配者の心中に永久に固定され，そしてこの政策は，その限りで，正しく今世紀〔20世紀〕まで中国政府により忠実に支持されてきた。[*5]

たとえば，明朝の時代（1368～1644），兵器の生産は政府の独占により統制され，すべての私的な生産が禁止された。明代の初期，政府による生産ですら，首都の北京と南京に制限された。そこでは，明朝の官吏による徹底した監視を続けることが可能であったからである。また，1441年，辺境を守る将軍が軍事工場を創設したが，皇帝の命令により閉鎖された。そして1496年の勅令は，徹底した統制が可能な京師だけに生産を制限することを明確にした。諸省が明朝政府に献上するため大砲の製造を許されたのは，明朝最後の数十年間だけであったが，この時期満洲族の脅威が政府の政策を全面的に左右するようになっていた。それだけでなく，明朝は火器が満洲族の手中に落ちないよう注意を払った。すなわち，17世紀最初の数十年間満洲族の攻撃を撃退しえたのは，部分的に彼らの優れた火器の力のお陰であった。満洲族が最終的に火器を取得したことは，彼らがついに明朝を滅亡させた決定的要因の一つであった。[*6]

清朝の時代（1644～1912），政府による兵器工業の支配は，厳格に維持されていた。満洲族は数億もの漢人を支配する二，三百万人の少数者であったために，とくに意見を異にする者を恐れ，火器のような潜在的な権力の源泉を徹底的に警戒した。満洲族は賢明にも政府が周到に火器の統制を行うことを学んだ。それゆえ，清朝の支配者が兵器を国家権力を維持するための道具として大いに注目したのは，まったく驚くに値しないし，清朝の法規に反映されている。法規では，武器の生産は王朝政府の工部〔第2章補註（42頁）参照〕により完全に支配されると明記されている。入念な手続きが，軍隊の

所有する兵器の目録を管理し，再供給を調整するために定められ，個人的な取引は厳しく禁じられた。重砲の鋳造は，皇帝か中央官庁が任命した官僚によって監督されるべきものとされた。小口径の火器は，必要なときに鋳造することができた。[*7]

火器の初期の発展

　政府による兵器生産の独占は，王朝時代の中国で統治権力を維持するための基礎的な仮定条件の一つであり，それ自体，伝統的な火器工業が発展する行政的・制度的な枠組みをも提供していた。もちろん，火器の技術的前身は，火薬であった。火薬は，古代中国文明の重要な発明の一つである。火薬の製法について最初に書かれた記録は，だいたい1040年以降の紀年が付いた軍事的事件に関する書物の中に見られるが，硫黄と硝石（しょうせき）と木炭をその本に書かれた通り正確に混合する技能が長年の経験を経てはじめて完全に修得されたのは，確実である。それゆえ，天然のままの形で爆発する化合物を発見したのは，おそらくこれよりかなり以前の時期のことであろう。まったく偶然の出来事によって，最初の生産が始まったのは，紀元3世紀の終わり頃か，あるいは紀元4世紀の初めであったと思われる。その時，錬金術の実験の過程で，硝石と硫黄が火薬の生産に必要な量だけ混合され，爆発が起きるのに充分な温度にまでさらされた。一例として，その生産された物質は「突然爆発し，両手と顔と家屋を燃やした」と記録された。[*8]

　いずれにせよ，10世紀あるいは11世紀になって，はじめて火薬を軍事的に応用する徴候があった。その時ですら，最初に兵器を取り扱う官吏の関心を引いたのは，爆発する特性よりもむしろ燃えやすいという特性であった。新しい化合物が火の付けられた矢に用いられたが，すでに970年から1040年の間に，火矢の原理に使用されており，919年から1000年の間に，原始的な火炎放射機に使用されていた。地雷や煙幕に使用されたのは，11世紀の初めからで，この頃，中国軍が石弓（いしゆみ）から投擲（とうてき）する石の弾丸から，火薬を含

んだ発火物に取って代わり始めた。火薬はこの必要を満たすため大量に生産された。しかし，1103年に至り，はじめて火薬を含んだ爆竹が京師で使用され，化合物の爆発する特性が最初に役人により記録された。石灰と硫黄の化合物は，ギリシャ火薬とよく似ており，1161年の采石磯の戦いで，1126年から1234年，華北を支配した女真族の軍隊により手投げの煙幕弾（それは水と接触することで爆発する）として使用された。[*9] しかしながら，これらは真の火器と見なすことはできない。なぜなら，傷を負わせたり殺害したりするより，ただ単に眼をくらましたり混乱させたりする目的で使用されようとしたからである。[*10]

真正の爆発する手榴弾は，13世紀初め最初に使用された。早ければ1206年に使用されていたかもしれないが，1232年には間違いなく使用されていた。その年，爆発する手榴弾は，金の軍隊により石弓と共にふたたび使用された。汴京の戦いで，侵入してきたモンゴル族と戦った時であった。その間，大砲の基本型は，ゆっくりと進化していた。丈夫で再利用可能な紙で組み立てられた管状の武器は，10歩〔宋代の1歩は，1.536m〕以上燃え続ける火薬を発射したが，汴京で金の軍隊によっても使用された。1259年まで竹製の砲身が流行していた。次の数十年間で，竹は金属に取って代わられた。そして1274年，モンゴルが日本侵攻を試みて失敗した際〔文永の役〕，鉄の玉を発射する鉄製の砲身を持つ大砲を使用した。[*11]

中国における火薬の発明と，火薬による爆発力を使って発射物を推進させ，予想した通りの弾道を通るような火器に発展するまでの間に，少なくとも三，四世紀が経過した。これらの世紀は10世紀から13世紀に当たるが，徹底的な社会変動の時期であった。唐朝（618～916）が科挙試験の基礎として儒学の古典を採用した結果，儒学の全般的な再燃が起こり，教養のある儒家官僚層が急速に数を増やし，目立つようになった。[*12] この集団は軍事技術を軽蔑し，科学的知識よりも専ら人間性を重視することで有名であるが，この集団を社会の指導者の地位に組み込もうとする動きは，どうやら火器の技術発展を遅らせたようである。8世紀から13世紀は，北の国境で非中国人からの軍事的圧力が確実に強まった時期であったが，それが実情であった。王朝

[第1章] 中国の伝統的軍事工業

が生き残れるかどうかは，正しく宋朝（960〜1278）の中国人が，女真族とモンゴル族に抵抗するのに充分な軍事力を発展させられるのかによって決まるように思われた。しかし，彼らはそれを成し得なかった。こうした傾向——先述したように，中国文明の平和主義の高まりは，中国以外の隣国人の一部が攻撃性を高めたのと対照的であった——の結果，1126年，女真族に華北を陥れられ，1279年モンゴル族の元朝に完全に占領されたのである。

モンゴルの軍隊は，おそらく中国ではじめて火器を使用した。その火器は，固有の武器と見なされる，爆発する手榴弾と大砲であった。弾薬がヨーロッパに導入されたのは，モンゴル帝国を通じてであったというのは本当らしい。モンゴル帝国は，アジアの全陸地の主要部に拡大していったのである。その起源は何であれ，火薬が13世紀から14世紀の間にヨーロッパで知られるようになったこと，そしてそれに引き続き火器が急速に発達したことは明らかである。その間，中国における生産技術は，モンゴルの統治下にあってゆっくりと発達していったように思われる。中国の鉄製大砲に関する最も早い実例は，1356年および1357年を起点とし，重量はそれぞれ666ポンド〔1ポンドは，453.6g〕および466ポンドであった。これらと数十年後のモデルは，西洋の博物館で観察することができるが，明朝（1368〜1644）の建国者朱元璋や，14世紀の叛乱のもう1人の指導者で皇帝になる野望を抱いた張士誠が，大砲を大量に生産したことを記録する文献史料を実証的に裏付けている。[*13]

明代は中国における火器の発展にとって危機的な時期であった。兵器の多様性やデザインを通じて，土着技術上の重要な進歩が存した証拠を得ることはできるが，明朝は西洋で達成された進歩に遅れずについていくことに失敗した。15世紀から17世紀の間，西洋の火器は中国で生産された火器よりもはるかに先んじていた。そして，16世紀初め，西洋の兵器が最初に中国に到着したとき，明朝は即座に購入し，その後塵を拝して自分自身で生産するための模型を作らなければならなかった。その間，数種類の型の小火器が，明朝によって生産された。すなわち，13フィート〔1フィートは，30.48cm〕かそれよりも長いマスケット銃〔銃腔が滑らかな軍用長身銃で，施条銃（ライフル）が開発される以前の銃〕が生産された。それには，ねらいを定めること

を容易にする補助棒〔supporting rod〕が付いていた。そして，現存する実物は残っていないが，長さのいくぶん短い，小口径の武器が生産された。双方とも，従来の火打ち石による発火装置よりも著しく進歩した導火線を使用していた。さまざまな重兵器も銅と鉄の双方から製造された。最も普及したのは，より口径が大きく，外形の短い鉄製の大砲——昔日のモルテール〔臼砲〕のような短く太い外観をした——である。しかしながら，モルテールと違って，これらの大砲は，発砲すると平らな弾道をえがいた。長く曲がった弾道をえがく大砲も製造された。これらは導火線によって発火された。それらはより良好な軌道を有し，以前のモデルよりも侮りがたいものと見なされた。その大砲は満洲族に対する作戦においてだけでなく，沿海や辺境の防衛のために使用された。[14]

　清朝初期の満洲人は，彼らに降伏した明の軍隊が使用した兵器を採用した。すなわち，その大部分は，明が輸入を開始していたポルトガルの大砲か，あるいはポルトガルのモデルを基に国内で鋳造し始めた大砲であった。清朝は彼らの中国支配を適切に強化してゆくにつれて，明から受け継いだ兵器を使用し続けた。19世紀の中頃に至るまで，土着の技術で唯一進展したのは，マスケット銃であった。これらの兵器は清朝の軍隊の中で限られた範囲で使用されたのだが，長さが短くなり，約5フィートになっていた。銃身の質は改善され，その仕様は一律に作られた。[15]

西洋式兵器の導入

　西洋式の兵器は，1520年はじめて中国に出現した。ポルトガル人がマカオに到達してからわずか6年後のことである。その年，明の大学士王陽明は，地方の叛乱を鎮定する際にポルトガル製の銃砲を使用した。中国人はその銃砲を仏郎機〔あるいは仏狼機〕と呼び，よほど印象づけられたのか，その出来事を短い詩に記録したほどである。ポルトガル型に基づく仏郎機は，1522年の初め，中国でただちに生産され，それらを畏怖すべしとする評判は，1520

[第1章] 中国の伝統的軍事工業

年代および1530年代,ポルトガルが広東(カントン)で使用して中国軍を却けた時に確立された。これらの仏郎機は,20斤から70斤〔明代の1斤は,596.82g〕と重量が多様であり,射程距離も600歩〔明代の1歩は,1.555m〕から6里〔明代の1里は,559.8m〕に至るまでさまざまであった。それらは概ね明によって生産された初期の兵器よりもはるかに優れていると見なされた。[*16]

仏郎機は16世紀を通じて生産されたが,17世紀の初め,明が北方の国境で満洲族からの圧力を鋭く感じ始めた時,はじめてその使用が急速に広まった。李之藻(りしそう)や徐光啓のような,初期の中国キリスト教信者を含む官僚の強硬派グループは,いたずらに崩壊しつつある明朝を救うことに努め,仏郎機の製造と使用を推進しただけでなく,北京で大砲を鋳造する際,ポルトガル人を雇って監督し指導してもらうこと,そして戦場でそれを使用する際に手伝ってもらうことすら行った。1622年に至り,徐光啓や李之藻などによるそれまで数年間の努力は,実を結び始めた。すなわち,兵器の訓練はポルトガル人の砲手の下で北京において開始され,そして明朝のお墨付きの生産が,同じ年に3人のポルトガル人技術者の指導の下で始まった。1620年代を通じ,外国型の大砲は,確実に増しつつある満洲族からの軍事的圧力に明が耐えることに成功した一つの重要な要因であったように思われる。たとえば,1628年,寧遠(ねいえん)の戦いで明が使用した紅夷(こうい)大砲は,非常に効力があった。満洲族の首領ヌルハチが重傷を負ったと報告されたのは,この戦いの時であった。ヌルハチはその直後死去した。[*17]

しかしながら,この10年間,明がポルトガル型の大砲を大いに必要としたのに,安定した増産を維持することができなかった。その結果,1629年,マカオから来たポルトガル人技術者が,ふたたび雇用されて京師にやって来た。彼らは10の兵器を追加して,それらを持ち運び,宣教師ヨハネス・ロドリゲスに付き添われていたが,彼らが北京に到着する直前に,涿州(たくしゅう)で満洲族の攻撃を撃退したことで評価を確立した。京師に到着後,徐光啓とロドリゲスはポルトガル人の数をもっと増やそうと試みた。しかしながら,彼らの計画は,宮廷の監査官からの反対により妨害された。その後,ポルトガル人の砲手は,山東省の蓬莱(ほうらい)を防御する軍隊に配属された。その地で彼らは大

砲を使用したが，結局満洲族の前進を食い止めるのに失敗した。登州陥落後，多数が殺害されたポルトガル人分隊の生存者は，マカオまで戻った。この外国製の大砲と共に培った経験の結果，中国人は仏郎機と紅夷大砲を彼ら自身の軍事工場に絶対必要な品目と見なすようになった。生産はおおいに拡がり，1621年以後，政府による独占が緩められ，北京と南京における宮廷軍事工場に加え，省政府による生産が認められるようになった。*18

1630年頃まで満洲軍は火器をまったく持たなかった。前述したように，このことは明が17世紀最初の数十年間優位を維持する手助けをした重要な要因の一つであったと思われる。しかしながら，1620年代末，火器を装備した中国軍は満洲軍と合流した。そして，1630年頃，満洲の旗人は，奪い取った火器を自分達で使用し始めた。満洲族による火器製造で最初に記録されたのは，1631年に完成した紅夷大砲であった。その年，火器は大凌河で満洲族が勝利した重要な要因でもあり，その後，野蛮な満洲族の大砲は，明の要地を砲撃し，明朝正規軍の意気をおおいに喪失させた。大砲の所有は，明の将軍が降伏条件を交渉するための重要な取引要因にもなった。1630年代末，双方とも兵器をでき得るかぎり迅速に生産していたが，経験を得た満洲族は，大砲の使用で明を凌いだ。*19

1644年，北京を獲得した後，満洲族と彼らに帰順した中国人は南方へ進軍し，明朝宮廷の生き残りおよび残存する王室軍と戦ったのであるが，そのとき火器は双方の軍隊により大量に使用された。鄭成功は台湾を根拠地とする明朝王室軍の指導者であったが，1650年代に大陸を急襲した際，大砲を使用した。満洲族による生産は，1674年に増進した。このとき華南で「三藩の乱」に直面した康熙帝は，当時清朝に仕えていたジェスイット教会宣教師フェルディナンド・フェルビーストに対し，清朝軍のために大砲を鋳造するよう命じた。次の年で120門以上の大砲が完成し，叛乱が1681年に平定される時までに300門以上の大砲が鋳造された。それによりフェルビーストは，宮廷から惜しみない称賛を受けた。その後外国式の大砲は，1685年，アムール川のアルバジン要塞におけるロシアとの戦いで中国軍により使用され，1686年にもふたたび使用された。これらの勝利は国境における中国の

[第1章] 中国の伝統的軍事工業

軍事的優位を確立させ，ネルチンスク条約（1689）の基礎となった。ネルチンスク条約は，一世紀以上北西の国境の利害関係を安定させた。[20]

次の一世紀半は，国内の平和と繁栄を享受した時期として前例のないものであったが，17世紀の間中国が吸収してきた外国式大砲の発展は行き詰まっていた。新しい外国製兵器の導入も進みはしなかった。朝貢システムの儀礼的な枠組の中で，西洋とのすべての交渉を厳格に規制しようとする清朝の政策は，おそらくこのことを妨げたであろう。その結果，外敵の持つ武器に関わる次の重要な試練，すなわちアヘン戦争（1839～1842）で，中国人は自分達の兵器がイギリス人の兵器よりはるかに劣っていることを知った。たとえば，炸裂する砲弾は，火薬を含み，導火線により発火するものであったが，戦争中に広東でイギリス人により使用されるまで，中国で知られていなかった。[21]

炸裂する砲弾および他の優れたイギリス製兵器は，彼の国の蒸気機関による軍艦と共に，アヘン戦争時防衛戦に従事していた中国人官僚に深い印象を与えた。欽差大臣林則徐は，中国の長期的な防衛計画の一部に西洋式の兵器と軍艦の採用を求めた。よりはっきりとした提案を行ったのは，著名な改革派の学者である魏源である。魏源は広東地域に造船所と軍事工場を創設し，西洋式の船と兵器を生産すること，そして生産，砲術，航海術を教えるためにフランス人やアメリカ人の技術者を使用することを提議した。さらに踏み込んだ提案が1843年と1844年，フランス人宣教師からなされた。イギリス人が享受する支配的影響力を相殺しようと計算された動きの中で，フランスは中国に対し自国に学生を派遣し，造船および兵器の生産を学習するよう勧めた。フランスは，中国人がこれらの分野ですぐにイギリスの技術に追い付けるとの確信をもっていた。そうした長期的計画を実行するのに必要な王朝の支援は準備されていなかったが，防衛に対する意識の高い紳士〔在地の有力者で，退職して出身地に戻った元官僚や一定段階の科挙試験に合格した官僚予備軍をいう。明清時代特有の社会階層で，一般の常用語と異なる〕や官僚は，王朝の奨励に共鳴し，地方レベルでイギリスの軍事技術の挑戦に反応し，具体的かつ実際的な成果をあげた。監生〔最高学府たる國子監の学生〕の丁拱辰は，

広東で鉄製兵器の鋳造と弾薬の生産に成功し，戸部侍郎〔財務次官に相当する中央官僚〕の丁守存は，水雷の製造法を発展させた。龔振麟がそうしたように，2人とも兵器の製造に関する学術論文を書いた。かつて地方官吏であった龔振麟は，初の鉄製鋳型を開発し，兵器を鋳造する際に広く使用されていた砂の鋳型に取って代わった。広東では，道台〔府州レベルの行政事務を管理する役人〕の潘仕成も水雷を発明し，水雷に関する著書を著した。[*22]

　1840年代，西洋の軍事技術を学習する者たちは，中国の兵器を改良するため努力し続けた。しかしながら，1840年代の終わりまで王朝を包み込んでいたのは，平和とそれに伴う安全に関する誤った感覚であり，宮廷は中国の国際的地位についての切迫感を麻痺させていた。西洋の兵器を採用するという変革に賛同する者は，危険な改革者と見なされた。丁守存により創り出された雷管の原型は，当時使用されていた火打ち石で火薬に火を付けるよりも，はるかに確実であったにもかかわらず，1850年代には採用されず，10年以上も後に，まったく違った状況で西洋から持ち込まれて，はじめて中国で広く使用されるようになった。[*23]かくしてアロー戦争期（1856～1860）の外国知識人は，1857年に広東，そして1860年に大沽で取り押さえられた中国製兵器の大部分が，英仏の敵手によって使用された兵器よりはるかに劣っていることを報告している。[*24]

　火器の技術がゆっくりと進歩していたこの数十年の間に，太平天国の乱が1850年，広西省で勃発した。1853年までに叛乱軍は北方に移動し，豊かな長江中流域を支配下におき，そこから北京に向けて遠征を始め，西のかた安徽に向かった。この叛乱で双方とも火器を用いており，伝統的な様式の生産は，そのうちアヘン戦争中および戦後に進歩したものもあったにせよ，おおいに活気づいた。その結果，叛乱の最後の数年間（1860～1865），ついに西洋式兵器の機械生産が始められた。——発展の詳細は，次の章で論じる。

　しかしながら，早くも1850年，すなわち太平天国の乱が広西省の金田村で最初に蜂起した時，叛乱軍はすでに火器を所有していた。同じ年，太平天国の首領の1人，石達開は，広西省の桂平で大砲の鋳造を開始した。大砲は同じ年広西省の永安でも太平天国軍により鋳造され，1853年までにイギリ

ス商人達は,江蘇省の鎮江に居たもう1人の太平天国の首領羅大綱の軍に外国製の小火器と火薬を供給していた。[*25]

　叛乱により影響を受けた諸省の地方官僚は,太平天国が火器を使用したことによってもたらされた難題に対し,素早く反応した。地方の鎮圧軍で西洋式の火器を採用した最初の例は,1853年のことであったと思われる。このとき曾国藩は,故郷の湖南省で民兵を組織するよう咸豊帝から命じられ,広東に1,000門の中国製と外国製の大砲を注文した。これらの大砲を使って始められた攻撃は成功しなかったが,対叛乱作戦において火器の使用は継続された。1853年,安徽巡撫〔巡撫は一省の政務を統轄する地方長官〕の江忠源は軍事工場の創設を提言したが,最初に軍事工場の創設を成し遂げることに成功したのは,湖南巡撫の駱秉章であった。鋳鉄の発明者である龔振麟と,その息子龔之棠を浙江から移転させるのに失敗した後,駱秉章は,以前林則徐の補佐をしていた黄冕に錬鉄製の大砲を湖南で鋳造するよう委任した。その結果,湖南の大砲局は重要な兵器供給地となった。曾国藩も,火器への関心を表に出し続けた。1854年7月,長江沿岸の岳州で太平天国軍に勝利したことを報告した時,広東から180門の大砲が到着したことを書き記し,大砲をもっと多く供給するよう要求した。同じ年の間,鉄製の大砲の鋳造に成功した龔之棠と水雷の生産に熟達した水軍の人員が,曾国藩の幕僚に加わった。次の2年,すなわち江西省で従軍していた1855年と1856年の間,曾国藩は大砲の鋳造,弾薬および造船のために三つの小さな軍事工場を創設した。同じ時期,湖北巡撫胡林翼は1,700以上の外国製兵器を広東から購入していた。その結果,彼は湖北省の武昌に火薬局を創設した。その火薬局は湖南省の大砲局と並んで,1850年代の間,太平天国軍と戦う軍隊に火器を供給する重要な拠点となった。[*26]

結　　論

　中国における火器の発展を振り返ってみると,諸々の事実について一定の

概括が可能なように思われる。まず第一に，儒教的な統治原則により，鉄製兵器を生産するすべての権限は，王朝政府かあるいは政府が任命した官吏に与えられた。この政府による独占は前漢時代に始まったのであるが，14世紀から19世紀に至るまで，火器が王朝の軍事工場で重要品目となった時，王朝の制度的特徴となった。第二に，紀元後最初の千年の後半における火薬の発見は，唐朝（618～907）の後期，および宋朝（960～1278）における儒学研究の再燃とほぼ同時に起こった。最近の研究によると，科挙試験のために必要な知識として，この新儒教が漸進的に採用された結果，官僚階層の性格に変化が生じ，好戦的指向と貴族的伝統で知られた一グループから，人文主義的関心を持ち官僚組織に属する一グループに変化した。これら儒家官僚の権力の高まりは，おそらく11世紀から13世紀の中国政府が火器に火薬を使用するに際し，その発展を遅らせる方向に影響を及ぼしたであろう。中国土着の火器の技術は，おそらくモンゴル（1278～1368）の支配により，よりいっそう遅らされたであろう。第三に，明朝（1368～1644）の初期，大砲と小火器の双方の生産に大きな進歩があったにもかかわらず，16世紀20年代，中国にポルトガル製の大砲が出現した時，明朝の中国人はそれを優れたものと見なし，すぐに模倣して生産した。17世紀の初め，外国製の兵器は明朝や，その後外国式兵器を採用して国内外の敵と戦い勝利した満洲族の清朝（1644～1912）によって完全に我がものとされた。第四に，18世紀，国内の平和と繁栄の時期は，中国軍事技術の進歩において停滞期でもあった。蓋し，この遅れの原因は，教養のある儒教官僚層の優勢が継続し，かつ中国本土への深刻な軍事的脅威がなかったことに因るのであろう。ともかく，19世紀中頃まで，17世紀の中国軍事工場は，イギリスの相手にならなかった。このことは，アヘン戦争の際，劇的に証明された。

　アヘン戦争の敗北という苦々しい経験に続いて，ついに，国内で太平天国の乱が発生した。太平天国の乱に刺激され，個々に防衛意識をもち，かつ技術志向を有した官僚が，火器の技術を前進させた。その結果，技術革新が実質的に始められた。そして，中国が自らの資源を使用して，西洋と同じ方向へ動くことが可能であっただけでなく，明朝および清朝初期の国内的標準か

[第1章] 中国の伝統的軍事工業

ら測られた技術的進歩は顕著であった。最も重要な発展は，鉄を鋳ることであった。それは砂を鋳ることに取って代わり，より頑丈な兵器の鋳造を容易にした。そして，雷管が造られ，発射火薬の点火をより信頼性のあるものにした。それにもかかわらず，1860年，中国は兵器生産の重要な諸領域で西洋に後れをとっていた。炸裂する砲弾は，中国の弾薬工場施設で生産されていた弾丸にいまだ取って代わっていなかった。それだけでなく，施条のついた銃身，および後装式〔元込め〕の装置は，いずれも西洋で広く使用されていたが，旧き中国で使われた前装式〔先込め〕の兵器に取って代わっていなかった。

註

* 1　趙鉄寒『火薬的発明』(台北，1960年)，91頁。
* 2　Edwin O. Reishauer and John K. Fairbank, *East Asia: The Great Tradition* (Boston, 1958), pp.81-90.
* 3　聯経兵工技術発展中心編『兵器発展史』(台北，1969年)，47頁。
* 4　『兵器発展史』47頁。張純明「桓寛『塩鉄論』的問世及其意義」『中国社会与政治科学評論』第18巻第1期，1934年4月，1〜52頁。
* 5　Wm. Theodore de Bary, Wing-tsit Chan, and Burton Watson, compilers, *Sources of Chinese Tradition* (New York, 1960), pp.227-243. 張純明「桓寛『塩鉄論』的問世及其意義」1〜52頁。〔訳註：本文中で「鉄官徒」とは，各地の「鉄官」と「卒徒」のこと。漢代の「鉄官」は，大勢の「卒徒」を使用して製銅・鋳銭・製鉄手工業に従事した。「卒徒」の「卒」とは労役に服する兵卒を指し，「徒」とは罪を犯した罰として工役に充てられた者を指す。楊寛『中国古代冶鉄技術発展史』上海人民出版社，1982年，45〜46頁，に拠る。桓寛著『塩鉄論』には，佐藤武敏訳注『塩鉄論——漢代の経済論争』平凡社，東洋文庫167，1970年，がある。〕
* 6　王爾敏『清季兵工業的興起』(台北，1963年)，10〜13頁。周緯『中国兵器史考』(北京，1957年)，279頁。
* 7　『欽定大清会典』(上海，1893年)，第67巻44頁，第73巻22頁。
* 8　趙鉄寒『火薬的発明』1〜20頁。
* 9　ギリシア火薬は，とくに東ローマ帝国によって，中世の戦争で使用された可燃性の液体であった。その成分は硫黄，ナフサと生石灰のような材料から成り，濡れた状態で自然に発火し，熱の急上昇を引き起こした。"Greekfire", *Encyclopedia*

Britannica, 1962, X, p.820.
* 10　Wang Ling, "On the Invention and Use of Gunpowder in China", *Isis* 37: pp.160-178 (1947). 王爾敏『清季兵工業的興起』1〜2頁。趙鉄寒『火薬的発明』21〜37頁, 76〜77頁。
* 11　Wang Ling, "Gunpowder in China", 173. 趙鉄寒『火薬的発明』76〜90頁。L. Carrington Goodrich and Feng Chia-sheng, "The Early Development of Firearms in China", *Isis* 36：pp.114-123, pp.250-251（1945-46）。
* 12　Reishauer and Fairbank, *East Asia: The Great Tradition*, pp.183-242.
* 13　L. Carrington Goodrich, "Note on a Few Early Chinese Bombards", *Isis* 35: p.211 (1944); Goodrich and Feng, "Firearms in China", pp.114-123, pp.250-251; Wang Ling, "Gunpowder in China", p.178.
* 14　周緯『中国兵器史考』269〜272頁。王爾敏『清季兵工業的興起』2〜4頁。
* 15　周緯『中国兵器史考』311頁。
* 16　王爾敏『清季兵工業的興起』3〜5頁。
* 17　王爾敏『清季兵工業的興起』4〜7頁。方豪「明末西洋火器流入我国之史料」『東方雑誌』第40巻, 49〜54頁, 1944年1月。
* 18　王爾敏『清季兵工業的興起』7〜10頁。
* 19　王爾敏『清季兵工業的興起』10〜13頁。
* 20　王爾敏『清季兵工業的興起』13〜15頁。
* 21　王爾敏『清季兵工業的興起』16頁, 21〜22頁。炸裂する砲弾（explosive shell）は, 19世紀初めの西洋において弾薬として使用された。砲弾は黒色火薬（black powder）で満たされた鋳鉄製の球体であり, ゆっくりと燃焼する火薬を用いた導火線（fuse）を備えていた。炸裂の時間は, 導火線の燃焼時間を加減することで調節できた。*Encyclopedia Britannica*, 1967, Ⅱ, pp.533-534.
* 22　Gideon Chen, *Lin Tse-hsu: Pioneer Promoter of the Adoption of Western Means of Maritime Defense in China*（Peiping,1934）, pp.11-18, pp.39-44; Gideon Chen, *Tseng Kuo-fan: Pioneer Promoter of the Steamship in China*（Peiping, 1935）, pp.8-9. Ssu-yu Teng and John K. Fairbank, *China's Response to the West: A Documentary Survey*, 1839-1923（New York, 1963）, p.35. 王爾敏『清季兵工業的興起』16頁, 21〜26頁。水雷の詳細については,『北華捷報』1883年11月28日を参照。
* 23　以前, 弾薬は火皿に点火薬を置き, 鋼に火打ち石をぶつけ火花をおこすことで点火させた。点火薬が湿っていたり, 何らかの原因でメインの発射薬に点火させられなければ, すべては「空発に終わった（flash in the pan）」。1842年, 雷管がイギリスとアメリカ合衆国に伝えられた。それは, 帽子のような形に作られた小さな銅

製の容器〔雷管体〕で，塩素酸カリウムの混合物を含んでいた。雷管体は小さな筒〔点火孔〕の端に置かれたが，点火孔はメインの発射薬のある銃腔につながっていた。引き金が引かれると，撃針が雷管体を突いて塩素酸カリウムが爆発し，火炎は点火孔から銃腔へ伝わり，メインの発射薬に火をつけた。点火薬への風雨の影響で生じる点火の失敗は，雷管の使用によりほとんど起こらなくなった。*Encyclopedia Britannica*, 1967, XX, pp.669-693.

＊24　Chen, *Tseng Kuo-fan*, pp.8-12.
＊25　王爾敏『清季兵工業的興起』28 〜 29 頁。
＊26　Chen, *Tseng Kuo-fan*, pp.17-19. 王爾敏『清季兵工業的興起』27 〜 28 頁。

第2章
19世紀中葉の自強運動と軍事工業の役割

英仏連合軍に占領された後の大沽口北砲台（1860年8月21日）

[第2章] 19世紀中葉の自強運動と軍事工業の役割

　1860年，中国軍事工業の発展は，次のような二つの側面から影響を受けた。一つは，中国文明に属する一般人の偏見があり，軍事技術における進歩を緩慢なものにした側面である。もう一つは，清朝が断続的な軍事的圧力を受け，それに対抗しようと鼓舞させられた側面である。しかしながら，1860年という年は，中国文明に影響を与えたいくつかの根本的力量を成長させる上で新しい段階の入口であり，軍事的圧力が先例のない強さにまで達した重大な転機の入口であった。一つの結果は，その年，或る中国人指導者たちの心中において始まった権威と価値の見直しであった。軍事の近代化，とりわけ兵器生産の近代化は，核心的重要事項であった。1860年からの35年間は，この研究書で第一に焦点をおいた時期であり，軍事工業が激しく活動していた時期であった。この35年間，これらの指導者たちは，19世紀後半の巨大な権力的地位の指標である兵器を生産するため，軍事工業の複合体の基礎を築こうと奮闘したが，1895年，中国の軍隊は日本というアジアの小さな隣国により不名誉にも潰滅させられた〔日清戦争〕。その時，彼らの努力は最高潮に達していた。

　近代中国における改革運動の出発点として，1860年という年の重要性は広く承認されている。しかしながら，改革の知的基盤が，外国が侵入する以前にすでに中国の伝統の中で発展していたこと，そしてその年，国内の叛乱が最高潮に達し，改革の必要性が直接強調されたが，それは充分ではなかった。清初以来，儒教(じゅきょう)思想に染まった政治家たちは，その時代の中国文明が基礎にしていた諸仮定を再評価することに没頭した。こうした傾向の最初の例は，滅亡した明朝が依拠していた知的基盤を検討した17世紀後半の思想家たちであった。彼らは，一般に，明代に隆盛を極めた新儒教（Neo-Confucianism）の正統派宋学〔朱子学(しゅしがく)〕について，形而上学的な思弁に関わりすぎであると見なした。その一方で，明末の陽明学派(ようめいがく)について，世界をあまりに理想主義的に見ており，道徳規範の立て方が主観的であると攻撃した。17世紀後半の思想家たちは，これらの諸学派を批判した。そして，諸学派が明の支配に与えた影響力が弱いものであったので，政府の政策は儒教の経典から直接導き出されるべきであると主張するようになった。彼らは，この

ようにしてはじめて政府の中に道徳が復興でき，社会規律が回復できる，と論じた。社会道徳的な規範の標準的正当性への関心は，儒教の古典に関する文献批判と文献学的考察を鼓舞した。これは，18世紀の考証学(こうしょうがく)（the School of Empirical Research）に特徴的な活動であった。*1

しかしながら，考証学派の中に内在する社会・政治改革への潜在能力は，18世紀の間具体化しなかった。満洲人の宮廷が，相変わらず知識人からの政治批判を警戒していたので，その報復を恐れたにせよ，あるいは古典研究の魅力は，その内容より，むしろ学識それ自体の中で完結するか，これら二つの要素の組み合わせとなる傾向があったにせよ，どうしたわけか，考証学派の学者たちは，一般に社会・政治改革の領域に入ることを避けた。実際，改革計画が把捉できた社会・政治問題は，18世紀の間，平和的雰囲気とともに消えてゆき，繁栄が王朝を包んだ。それは，批判的精神が生じ，改革を要求した17世紀初めの状況と著しく対照的であった。考証学派を除いて，正統派宋学は，清朝中期の最も活力のある知的勢力であった。しかしながら，この学派に属する学者は，政治的あるいは社会的規範の再編について考慮したことを除けば，社会・政治指導者の道徳的修養問題を重点的に取り扱う傾向があった。*2

19世紀の初め，社会経済的・政治的な問題が突然清朝に降りかかった。それは，過剰人口により促進され，官僚的非効率の増大により悪化した問題であった。こうして，儒教が本質的に有する社会・政治的な事柄が，中国知識人の間で改めて主張され始めた。当初，それは正統派宋学の学者が，18世紀考証学派の不毛を批判するという形をとった。正統派宋学の学者は，統治階級の道徳的自己修養を最も重要な事柄とし，実際の政治手腕はその結果生み出されるものであると力説し始めた。正統派宋学の学者は，労を惜しまない学問と自らを定義する儒学の道に没頭した。結局，考証学派の学者も，儒教が有する道徳的で社会的な意味に新たな興味を表した。*3

国家と社会の支配に関する儒教の伝統的問題がふたたび強調されたのと同じ頃，清朝後期の今文学派(きんぶんがく)の発展があった。今文学派は考証学派から派生したもので，儒教的規範に関する解釈の確実さと注釈の分析を探求するに際し，

よりいっそう過去にまで遡及しようとし，前漢時代のいわゆる今文経から導かれる，儒教に関する自由奔放な解釈を基礎にしていた。前漢の著作から導かれた歴史の進化に関する終末論的な理論が提出され，文明の発展においてさまざまな諸国が，王朝の社会・政治体制において似たような変化を伴っているとされた[*4]。

今文学派が体制改革の潜在力を有していたことは，19世紀末になってはじめて認識されたとはいえ，この学派は19世紀の新儒教が徐々に社会・政治的な方向へと伸びてゆくことに寄与した。この方向は，経世致用学派の中に要約された。今文学派は，後期戦国時代（前403～前221）の法家思想家から広く吸収した。法家は儒家の見地とはほとんど正反対の国家論を提出した。儒家が国家の使命を統治者の美徳の作用を通して民衆を道徳的に感化させることと考えたのに対し，法家は主要な目標を国家の富と権力の増大と考えた。当時の国内各国間の争いの激しさを見て，「戦国時代の法家思想家は，生き残りを保証できるのは，富と権力である——そして，その両者の関係性であることは，非常にはっきりしている——と結論づけた」。「富国強兵」が彼らの合い言葉となった。彼らの唱えた社会・政治的施策は，軍事力の基礎として経済力を強めることを不変の目標としていた。そしてその軍事力は，国家の独裁的指導者が制御し行使することができた。法家の影響を受けた者は，清朝時代を通じ中国政治理論の中で繰り返し現れたが，彼らはしばしば儒教用語の外套を身にまとっていた。と言うのも，法家の苛酷な現実主義は，儒教の人道主義的な教義に決して心を動かしはしなかったからである[*5]。

かくして19世紀初めの経世致用学派に属する新儒教学者は，17世紀後期の学者による経済的・社会政治的関心を繰り返した。そして，衰えつつある王朝支配体制の富と権力にてこ入れする目的で，体制の修正と機構の改革にいっそう関わるようになった。今や表面上では解決できないような問題が，王朝支配体制に押し寄せてきた。すなわち，新たに訪れた西洋の無法者の蛮人との国際関係の調整である。これらの関心は，二人の湖南官僚，すなわち賀長齢と魏源の編纂で1826年に出版された『皇朝経世文編』の中身と構成ほど明瞭なものはない。この論集は国家の組織と管理を説き，政策立案に関

する総合的な問題を論じ，続いて清朝政府の六部〔章末の補註（42頁）を参照〕のそれぞれに属する国家管理の理論と実践について熟考する。伝統的政治体制が打ち立てられると，儒教的な諸仮定は挑戦されはしなかったが，政治的手腕の中心的構成要素として統治階級の道徳的修養を儒家が強調するのとは対照的に，官僚的な行政技術に重きをおくのは，法家の指向性を反映している。さらに，経世致用学派が本来有した体制・行政を改革する潜在能力は，今文学派により進められた歴史的発展に関するいくつかの概念によって強化された。時宜適合性あるいは時宜一致性（合時）という考えは，今文経の中に見られるが，経世致用学派の学者によって広く理解された。儒教が過去を拠り所にすると述べるのは，ただ現在において助力となり得る時だけであることを意味していた。[*6]

　これらの認識は，おそらく今文学者である魏源の著作の中に最も集中的に例示されている。魏源は『皇朝経世文編』の共同編纂者であり，中国の自強改革を最初に唱えた1人であった。魏源は法家の現実政治と儒家の道徳的理想主義との間の相違を最小限にし，富と権力という法家の目標と統治者としての徳を備えた政府という儒家の理想とを衝突させるよりは，調和させようと考えた。それでも魏源が強調しているのは，法家の方向性と経世致用学であったように思われる。魏源は「この世界では，仁義の道以外に富と権力がある。しかし，富と権力があってはじめて仁義の道がある」と陳べた。[*7] アヘン戦争（1839～42）は，中国にとって西洋との最初の悲惨な出会いであったが，これらの見解は，アヘン戦争以前に書かれた魏源の著作の中にすでに顕著に表れており，1842年に書かれた文書の中で具体案の形にまで達し，2年後に出版された『海国図志』の中に収められた。ここで魏源は，蛮人の侵入に抵抗するため国家権力を強化してゆくという問題に夢中になり，中国政治の進むべき方向を示すため二つの一般原則について述べた。一つは「夷を以て夷を制する」という古びた中国の戦略であった。いま一つは，新しい考え方であり，「夷の長技を師とし，以て夷を制す」ることであった。後者の原則により，中国と蛮人との間に争いがない間に，中国の政策を指導すべきであると魏源は助言した。魏源は，蛮人の優れた技術は，三つの範疇に分け

られるが，それは，戦艦，火器，養兵・練兵の法であると陳べた。[*8]

　この方針を追求するため，魏源は西洋式軍事工業の創設に向けた具体的提議を行った。これらの広範な提議は，ある点で現存する制度上の取り決めから劇的な第一歩を踏み出すことを意味していた。もし魏源の提議が採用されていたなら，いつか来るべき時，確実に中国文明の面目を改変したであろう。魏源の提議に含まれていたのは，翻訳館を設立し西洋の書籍を翻訳すること，西洋式の造船所と軍事工場を広東の虎門外の穿鼻および大角島に設立すること，西洋人技術者を雇って，生産を指導してもらい，航海術や砲術を教わること，そして，西洋の技術に熟達した職人および軍人を採用し，昇進させる方法に改めることであった。魏源の提議は先見の明があったが，宮廷に対し持続的あるいは重大な影響力をもたなかった。それらは京師に住む多くの官僚には疑いなく法家のような響きをもっていたが，そこでは新儒教の宋学が宮廷の支援を享受していた。いずれにせよ，こうした急進的な改革計画のために絶対必要な朝廷の支持がまだなかった。[*9]

　アヘン戦争後の10年間，宮廷は一時的な平和の中に安住していたが，安心するのは間違いであった。しかしそれでも，もう一つの改革思想の系統が発展していた。すなわち，たしかに法家の目標を有するが，客観的に見て，本質的に新儒教である改革思想であった。その改革思想は，清朝体制が中心的位置にあることを認め，清朝の機関を通して効果的な改革を行う必要があることを認めた。その創始者は曾国藩であった。曾国藩は，1860年代，共同で中国軍事工業を創設した。曾は湖南省の出身で，1838年，進士となった。1840年から1852年まで京師に住み，1847年まで清朝の儒教研究センターである翰林院で仕事をしていた。1847年7月，曾は内閣学士に任命され，礼部右侍郎も兼務することになった。それは長期に亘り卓越した公務を果たした生涯における最初の任官であった。この10年間曾国藩は，新儒教を研究し，[*10]非常に広範な行政経験を積んだ。その結果，清朝官僚機構の内部に改革の必要があることを理解するようになり，そしてそれを実行するための戦略を創り出した。その戦略の作用により，10年以上後に，曾国藩は，蒸気機関を用いた生産機器の導入により中国の兵器生産を変革することを決めた。

曾国藩は，新儒教の正統派宋学と密接に結びついていた。にもかかわらず，曾は当時の経世致用学の影響を受けており，清朝の行政・軍事・経済上の災いを治める(おさ)ことに個人的情熱を傾けた。それで，他の宋学者が提出したものほど教条主義的ではない，実用主義的(プラグマチック)な方策を好んだのである。たとえば，曾国藩は当時の経世致用学者との間で，国家の富裕化は政府の適切な目標であり，もし現在必要なものを満足させないのであれば，その古き体制は捨てられるべきであるという信念を共有していた。しかし，その言葉の今日的な意味で，曾国藩を改革者と見なすのは単純に過ぎるであろう。なぜなら，概して曾国藩は，現存する清朝支配体制は徹底的に見直す必要がないという見解に固執していたからである。実際，曾国藩は自分が必要であると見なした時には，一定の変革を表明した。たとえば，国内の銀が流出する現状を容認した上で，そうした現状に基づき通貨改革を行うこと，腐敗して役に立たない部隊を解散して軍隊を合理化すること，行政改革を進め，意志決定の際に皇帝がより広範な協議を要求できるようにすること，そして各大臣と御史(ぎょし)〔都察院(とさついん)に所属する監察官〕に対し，より大きな役割を与えることを主張した。曾国藩は御史の声を朝廷の輿論(よろん)と見なし，行政官は御史の助言のみに基づいて任命されるべきとの立場をとった。この立場は明らかに，政府は人民のために存在すべきとする孟子の原理への傾倒を反映しており，曾国藩が，たとえ政治制度に影響を及ぼす事柄であっても，全心を傾けて行政改革を推進しようと決心したことを示している。この主張は，清朝の専制政治を強化する方向を和らげようとする試みとしてのみ理解することができる。曾国藩は，専制政治を清朝衰退の最も主要な原因であると認識していた。*11

　曾国藩の軍事工業の改革者としての役割を理解する上で，曾の改革の方法あるいは戦略を知ることがより重要である。曾国藩は，皇帝を頂上に戴き，皇帝がすべての官吏任命権を独占する，位階的な官僚政治に関する新儒教の考えを盲目的に信奉していた。それゆえ，改革を効率的に行う鍵は，皇帝の任命権に影響を及ぼす点にあると感じた。そうすれば，有能な官僚は，彼らが必要とされる時に重要なポストに就くであろう。曾国藩がこうした人事行政改革の方面を何よりも重んじたことは，疑いない。曾国藩を限定的な制度

調整を促進させる実用主義を採り，基本的な儒家の信念を変えることはなかった。そうした信念は，優れた人材は優れた政府の最も重要な成分であるという信念であり，高い才能を有する専門家や改革する意思をもつ官僚を官辨軍事工業へと導こうと後に彼を動かした信念であった。[*12]

　1852年，清朝宮廷は，曾国藩に対し湖南に拡がってきた太平天国軍を鎮定するため，出身地の湖南で民兵を傭い訓練するよう諭令を下した。新兵を募集した曾国藩は規律に厳しく，注意深い計画と頑強な決断力が結び付いて，湖南での地域的暴動を鎮圧する限定的成果をもたらし，1854年の初めに始まった遠征で曾国藩と麾下の湘軍は一躍して傑出した地位についた。そして，太平天国軍を長江中流域にある牙城から追い出したのであった。前述したように，曾国藩は兵器供給の問題に対し，実用主義的で革新的な接近方法を採り，太平天国軍の脅威と戦う際，国家権力が生き残るためには何が効果的かを探求した。1852年，曾国藩は外国製の兵器を最初に注文し，その年から1860年に至るまで，外国製の補助船と兵器が曾の軍隊の下に届いた。湘軍はこれらの兵器を使用し，しばしば成功を収めた。曾国藩は，その素晴らしさを認識した。疑いなく，1856年から1860年に至るまでの数年間，曾国藩が最初に兵器生産の試行を模索するよう導いたのは，国家の軍事力は外国から供給するより国内自給の方が，最もよく強化できると曾が認識したことと共に，外国船と外国製兵器の素晴らしさを評価したことであった。[*13]

　この時期，曾国藩が人材の適切な起用について力説していたことも，1860年以後の近代兵器工業の創設に重要な意味をもっていた。1843年，李鴻章はすでに曾国藩の注目を浴びていたが，20年後，近代軍事工業の共同創設者となったのである。その頃から二人の間に師弟関係が形成された。曾国藩とは違って，李鴻章が改革思想の吟味に没頭したことを示す記録はないが，曾は1845年すでに李の優れた才能を見抜いた。2年後の1847年，李は進士に合格し，翰林院編修も授けられた。しかしながら，太平天国を鎮定するための戦いに乗り出し，軍人としての経歴をもつようになってはじめて，李鴻章は本物の栄誉を勝ち取った。1853年の春，京師から生まれ故郷の安徽に帰省して後，李は1,000名以上から成る軍隊を率い，太平天国軍に勝利した。

李の成果は，曾国藩により称賛された。曾国藩はその当時湖南で軍を指揮しており，2人は連絡を取り合っていた。1853年から1856年までの間，李鴻章は軍事司令官および安徽巡撫〔福済(満人)〕の軍事顧問に就いた。1859年の初め，李鴻章は曾国藩の幕僚に加わるよう招聘を受けたが，曾はその時安徽省南部で太平天国軍と戦っていた。次の3年間で，曾国藩の幕僚として李鴻章はよりいっそう認められた。1860年までに，曾国藩は李鴻章が省レベルの行政長官や重要な軍事司令官を担うだけの準備ができていると認識していた。*14

　その年，曾国藩は清朝宮廷からの任命を受け取った。それは，太平天国軍と全力で戦うため，長江下流の諸省の富と資源を動員するために必要な軍事力と地方分権を曾国藩に与えるものであった。南京にある太平天国の首都〔天京〕を見張る清朝軍は，1860年5月，丹陽の戦いで，李秀成の優れた指導力の下にある太平天国軍により決定的な敗北を喫した。清朝の司令部は完全に崩壊した。そして，二箇月のうちに，太平天国軍は太湖沿岸の重要な諸都市のすべてを占領したが，そこはデルタ地帯の中で最も富裕な地域であった。1860年8月中頃までに，李秀成の軍隊は上海に接近しつつあった。こうした危機的情勢の下で，咸豊帝は異例の措置を執った。1860年8月10日諭令を下し，曾国藩を両江総督兼欽差大臣に任命し，江蘇，安徽，江西の3省のみならず，浙江北部にある清朝軍のすべてを統轄するよう命じたのである。叛乱が長江デルタ全域を巻き込む恐れがあったとき，行政，軍事指令，軍事供給を統一するために先例を破った，土壇場の動きであった。*15

　長江下流デルタに在任する多くの地方官は，太平天国の脅威に対処するため外国の助力を懇請することに賛成した。この方針を最初に唱えたのは，前両江総督の何桂清であった。しかし，清朝宮廷は，外国軍の力を借りることを要請するという考えに対し真面目に取り合わなかった。その理由は単純であった。英仏両国と中国との関係は，1858年に締結された新条約〔天津条約〕の批准を交換するため英国公使が北京行きを強行しようとした結果，ほとんど戦争の瀬戸際になるまで緊張していたのである。その上，外国の助力を借りることを先頭に立って唱えていた何桂清は，太平天国軍が長江デルタを進

[第2章] 19世紀中葉の自強運動と軍事工業の役割

撃していた際に無様な行いをしたため1860年6月8日解任され，代わって曾国藩が署両江総督になった〔署(しょ)(あるいは署理)は，代理の意〕。しかしながら，好むと好まざるに関わりなく，清朝政府は英仏両国の援助を今にも受けようとしていた。これらの二列強が上海港に有していた通商上の利益は，非常に大きなものであったから，太平天国軍が接近し，上海に脅威を与えているのを無視できなかった。5月26日上海で外国領事によって発せられた共同宣言は，上海が国際港であり，中国と諸外国の利害が解くことができないほど錯綜していると断言していた。もし叛乱が上海にまで達すれば，英仏両国の通商上の利益に大規模な損失をもたらすであろう。それで，これら二国の軍隊が暴力的な行為を防ぎ，秩序を維持するため雇われた。その結果，8月19日李秀成の軍隊が遂に上海入りした時，英仏防衛軍によって追い払われた。[*16]

上海で英仏両国により太平天国に対抗しようとする動きが生じた時，華北ではこれら二列強の軍事力が清朝宮廷を押しつぶす脅威となりつつあった。英仏両国による北京の宮廷に対する政策と，上海で地方官僚に向けて行った政策の間には矛盾があったが，この矛盾は，1860年8月，英仏連合軍が華北に移動してきた論争の発端を思い起こすことで解明できる。英仏両国に第二次アヘン戦争(1856～1860)の開戦のきっかけを与えた事件〔アロー号事件〕は，まったく薄弱な口実であった。英仏両国の真の動機は，中国を屈服させて，1842年から1844年において最初に調印された一連の不平等条約を改正し，西洋諸国に有利な条約になるよう合意させることであった。以前の条約は，諸列強が中国において期待していた通商，外交，キリスト教布教上の利益を確実なものとするには，まったく不充分なものであった。[*17]

1860年8月21日――英仏連合軍が上海で太平天国軍を追い返してからわずか2日後――天津を防衛する大沽港(タークー)を襲撃した1万8,000の英仏連合軍は，10月北京を占領するため攻め寄せてきた。北京で彼らは，咸豊帝の弟である恭親王奕訢(きょうしんのうえききん)を代表とする清朝政府に対し，新しい条約を批准するよう無理強いした。これらの条約は，互いに外交使節を交換すること，関税条項を改訂すること，賠償金および損失補償を支払うこと，領事裁判権を拡大するこ

33

と，外国人の内地旅行権およびキリスト教布教権を拡大すること，天津と長江流域に新しい貿易港を開くこと，イギリスに九龍(きゅうりゅう)を割譲することを定めた。上海で英仏の介入を促してきた通商上の動機は，明らかに北京占領に向けた重要な誘因であったし，条約改正に向けた圧力の動機も通商であった。[*18]

英仏連合軍が11月初めに北京から撤収したにもかかわらず，全体の状況は後戻りできないほど変化していた。京師が占拠されるという屈辱を受けたこと，諸列強が新たに有利な条約を獲得したこと，長江デルタで太平天国軍の活動が促されたこと，これらの多様な危機により中国の指導者の中で人事異動が促されたこと，これらはすべて結び付き，北京において新しい状況を創り出した。衰弱しつつある王朝の将来を救済するため新たに大胆な処置が必要なことは，清朝政府の高官レベルで明白となっていた。若き咸豊帝は英仏連合軍が接近した時，排外派の側近〔怡親王載垣(いしんのうさいえん)，鄭親王端華(ていしんのうたんか)，その弟の粛順(しゅくじゅん)ら〕を伴い京師から避難したが，連合軍の撤退後ですら熱河(ねっか)にある避暑地に留まった。事実上，政府の制御は恭親王奕訢に委ねられていた。恭親王が和平を創り出すという厄介な責任を引き受けた際の政見はわからないが，外国人に対しこれ以上軍事で抵抗するのはまったく狂気の沙汰であると即座に確信したように思われる。少なくとも当時恭親王は，最も慎重な進路は，中国と西洋の関係を条約の枠組みの中に適合させることであると感じた。清朝の歴史上最大の危機の間を通じて政府を指導したので，恭親王の発言は当局の新しい特徴（note）を伝えた。[*19]

恭親王の姿勢を表す最初の具体的な徴候は，外交問題を処理する専門機関を創設するという提案であった。この機関は総理各国事務衙門(そうりかっこくじむがもん)と言い，通常は総理衙門と呼ばれる。総理衙門は認可され，恭親王自身が長官に任命された。恭親王はこの地位を1884年まで持ち続けた。当初，恭親王は同様の精神的転換を遂げた二人の官僚，すなわち大学士〔内閣の閣僚の最高位（正一品）で，皇帝を輔弼(ほひつ)する〕の桂良(けいりょう)と戸部侍郎(こぶじろう)の文祥(ぶんしょう)によって支えられていた。だいたい同じ時期，北洋および南洋の諸港の貿易を監督する長官の地位が創設され，のちに「北洋大臣」および「南洋大臣」と名付けられた。南北洋大臣は，新たに開かれた港での貿易を監督する責任を負っただけでなく，すべて

の外国人との公的接触を規制する責任を負った。また総理衙門と南北洋大臣は，外国語学校，造船，兵器の生産のような外事に直接関わるあらゆる国内問題に対し管轄権を拡げた。[20]

恭親王の優位は，明らかに西洋との諸関係を調整しようとする清朝の意思であった。とりわけ新しい条約の最も有利な条項は，明らかにイギリスとフランスが中国における政治的秩序の現状を維持することで有した利害関係を変えた（アメリカやロシアといった他の諸列強は，条約の中の最恵国条款により，英仏と同じ特権を享受した）。長江の支配が清朝から太平天国軍の手に渡ってしまえば，苦労して手に入れた条約上の諸権利がなくなってしまうのであるから，もはや諸列強は公的中立性を維持したまま座視することはできなかった。[21]

これは曾国藩が1860年の秋，長江下流で荒廃した清朝軍を監督した際に見出した国際情勢の変化であった。近い将来外国から援助の申し出がなされることが期待できた。ニコライ・イグナーチェフは，1860年の秋，北京で英仏連合軍と中国軍との間を調停したロシア総領事で，その返礼に満洲のウズリー川以東がロシアに割譲されるとの条約を得た人物である。10月，ニコライ・イグナーチェフは，長江流域の清朝軍を助力するためにロシア軍を急派することを申し出た。清朝宮廷はこの申し出を曾国藩，江西巡撫薛煥，浙江巡撫王有齢に伝え，意見を求めた。後二者はその考えを強く支持し，薛煥はロシア人達に報酬を与えるべきであるとすら考えたが，慎重な曾国藩はそれに反対した。曾国藩のような経験をもつ戦略家にとって，新しいロシアとの条約の趣旨は，中国はずる賢いイグナーチェフのような友人をもったとしても，敵をもつ必要がないことを明確にしなければならなかった。曾はただ限定的に西洋の軍事技術を借り，叛乱を鎮圧する際に使用することに賛成しただけで，大規模な外国の介入には反対した。曾国藩，薛煥，王有齢によって提出された見解は，恭親王により検討された。1861年正月，恭親王は曾の提案に従ったが，その提案は，上海で西洋式の軍艦と兵器を生産することを強調し，直接的な軍事援助を辞退するものであった。この決定は，中国近代軍事工業の創設の出発点を示すものである。[22]

1860年の多くの危機により，官側は中国が軍事を近代化する必要に迫られていることに注意を集中するようになっただけでなく，中国知識人の間でも改革の重要性への関心が高まった。経世致用学の影響により過去数十年の間に生長してきた改革案が，先見の明を有する儒学者馮桂芬（ふうけいふん）が国力強化のために描いた首尾一貫した計画案の中で展開され，明確にされた。馮桂芬は1840年ずば抜けた成績〔一甲二名〕で進士に合格し，翰林院に入った。1860年6月蘇州が太平天国軍の手に落ちた時，馮桂芬は生まれ故郷のその地で書院の校長をしていた。馮桂芬は上海に避難して後，蘇州を奪い返すための戦略を曾国藩に助言し，認められたことが報告されている。その後，馮桂芬は個人的な顧問として曾に仕えた。そして，1864年から1865年まで，再建事業と地方行政に関する顧問として李鴻章（当時，江蘇巡撫）の幕僚に加わった。1860年から1865年までに，曾国藩と李鴻章は，彼らの計画を蒸気機関を用いた機械を使用し，西洋式の武器・弾薬を大量に生産すると公式化した。馮桂芬の思想の影響を受けたことは，曾と李の二人の中に認められる。*23

　馮桂芬の改革案は，論説集の『校邠廬抗議（こうひんろこうぎ）』の中に含まれている。この書物は，ほんの二，三の例外を除いて，1860年から1861年に上海で書かれた。*24 馮桂芬の提議でおそらく最も重要な側面は，問題を総体的に検討する際，異なった問題を熟考するバランスと範囲であり，個々の提議の中で立証される徹底的な実用主義である。馮桂芬が提案した諸改革は，中国人の生活のある範囲だけに限定されないし，中国の制度の基本的特質を変化させないままにしておくような表面的な修正案と性格付けることもできない。たとえば，馮桂芬は現存する政治体制における大規模な変革を奨励した。馮桂芬は，中国古代の研究を通じて，政府の余剰人員を削減し，無意味な官僚的手続きを取り除き，支配者と被支配者の間の紐帯を強めるという政治的原理を引き出したが，これらを実践するための提議は，時に著しく革命的であった。このことは，支配者と被支配者の間の紐帯が強まるように政府の人員を選抜するため馮が素描したシステムの中に見られる。それは，民主政府の理想を組み込んだもので，支配者の専制的権力を緩和しようと試みた初期の提議をはるかに越えていた。馮桂芬は官吏，紳士，年長者がより高い任務に昇進できるよ

うな人材登用の手続きを主張した。地方レベル，すなわち県以下において，官吏は規定の期間を規定の給与で一般民衆の中から選ばれることを勧めた。分離すれど関係を有する領域で，馮桂芬は，太古の部族福祉システムの復興を唱え，先進的な西欧諸国の近代的な福祉政策の到達目標と結び付けた。中国の社会システムの全面的な改革を提案したのも同然であった[*25]。

しかし，馮桂芬が最も懸念したのは，中国に対する外国の脅威であった。馮は，明らかに外国の脅威は叛乱の問題より危険であると見なしていた。叛乱は根絶し得るが，外国諸列強は非常に数が多く，かつ多様であるので，完全には退治できない，と馮桂芬は述べた。一つのタイプの対外問題が解決されれば，もう一つの問題がまったく予期せぬ方向から起こった。それゆえ，必要なのは外国人に応対するための合理的な戦略であって，外国人を根絶するための無謀な試みではない，と馮桂芬は悟った。馮桂芬が西洋諸国について学んだことを通じ，彼らの要求に反論する際，理性に訴えるなら耳を傾けない訳ではない，というのも，外国人は常に自分たちの究極の権威として理性に拠ろうとするからである，と判断した。理性に基づいた理解のため，コミュニケーションがまず最初に重要であった。それで，馮桂芬は上海と広州に外国語学校を創設することを唱えた。この提唱を受け，李鴻章は1863年上海にその種の学校〔外国語言文字学館〕を創設した。その後，広州にも開設された[*26]。

当面の政策に関して，馮桂芬は，「夷を以て夷を制する」という魏源の戦略では，当時の対外関係の複雑さを理解することができないと感じた。中国は，明らかに外国諸列強の間の意見の相違を巧みに操ったり，あるいは不和の種を播いたりすることができなかった。しかし，馮の見解は，「夷の長技を師とし，以て夷を制す」という魏源の戦略と一致していた。魏源がそうであったように，考証学派および経世致用学派が信奉する博学の伝統は，馮桂芬に外国文明を研究して比較するよう促した。馮桂芬は外国文明の方が優れている分野を見つけた時，客観性と実践性という経世致用学の理想に導かれて，時には中国がこうした特色を学習し採り入れるよう推奨した。しかし，常にそうであったというわけではない。西洋から徹底的に学ばなくても，中

国の欠点を改善できると感じた実例もあった。たとえば，人的資源や天然資源を利用する事柄や，支配者と被支配者の間の統合である。西洋が中国より進んでいると見なした個々の問題において，馮桂芬は開明的な政府の指導力が改革の鍵であると考えた（支配者と被支配者の間の紐帯を強化するとの提案は，西洋の民主政治の概念から形成されたにもかかわらず）。[27]

　中国の欠点に関する馮桂芬の認識が，魏源のそれを超えていたのは明らかである。魏源は，ただ兵器や艦船の分野においてのみ劣っていると見ていた。しかし馮桂芬が魏源と意見がほとんど一致していたのも，まさしくこの分野であった。すなわち馮桂芬も，中国は優秀な西洋の兵器と造船を学んで採り入れるべきであると力説した。これこそ中国が自強（じきょう）する鍵であった。これらは魏源が語り，中国が「夷を制する」ことを可能にする「夷の長技」であった。馮桂芬は，各通商港に船と兵器を製造する工場〔船砲局（せんぽうきょく）〕を設立すること，そして兵器生産と造船に従事する中国人を指導するために外国人技術者を雇用することを力説した。それだけでなく，報奨が与えられるべきであり，社会・政治的に上昇する流動性を確保するための大道が，そうした仕事に区分けされる中国人員のために開かれているべきであると提議した。西洋製と遜色がない製品を完成させた者には，挙人（きょじん）の地位を賞給し，京師で行われる会（かい）試を受験できることにし，西洋製より優れた製品を完成させた者には，進士の地位を賞給し，宮中で行われる殿試（でんし）を受験できることにして，少なくとも半数の中国知識人が，公務員制度の中で，文人身分の仕事から転じて，外国の技術を学ぶべきであるとした。そのうえ，これまで時々主張されてきたことであるが，馮桂芬の西洋から学ぶことへの関心は，兵器の生産と造船にとどまることはなかった。馮桂芬は数学，力学，光学，化学，そして世界地理のような基礎科学を集中的に学ぶことを唱えた。これらの諸分野の書籍の翻訳が充分に進捗した時，それらを習得し，こうした知識を基礎に価値のある貢献を為し得た学生に対し，南北洋通商大臣の推薦で挙人の地位を授けるよう唱えた。[28]

　紛れもなく，馮桂芬が西洋を研究する際，主要な関心は，中国が外国人を放逐するのを可能にする自強であった。外国諸列強を軽蔑し，外国の技術を

[第2章] 19世紀中葉の自強運動と軍事工業の役割

学ぶことを避ける中国人に対し，馮桂芬は真摯に異議を唱えた。馮の見方では，こうした人々は中国から外国人を追い払うことを望んではいるが，そうした目標を成し遂げるために必要な段階を踏む意志がなかった。その主な理由は，外国の技術が中国文明の上に及ぼすであろうと彼らが恐れる破壊的効果のためであった。馮桂芬は西洋文明から引き出された特定の技術を使用することは，必ずしも破壊を伴うわけではないし，必ずしも中国の国家や社会組織を西洋のものに取り換えることを意味しているわけではないと論じた。馮のこの見地は，軍事工業の近代化を強調したことと共に，改革への皮相的アプローチ（中体西用と呼ばれる時がある）の起源として理解されてきた。こうした理解では，ただ単に軍事施設のような国家の機能的側面だけが近代化され，その一方で，教育制度のような文明の基礎的要素のすべては触れられないままであるとされた。ところが，馮桂芬の著作が引き起こしたすべての衝撃(インパクト)は，まったく異なった影響を残している。馮が，教育制度，政治権力の分権化，そして他の中国文明の最も基礎的要素に関わる問題について，改革に賛成したのは明らかである。馮桂芬は中国が生き残るためには，自強が緊急を要すると感じていた。上述したような変革が自強を促すと，理性と実践が命じたとき，馮は改革に賛成した。時にそうした改革は，兵器生産や科学教育において見られたように，外国のモデルによって鼓吹された。政治の分権化に向けた計画案において見られたように，時に西洋思想の影響を受けた。そして，輿論を基に政府の指導を求めるとする提案の中に見られたように，時に伝統的なモデルに基づいていた。すなわち，この方法は昔の周朝が庶民から詩を収集して彼らの気持ちを調査したことに基づいていた。[*29]

　馮桂芬の改革案の中で例示されているような，経世致用学派が具有する新儒教の客観性と実用性は，中国文明の多くの分野で自強を行うための幅広く，柔軟で，実用主義的な知的基盤を提供した。同時に，軍事の近代化，とりわけ兵器の生産は，ただちに行うべきであるとして高い優先順位がつけられた。中国で最初の自強運動家にして近代軍事工業の創始者である曾国藩と李鴻章は，彼らの改革計画を考え出したのであるが，その知的枠組みは，馮桂芬の提案の中から貰い受けたのであった。

39

註

* 1 Liang Ch'i-ch'ao, *Intellectual Trends in the Ch'ing Period*, trans. by Immanuel Hsu (Cambridge, Mass., 1959), pp.4-8, pp.21-22〔訳註：邦訳書として，梁啓超（小野和子訳注）『清代学術概論——中国のルネッサンス』東洋文庫245，平凡社，1974年初版，がある。〕；Chang Hao, *Liang Ch'i-ch'ao and Intellectual Transition in China, 1890-1907* (Cambridge, Mass., 1971), pp11-12.
* 2 Liang, *Intellectual Trends in the Ch'ing Period*, p.6; Chang, *Liang Ch'i-ch'ao*, pp.13-14.
* 3 Chang, *Liang Ch'i-ch'ao*, pp.15-21.
* 4 Liang, *Intellectual Trends in the Ch'ing Period*, pp.85-95; Fung Yu-lan, *History of Chinese Philosophy* (Princeton, 1953), Ⅱ, pp.637-675.
* 5 Benjamin Schwartz, *In Search of Wealth and Power: Yen Fu and the West* (New York, 1969), pp.10-14.〔訳註：邦訳書として，ベンジャミン・シュウォルツ（平野健一郎訳）『中国の近代化と知識人——厳復と西洋』東京大学出版会，1978年，がある。〕
* 6 Chang, *Liang Ch'i-ch'ao*, pp.27-30; Fredrick Wakeman, "The Huang-ch'ao ching-shih wen-pien", *Ch'ing-shih Wen-t'i* 1.10: pp.8-22 (February 1969).
* 7 Chang, *Liang Ch'i-ch'ao*, pp.28-30.
* 8 Teng and Fairbank, *China's Response to the West*, pp.30-35.
* 9 Teng and Fairbank, *China's Response to the West*, pp.30-35; Chen, *Tseng Kuo-fan*, pp.1-12.
*10 Han-yin Chen Shen, "Tseng Kuo-fan in Peking, 1840-1852: His Ideas on Statecraft and Reform", *Journal of Asian Studies* 27.1: pp.61-80 (November 1967). 〔訳註：翰林院は，清朝の中央官庁の一つで，進士の中の俊才を優遇し，他日の重用に資そうとするために設けられた。その職は主に史書の編纂などの文筆作業であり，一般の行政事務とは関わりがなかった。『清国行政法』第1巻上，271～274頁，参照。内閣学士は，清朝中央官庁における名目上の最高機関である内閣の中で大学士，協辦大学士の下位にあり，官位は従二品。康熙10年（1671）以後，内閣学士は礼部侍郎を兼ねるようになった。『清国行政法』第1巻上，190～200頁，参照。〕
*11 Shen, "Tseng Kuo-fan in Peking", pp.73-80.
*12 Shen, "Tseng Kuo-fan in Peking", pp.69-80.
*13 Arthur W. Hummel, ed., *Eminent Chinese of the Ch'ing Period* (1943-44; reprint ed., Taipei, 1964), pp.751-755; Chen, *Tseng Kuo-fan*, pp.13-23.
*14 Kwang-Ching Liu, "The Confucian as Patriot and Pragmatist: Li Hung-chang's

Formative Years, 1823-1866", *Harvard Journal of Asiatic Studies* 30: pp.5-45 (1970). 〔訳註：この論文は, Samuel C. Chu and Kwang-Ching Liu, ed., *Li Hung-chang and China's Early Modernization* (M.E.Shape, Inc., 1994), に再録されている (17～48頁)。劉広京・朱昌峻編（陳絳訳校）『李鴻章評伝――中国近代化的起始』上海古籍出版社, 1995年, は中国語による翻訳書である。〕

*15　王爾敏『淮軍志』(台北,1967年), 1～15頁。

*16　Wang Erh-min, "China's Use of Foreign Military Assistance in the Lower Yangtze Valley, 1860-1864",『中央研究院近代史研究所集刊』第2期, 1971年6月, 535～583頁。Immanuel C. Y. Hsu, *China's Entrance into the Family of Nations* (Cambridge, Mass., 1960), pp.98-105; Masataka Banno, *China and the West, 1858-1861 : The Origins of the Tsungli Yamen* (Cambridge, Mass., 1964), pp46-47.〔訳註：本文中で何桂清の「無様な行い」とは, 以下のような行為であると考えられる。すなわち, 太平天国軍が丹陽を占領後, 両江総督何桂清は, 後方支援を図ることを口実に徐州（南京に代わる総督の駐在地）の守備を放棄し, 蘇州に向かおうとした。何桂清がまさに徐州を脱出しようとすると, 紳士と人民は道を塞いで残留を請うたが, 何の従者が発砲し, 十余人の死者が出たという。結局, 何桂清は, 蘇州入りを江蘇巡撫徐有仁に拒まれ, 各地を転々とした。宮廷から革職（解任）処分を受けて, 来京を命じられた時, 常熟に退いていた。『清実録』咸豊十年四月癸未の条, および『清史稿』列伝184「何桂清」に拠る。〕

*17　Britten Dean, *China and Great Britain: The Diplomacy of Commercial Relations, 1860-1864* (Cambridge, Mass., 1974), pp.14-21.

*18　Dean, *China and Great Britain*, p.141.

*19　Banno, *The Origins of the Tsungli Yamen*, pp.203-206.

*20　Banno, *The Origins of the Tsungli Yamen*, pp.219-246. 王爾敏「南北洋大臣之建置及其権力之拡張」『清史及近代史研究論集』第1巻, 第7期, 192～199頁 (1967年)。

*21　Mary C. Wright, *The Last Stand of Chinese Conservatism: The T'ung-Chih Restoration, 1862-1874* (New York, 1966), pp.26-27.〔訳註：本書の中国語による翻訳書として, 房徳鄰・鄭師渠・鄭大華・劉北成・郭小凌・崔丹訳, 劉北成校訂『同治中興――中国保守主義的最后抵抗 (1862-1874)』中国社会科学出版社, 2002年, がある。〕

*22　Hsu, *China's Entrance into the Family of Nations*, pp.98-105; Banno, *The Origins of the Tsungli Yamen*, pp.207-210; Wang Erh-min, "China's Use of Foreign Military Assistance in the Lower Yangtze Valley, 1860-1864", pp.555-556.

* 23　Hummel, *Eminent Chinese*, pp.241-243.
* 24　Teng and Fairbank, *China's Response to the West*, pp.50-55.
* 25　呂実強「馮桂芬的政治思想」『中華文化復興月刊』第4巻，2期（1971年2月），1～8頁。
* 26　呂実強「馮桂芬的政治思想」4頁。Teng and Fairbank, *China's Response to the West*, pp.50-55.
* 27　呂実強「馮桂芬的政治思想」4頁。Teng and Fairbank, *China's Response to the West*, pp.50-55.
* 28　呂実強「馮桂芬的政治思想」4頁。Teng and Fairbank, *China's Response to the West*, pp.50-55.
* 29　呂実強「馮桂芬的政治思想」1～8頁。

〔補註〕六部（the Six Boards）は，吏部、戸部、礼部、兵部、刑部、工部の総称。各部の管轄は，おおよそ以下の通りである。

　　　吏部（Board of Civil Office）　　文官の任免・賞罰などに関する事務。
　　　戸部（Board of Revenue）　　　主に財政に関する事務。
　　　礼部（Board of Ceremonies）　　典礼事務のほか，教育，科挙，朝貢に関する事務。
　　　兵部（Board of War）　　　　武官の選抜・昇進・行賞など，軍事に関する事務。
　　　刑部（Board of Punishments）　全国刑事事務のほか，刑法の編纂。
　　　工部（Board of Works）　　　治水，土木建設，各種製造に関する事務。

各部には，長官として満人・漢人各1名の尚書が置かれている。それ以外に，次官として左侍郎と右侍郎がそれぞれ満人・漢人各1名ずつ置かれている。職務は，この6名により執行される。『清国行政法』第1巻上，159～175頁，209～243頁，参照。

第3章
李鴻章の軍事工場
—— 創設期（1860〜1868）——

李鴻章（一八七一年）

[第3章] 李鴻章の軍事工場——創設期（1860～1868）

　1860年代の初め，少数の有力な中国人指導者は，中国文明は根本的な変革に耐え，直面する対外的脅威と国内的な難題に立ち向かわなければならないという観念を受け入れた。これらの官僚達は，叛乱を鎮定する責任を負わされ，外国の軍事技術と頻繁に接触してゆく中で刺激を受けたことで，軍事の近代化計画に夢中になった。しかし彼らは，後述するように，馮桂芬の著書が鼓舞したような，より広範な変革への見通しを欠いていた。彼らが軍事の近代化に努めた中で最も重要なものとして，兵器の生産があった。それは，李鴻章のような指導者の見解によると，叛乱を鎮定する鍵であった。実際，この10年間に設立された三つの主要な軍事工場を支配したのは，李鴻章であった。この三つの軍事工場は，中国最初の大規模な近代的機械工場であり，1895年まで工業化を先導した。1867年に曾国藩が挑戦するまでのほぼ10年間，李鴻章の戦略的工業構想により，これらの工場設備の生産任務と操業が具体化されたのであった。

　李秀成の指揮する太平天国軍は，1860年8月，外国の干渉により上海で撃退されたにもかかわらず，1861年の間，江蘇と浙江で盛んに活動し，次々に都市を占領していった。ついにその年の12月，浙江の省都である杭州が，よく訓練され高度な戦闘力をもつ李秀成の軍隊の手に落ちた。太平天国軍の軍事的圧力が長江下流で強まるにつれて，馮桂芬の改革案の論理に共鳴した責任感のある中国官僚達は，太平天国軍の脅威に対応するために，西洋モデルに基づく軍事の近代化を要求し始めた。1860年の新しい諸条約が署名された結果，国際的な風潮に変化が生じ，西洋列強は兵器と軍事技術の援助をすすんで行おうとするようになった。

　1861年の初め，総理衙門の恭親王奕訢は，咸豊帝の御前で，西洋の軍事援助を断り，国内で西洋式兵器と軍艦の生産に集中すべきであるとする曾国藩の助言を支持した。そして，フランスがすでに中国に対し兵器を売却し，かつ兵器の生産を指導するため技術者を提供する意向であると表明したことを報告した。この見解は，中国に汽船を売却するという他の提案と一緒にして曾国藩にも送られた。中国に汽船を売却するとの提案は，総税務司〔各開港場に設けられた洋関のすべてを統轄する〕のイギリス人ハートにより提出さ

45

れた。曾国藩の返答は，1861年の中頃に書かれた。当時，安徽省南部の祁門にある曾の司令部は，太平天国軍にずっと包囲されていたが，そこに救援軍が到着した直後のことであった。曾国藩の返答は，軍事工業の自強に向けて即座に行動を起こそうとする強い決意を反映していた。曾国藩は，外国製の大砲と艦船の購入が，当時の中国で最も緊要であると陳べた。曾国藩は，外国製の大砲と艦船が，反逆者の進撃を食い止める上で，当面おおいに有用であると感じた。そして，これらの兵器を所有することと，それらを使いこなす技能を習得することによって，中国と西洋諸国との力関係は，いずれ均等になるであろうと強調した。それだけでなく，曾国藩は，中国人の学者や職人達が外国製の船や大砲に精通し，生産する方法を習得することを唱えた。楽天的なことに，曾国藩は，数年内に汽船が中国で普通の現象となるであろうと予想していた。この主張に直接導かれ，中国で西洋式兵器の機械生産が始まった。[*1]

安慶内軍械所

　兵器を生産するに際しフランス人技術者を雇用するという提議は実現しなかったが，曾国藩は間もなく自ら生産を企画する地位に就いた。1861年9月の初め，安徽省の南西にある，長江の港湾都市安慶を弟の曾国荃が奪還し，曾国藩は司令部をそこに移した。12月曾国藩は，火薬工場，弾薬工場，そして外国式兵器を生産する軍械所の設立を命じた。この軍事工場には，当時最も優れた中国人技術者・科学者が揃えられた。このことは，曾国藩が適材を適所に配置する重要性を認識していたことを示している。その中に，徐寿が含まれていた。徐寿は高名な技術者であり，その息子も引き続き中国の戦略的な工業発展に重要な役割を果たした。華蘅芳は著名な数学者であり，龔之棠は，アヘン戦争当時の戦略的な工業発展の先駆者の1人である龔振麟の息子であった。龔振麟は，鋳造兵器のための鋳鉄を完成し，蒸気機関の生産を目的とする試験を実行した。呉嘉廉も，技術者であった。李善蘭も著名な

[第3章] 李鴻章の軍事工場——創設期（1860～1868）

数学者で，1863年このグループの中に加わった。李善蘭は，ユークリッドの『幾何学原本』を7巻から15巻まで翻訳したことで知られる。

その間，1862年に，華衡芳の率いるチームが蒸気機関に関する仕事を完成させ，1863年に，曾国藩の助手蔡国祥の指導のもと，長さ約59尺〔清代の1尺は，32cm〕の小型汽船「黄鵠」号が完成し，試験が行われた。安慶内軍械所は兵器も生産したが，その中に，炸裂する砲弾（explosive shell），空中開花砲弾（air bursting shell），および重さ1,300斤〔清代の1斤は，596.82g〕に及ぶ大砲（large gun）が含まれていた。曾国藩は1862年の夏，安慶での兵器生産に対する自らの姿勢を要約し，「自強の道を求めるには，政事を修め，賢才を探し求めることを急務とし，炸砲の生産を学び，汽船などの製造を学ぶことを実際の働き手とする」と陳べた。曾国藩は軍事工場の重要性について批評するに際し，馮桂芬が提出した大胆な方法よりはるかに慎重であった。しかし，曾国藩の見解は，明らかに馮桂芬の思想の印影を残していた。

当初，曾国藩は，安慶内軍械所の技術者が西洋式生産技術を習得する能力に対し大きな情熱を抱いていた。しかし時が経つにつれて，より現実的な見方をするようになった。1863年1月，曾国藩は外国式の雷管（percussion cap）を含めた生産の拡大を期待していた。しかし，職人達がこのことに成功できるかどうかについては自信をもてなかった。1868年，曾国藩は，安慶内軍械所の人員はすべて中国人で，彼らは1隻の汽船を建造したけれども，汽船の速度は遅く，彼らは複雑な技術を充分には会得していなかったと上奏した。安慶内軍械所での経験を経て，曾国藩は西洋式の兵器と船の生産を成功させるには，外国人の技術援助を仰ぎ，外国製機械を使用する必要があることを確信したように思われる。

容閎の使命

この点について曾国藩は，数人の技術者の助言に従い，イェール大学を卒業した中国商人の容閎を1863年9月自分の司令部に招いた。中国はどの様

な型の機械を手に入れるのが最善であるかについて曾国藩から尋ねられた時，容閎は，機械生産は曾が考えているような狭い軍事的な範囲に制限すべきではないと思うと返答した。

　　中国の現状では，特定の目的をもつものではなくて，総合的基礎的な性格をもつ工場が必要だろうと答えた。言葉を換えていえば，次のことだった。同一の性格の工場を他に創設あるいは模造することができるような種類の機械工場をまず設置し，さらにこれらの工場の全部がそれぞれ特定のものを製造する特定の機械類を製造することができるようにすべきであること。簡単に言えば，諸工場には特殊な機械類を製造するために総合的基礎的な機械類を備え付けねばならない。各種各様の鉄こまい，平削盤，旋孔機を備え付けた工場では銃砲，発動機，農具，時計等々を製作することが可能となろう。中国のような大きな国では多数の予備的あるいは基礎的な機械工場が必要だが，一つの工場——しかも第一級のものを造れば，それを母体にして別の諸工場——おそらく元のものより良く，しかも改良されたものを模造することができる〔百瀬弘訳〕。[*5]

　この提案を聴いた後，曾国藩は，その正しさを判断することは自分の能力を超えていると感じた。しかし曾国藩は，容閎に対し「海外に派遣し，中国で使用するのに適していると専門の技術者が保証した機械類を購入する」[*6]権限を与え，それとなく許可した。中国が手に入れるべき機械の型に関する容閎の見解に曾国藩が同意したことは，1863年10月5日，李鴻章宛の書簡の中でなされた次の言明により実証される。

　　我々は機械工場を設立する予定である。そして，工作機械を採り入れる。工作機械は，西洋から購入しなければならない。[*7]

　曾国藩は，機械を買い入れるための資金を手配した。[*8]1864年の初め，容閎はアメリカ合衆国に到着し，マサチューセッツ州フィッチバーグのパトナ

48

[第3章] 李鴻章の軍事工場——創設期（1860～1868）

ム製作所に注文を出した。そして，その注文は1865年の初めに完成した。機械類は上海まで船で直接輸送され，1865年の11月か12月に到着した。100から200の設備が含まれていた。[*9] 主要設備を中国経済に導入する決定を行ったことに深い潜在的意義があると曾国藩が理解していたことは，ほとんどあり得ない。しかしながら，純粋な軍需生産よりもさらに広い範囲の機械生産を創設するという選択に直面した時，曾国藩は後者の方を選択したのだが，その理由を文書の中で説明しなかった。あるいは曾国藩は，少なくとも長期的な観点から生産様式の基本的な変革の熱意を感じたのであろうか？

上海・蘇州洋砲局

疑いなく，そうした考えが，曾国藩の補佐役を務める李鴻章の脳裏に具体化し始めていた。1861年9月，安慶を奪還して後，曾国藩は太平天国を鎮定するための新しい戦略を採用した。その戦略は，李鴻章に大きな責任を伴う地位を与える機会をもたらした。曾国藩は，そのために李鴻章をずっと仕込んできたのである。曾国藩は，三方面からの攻撃計画を考案した。その計画の中で，曾国荃の指揮する軍隊は，西方の安慶から南京にある太平天国の都，天京(てんけい)に向け河を下って攻撃することになっていた。新たに閩浙総督(びんせつそうとく)〔福建・浙江の2省を管轄する地方長官〕に任命された左宗棠(さそうとう)の率いる軍隊は，南方から移動することになっていた。そして，太平天国軍が上海を脅かす東方で，その猛攻を食い止めるという非常に重大な任務は，李鴻章に委ねられた。李鴻章は，曾国藩の推薦で署江蘇巡撫に任命されていた。[*10] 実際に李鴻章を江蘇に派遣するという決定は，1861年11月に下された。そのとき曾国藩は，上海に住む紳士〔15頁参照〕の指導者から，包囲された都市を太平天国軍の脅威から救ってほしいとの緊急アピールを受け取った。曾国藩は，救出のための遠征に自分自身の軍隊である湘軍(しょうぐん)から充分な数の軍勢を割くことができなかった。それで曾国藩は，李鴻章を安徽省北部にある李の故郷に急派して新しい軍隊を召募させ，そしてその軍隊を安慶に戻して訓練を行わせること

49

にした。曾国藩は湘軍の中から2,000を選び出し，李鴻章が召募した3,500の軍勢を拡大して連合し，淮軍の創設当初の中核を構成した。1862年3月この軍隊は，上海の紳士が借用した7隻のイギリス汽船に乗せられて，安慶から長江を下り，太平天国の防御線を通過して，上海に移送された。[*11]

1862年4月初め，李鴻章は，淮軍の第一陣を伴い上海に到着した。到着したその時以来，李鴻章はそこで見た外国製兵器が有効であること，そして中国人による兵器生産の努力は痛ましいほど不充分なことに深い印象を受けた。当時，約3,000のイギリス人，英領インド人，そしてフランス人の軍勢が上海を防衛していた以外に，常勝軍と呼ばれた中国軍約3,000も存在した。常勝軍は，アメリカ人フレデリック・タウンセント・ウォードの麾下にある西洋人志願者により指揮され，全員に外国製の兵器があてがわれていた。上海において以前の中国人指揮官が，外国人に対し上海を防御する責任をより多く引き受けるよう促したのとは違って，李鴻章は，外国人と彼らの優れた兵器が中国にとって長期的な脅威となることを即座に認識した。李鴻章は，曾国藩により早くから敷かれた政治路線を保持し，外国人が介入し影響力を及ぼすことを最小限にしようと企てると同時に，彼らの優れた兵器を手に入れ再生産しようと努めた。どちらの点においても，李鴻章は著しい成功を遂げた。常勝軍は，効果的に中国人の統制と戦略的方向の下に置かれるようになった。1862年10月初め，李鴻章はウォードとの間で，中国が弾薬（ammunition）を生産する目的で外国人技術者を雇うこと，そして小火器（small arm）を購入することについて合意を得た。[*12]

1862年11月，李鴻章の司令部に届いた上諭は，司令官に対し中国人に外国製の弾薬を生産することを学ばせるよう命じた。上諭をうけ，李鴻章は，兵器生産の経験をもつイギリスおよびフランスの軍人を引き込んで，彼らの生産物の複製を造ることに乗り出した。李鴻章は，韓殿甲と中国人職工の一団に対し，彼らに学ぶよう命じた。そして，国内で兵器生産の経験をもつ丁日昌を転任させ，上海での生産を担当させることを求めた。しかし，漢口の海関〔江漢関〕を開設して以後，上海地方当局の関税収入が減少し，上海における生産コストの高さと輸入原材料費の高さとが結び付いて，生産を開

[第3章] 李鴻章の軍事工場——創設期（1860～1868）

始するのが遅れ，外国からの弾薬供給に引き続き依存することを余儀なくされた。しかし，外国軍との接触を続けるうち，李鴻章は彼らの兵器の効力をいっそう重視するようになり，それを生産する決意を強めた。1863年初め，李鴻章が上海外国語言文字学館（のちの広方言館）を設立した時，これで中国人は火器や汽船の生産を含めた技術を充分に理解できるようになるであろうと陳べた。2月2日，李鴻章は曾国藩に書簡を送り，自分は英仏艦隊を訪問し，彼らの武器・弾薬の素晴らしさに深い印象を受けたと記している。李鴻章は，自分の部下に対し西洋の技術を学習するよう促した。そして，この機会に学び損なったなら，強く非難されるであろうと考えた。その春，李鴻章は弾薬の生産に必要な資金を月額2万両〔1両は37.3g〕と見積もった。こうして，李鴻章は香港で外国製兵器を買い入れ，外国人技術者を雇い，兵器生産のための設備を購買した。10月に李鴻章の努力は，実を結んだ。韓殿甲の下で働く職人達は，李鴻章の軍事資金から援助を受け，炸裂する砲弾と雷管の生産を開始したのである。[13]

その間，李鴻章は，別の所から激励と助力を得ていた。1863年の春，内科医のホリディ・マカートニーは，在華イギリス軍を離れ，顧問として李鴻章の幕僚に加わった。マカートニーは，外国から購入すると法外な費用がかかるという理由で，李鴻章に対し自分自身の弾薬を生産するよう勧めた。マカートニーが中国人労働者を使い，炸裂する砲弾の生産に成功したと表明すると，李鴻章は，マカートニーが40名の労働者を雇い，上海の近隣に位置する松江の寺廟で生産を開始することを認可した。この軍事工場は，マカートニーが李鴻章のために押さえていた武器貯蔵所の一部であった。マカートニーの設備は，お粗末であった。鉄を溶かす炉は，土で造られていた。

淮軍が江蘇省の省都，蘇州を占領した後，1863年12月の初めに，李鴻章は自分の司令部をその地に移した。そして，マカートニーに対し彼の小さな軍事工場と共に付き従うよう命じた。1864年1月そうした動きが進行中の時，マカートニーは，不運なレイ・オズボーン艦隊の砲艦〔57頁を参照のこと〕と共に中国に持って来られた一揃えの軍事工場用機械を購入するよう李鴻章に勧めた。1864年4月，この機械は，蘇州でかつて太平天国の寺廟に備え付けら

51

れたが，中国で最初に採用された蒸気機関を動力とする生産設備であった。*14
蘇州洋砲局は，マカートニーと劉佐禹(りゅうさう)という1人の中国人の監督の下で生産に入った。工場は，1名の中国人スタッフと4名か5名の外国人技術者を配置していた。外国人技術者は，100～300元の月給を得ていた。蒸気機関を動力とする機械が採用されたにもかかわらず，生産は炸裂する砲弾に限られた。さまざまなサイズの炸裂する砲弾が，毎月約4,000発生産された。*15

この時，上海区域で，別の二つの軍事工場が操業していた。一つは，1863年に李鴻章の幕僚に加わった丁日昌が監督しており，いま一つは，韓殿甲が監督していた。これらの軍事工場の労働力はすべて中国人であり，300名以上を数えた。ここでは，職工長は毎月たった20～30元を受け取るだけであり，その他の労働者は，5～10元を受け取った。土着式の高炉(こうろ)が，砲弾を鋳造するために使用された。月間生産量は，6,000～7,000発の炸裂する砲弾と6門か7門の小型大砲であった。雷管と導火線も生産された。しかし，品質は外国製に及ばなかった。生産に必要な石炭，鉄，硫酸塩，硝酸塩は，すべて外国から輸入しなければならなかった。三つの軍事工場のうちいずれの工場も，外国製兵器を使用するために必要な品質をもつ火薬（gunpowder）を生産することができなかったからである。品質の高い外国製火薬は価格が適正であったし，外国式の火薬を製造するための設備と原料を得ることが難しかったため，火薬の生産を開始する計画はなかった。*16

この時，李鴻章の率いる淮軍は，約5万から成っていた。うち3万から4万が外国製の小火器か，あるいは炸裂する砲弾を発射するカノン砲（cannon）を装備していた。これに加え，潘鼎新(はんていしん)，劉秉璋(りゅうへいしょう)，羅栄光(らえいこう)，劉王龍(りゅうおうりゅう)の率いる鎮定部隊があり，それらのすべてに外国式の大砲が装備されていた。これらの諸軍に装備されたカノン砲や砲弾は，もともと外国から購入された。しかし，結局三つの軍事工場が，供給するすべての責任を受け継いだ。これらの軍事工場からの砲弾は，李鴻章の淮軍が蘇州，常州，嘉興(かこう)，湖州(こしゅう)を奪還した際に使用され，成功をもたらした。李鴻章は，3工場が役割を果たしていることに大変満足した。1864年末，李鴻章は，蘇州奪還の際マカートニーの監督下で生産された砲弾に助けられたと上奏した。李の推薦により，マカー

[第3章] 李鴻章の軍事工場——創設期（1860〜1868）

トニーに三品の官位が授与された。*17

1864年の春，総理衙門は，李鴻章に対し李の監督下にある軍事工場の進捗状況について報告するよう要求した。李鴻章は，軍事工場の設備，生産，人員，費用の概略について返答した。続いて，兵器の生産は他の型の機械を生産する能力がある機械を獲得することによって拡大されるべきであり，そしてその技術は広く行き渡らせるべきであると陳べた。

　　わたくしが思いまするに，もし中国の自強を望むのでしたら，外国の優れた兵器について研究し訓練するのが最も肝要かと存じます。これらの外国製兵器について学ぶには，機械を生産する機械を探し求め，その方法を師とするのが最も良く，必ずしもすべてに外国人を雇う必要はございません。もし機械を生産する機械と機械を生産するための人員を探し求めるのでしたら，あるいは専門課程を創設し，生徒を選抜しなければなりませんが，このことをきっかけに生徒が終身富貴となり，功名を得ることになれば，この事業は成功し，技能は精巧となり，才能を有する者を集めることもできましょう。*18

李鴻章が提議したのは，明らかに科挙試験により提供される以外に，科学的・技術的人員が社会的に上昇する道が存在すべきこと，そして官僚の地位に関する報奨だけでなく，彼らの成果に対し物質的報酬を与えるべきことであった。李鴻章は，まず最初に北京の火器営の部隊から西洋式兵器を生産する訓練を行うべきであると建議した。*19

北京において兵器の研究と生産は，すでに進行中であった。しかし安慶と同様に，外国人技術者もいなければ，外国製機械もなかった。清朝軍のモンゴル人司令官僧格林沁（サンゴリンチン）の指揮する軍勢が，北京にやって来て新しい条約の批准を強要しようとしたイギリス軍の当初の目論見を阻んだ後，1859年北洋で西洋式兵器生産に対する関心が起こった。取り押さえた兵器の素晴らしさに深い印象を受けた僧格林沁は，火器営に対しこれらの兵器を研究し模造するよう命じた。1862年の秋まで，北洋大臣崇厚（すうこう）の監督下にある軍隊が，こうした努力を続けていた。崇厚の軍隊は，ロシア製ライフル銃を使用して訓

練し，少なくとも10門のカノン砲の鋳造と試射に成功し，6台の西洋式大砲搭載車を生産していた。[*20]

　1864年の春，総理衙門の恭親王奕訢は，江蘇の洋砲局に関する李鴻章の報告を受け取った後，兵器生産の発展に向けた自らの提案を組み込んだ序文を添えて上奏した。恭親王奕訢は，李鴻章の軍事工場で達成された業績を褒め，機械を購入して他の型の機械を製造することを支持した。恭親王奕訢は，続いて，北京の火器営は進歩していない，なぜなら適切な技術教育が欠如しているからだと陳べた。このことを改善するために，恭親王奕訢は，この火器営から8名の武弁〔下級武官〕と40名の兵丁を選んで李鴻章の軍事工場に派遣し，外国の軍需品と機械を製作する機械の生産を学習させることを提案した。恭親王奕訢は，彼らを以後八旗軍に分散し，教官として任務可能であると期待した。これらの人員は，1864年7月上海に到着した。そして，訓練のため三つの軍事工場に送られた。1865年12月，李鴻章は，彼らが炸裂する砲弾の生産を習得する上で見事な成績をあげたと報告した。1867年，華北の天津に最初の近代的軍事工場が設立された際，これらの武官の中から最初の人員定数の一部として割り振られた者がいた。[*21]

　1864年に至るまでに，自強運動を推進しようとする指導者の間で，近代的兵器の生産に外国の技術援助が必要であり，中国の教育制度の中に技術的・科学的訓練を組み込む必要があるという認識が広まっていった。しかし，これらの問題を解決する方法は，まったく確立されていなかった。火器営から選ばれた成員の訓練は重要な一歩であったが，馮桂芬が唱えた大規模な教育的適応には遠く及ばないように感じられた。1865年の春，恭親王奕訢は，中国が西洋式兵器の生産を学ぶに当たり，違った方法を提議した。総理衙門は，李鴻章に宛てて内密に書簡を送り，優秀な旗人〔八旗に所属する人民〕を海外に派遣し兵器の生産を学習することの是非について李の見解を求めた。李鴻章は，そうした海外派遣をまったく恐れることはないが，結果は予測できないと考えた。李鴻章は，むしろ中国において外国の機械が備え付けられ，内外の教官が配置された部局を設立するよう促した。上達した学生は，さらに研究を深めるために送り出すことができるであろう。李鴻章は，この方法

54

[第3章] 李鴻章の軍事工場──創設期（1860～1868）

なら，事業はより綿密に管理され，結果はより速く，且つより確実であり，費用はほとんど同じであろうと推論した。[*22]

　恭親王奕訢は，中国が実際に有能な技術者や第一級の設備を引き寄せられるかを懸念していたが，李鴻章は恭親王の恐れを払拭した。李鴻章は，よい給与と高い地位が提示されれば，有能な人材がやって来て，第一級の機械を持ち込んで来るであろうと主張した。たとえやって来た人材が高度な技術をもっていなくとも，中国人の人員が彼らから多くを学ぶと考えた。李鴻章は，中国が西洋との争いがない一時的な機会を利用して海防を確立するよう主張した。この時，旗人の学生を外国の技術センターに派遣する企ては，複雑で時間のかかる仕事であり，防衛強化のための一時的な機会は，失われるであろう。李鴻章は，中国が獲得できた技術者から学べることを学び，それを基礎にして前進してゆくのが賢明であろうと推論した。[*23] この返答は，実用主義的(プラグマチック)な口調を帯びている。李鴻章は，恭親王奕訢の壮大な提案，すなわち優秀な旗人の海外留学を通じ軍事工業を移植しようとする提案を止めさせ，段階的に達成していく方を選んだ。李鴻章は，その方法を採ることで，結果的により速やかに目前の叛乱を鎮定するための兵器生産が進捗し，同時に西洋に対し長期的な自強を推進するための基礎が定まるであろうと予測した。

　兵器の生産に向けて外国人技術者を雇用し技師を成長させるため，李鴻章が賛同した基本方針は，1865年初めまでによりいっそう明確になっていた。この時までに，中国と西洋との接触は拡大しており，兵器生産の重点的地域において改革が危急であることも，よりいっそう明白になっていた。そうした見解は，香港に在住する独自性の強い中国人学者王韜(おうとう)の筆から力強く表明され，1864年，李鴻章の軍事工場の指導者の1人，蘇松太道(そしょうたいどう)〔江蘇省の蘇州・松江・太倉三州を管轄する道台で，上海に駐在する〕丁日昌の耳に届いた。王韜の所見は，『火器説略(かきせつりゃく)』（1862）への序文の中に含まれた。『火器説略』は兵器生産に関する書物で，王韜およびアメリカ合衆国に渡航経験のある友人により編集・翻訳された。本書の内容は，鉄を精錬すること，鋳型を造ること，高炉を建設すること，砲腔を空けること，火薬を製造すること，測量す

55

ること，小火器，そして中国語で最初に風の抵抗に関する原理について議論したものを含んでいた。王韜は，序文の中で，火器の技術は西洋の物事のうち特別な一面であり，西洋との関係が悪化する前に，中国は迅速によく習得しておくべきであると指摘し，よい兵器は匪賊の鎮圧に不可欠であると陳べた。外国からの調達に依存し続けることは，不安定な政策であった。そして，これまでのように，弓矢や投石で武科試験を実施し続けることは，体制における重大な欠点を露呈していた。王韜は，上海の小さな軍事工場での生産を西洋モデルを理解する希望の光と見なし，太平天国の乱を押さえつけるための手段として西洋式兵器の生産と人員の訓練をよりいっそう発展させるよう要求した。王韜は，火砲を運んで船から南京を砲撃する計画すら提出していた。しかし王韜は，読者に対し，兵器は専ら叛乱を鎮圧する目的のためだけに存在するわけではないことをも気づかせた。兵器は付加的な価値を有していた。すなわち，潜在的な叛乱に対して威嚇し，中国を外国の侵入に対し無防備にならないようにするのである。王韜は，小火器は賢明な支配者の手中にあって正しい統治をもたらす道具であるべきであり，圧制の補助用具ではないとし，「それゆえ，わたしは，目前の匪賊を平定するために計り，将来の潜在的な敵に対し威嚇するために慮る者であり，火器はその一端であると言う。すぐには重んじられないのだろうか？」と陳べた。1864 年に表明された丁日昌の自強に関する見解は，王韜が有したような軍事の近代化への差し迫った感覚と絶対的献身をそのまま繰り返していた。[25]

その間，1864 年の初め，兵器生産の重要性について高官を出所とした同様の見解が，李鴻章の元に届いた。広州と上海に軍事工場を設立すること，そして外国人技術者を雇うことを奏請する御史陳廷経(ちんていけい)の上奏文が，論評を求めて李と曾国藩の司令部に送られた。1864 年の間に，近代的兵器生産の重要性に関するこうした見解に引き続き，李鴻章は自らの生産を増進した。1864 年 8 月から 1865 年 7 月まで，これら三つの軍事工場における近代的兵器の生産は，李鴻章の淮軍により続行された軍需生産の中で最も重要であった。総額 11 万 0,658 両——この額はこの期間中の軍事支出総額の約 1/6 である——が，これらの軍事工場での生産を支援するためにつぎ込まれた。それに

対し，わずか6万9,311両だけが伝統的兵器を生産するために使用された。[*26]

江南製造局

　李鴻章は，三つの軍事工場での生産を喜んだ。しかし，これらの工場設備では生産できない大量の大砲を必要としていた。1864年の春，李鴻章は，大砲を大量に製造するのに必要な外国製機械を購入する決心をした。[*27] 李鴻章が外国の軍需機械供給会社と最初に接触したのは，ホリディ・マカートニーを通してであった。マカートニーは，常勝軍の新任司令官コロネル・ジョージ・ゴードンがイギリスに帰国する際，イギリス会社から毎月1,000挺のライフル銃を生産する機械を買い入れるよう手配した。李鴻章は，全費用が通知された時点で支払いをするよう準備していた。しかし，マカートニーがその後その会社と直接通信したところ，設備に5万ポンドから10万ポンドの費用がかかると決まったとき，李鴻章は衝撃を受けた。そして，マカートニーを通じて，ゴードンに購買を見合わせるよう命じた。

　疑いなく李鴻章は，自分や他の中国官僚が最近こうしたことを実践して苦杯を嘗めた経験から，このような金銭を外国の購買代理人に委託することに慎重であった。以前アメリカで船を購入するため，15万両以上がフレデリック・ウォードの兄弟に支払われたことがあった。このうちわずか2万両だけがウォードの執行人に受け取られたことが知られ，残りはお粗末な管理と通貨両替を通して失われた。それだけでなく，李鴻章が機械購入のためフランス代理人に1万両を与えてから数年が経過したのに，その時までずっと音沙汰なしであった。こうした期待外れは，悲惨なレイ・オズボーン事件とはまったく別であった。この事件は，不運なイギリス砲艦購入計画で，イギリス人の操縦する船をどのように管理するのかについて意見が一致せず，1863年不成功に終わったものである。中国の最終的な損失は，70万両以上にのぼった。こうした苦い経験により，李鴻章は細心の注意を払うようになったのであるが，他の政府関係者は，外国会社と取り引きすることに難色を示し，

李鴻章の機械購入計画に激しく反対した。[*28]

そこで，李鴻章が採用した方法は，いくらかの出費を取り除き，外国の購買代理人を通じて海外から買入れる際に信頼性に欠けるものを排除し，且つこの計画に対する官僚の異議を撥ね付けることであった。李鴻章は，丁日昌に命じて，現地での契約が可能な中国で機械の有用性を調査させた。時間が経過し1865年の春になっても，丁日昌はまだ適当な機械を突きとめていなかった。その間，李鴻章は王韜の『火器説略』を読み，紛れもなく軍需生産の複雑さについて理解を深めた。近代軍事工場の機械生産を創設する問題に関する理解も，その数箇月の間に鋭くなった。1865年の春，李鴻章は恭親王に書簡を出し，兵器生産の必要性は大きく，たとえば造船より大きいと陳べた。李鴻章は，容閎が自由に使えた3万両は，必要なものすべてを購入するには不充分であると感じた。李鴻章は，必要な全設備の一揃えを外国から購入するための資金を江蘇に持っていなかった。李鴻章は，いずれにしても，このままではこれまで以上に非実用的で不用心なことになると確信した。李鴻章は，上海にある外国会社の中から合理的な値段で適切な設備を探し続けた。[*29]

李鴻章は長らく通商港に存する外国会社の中から製造機械を探していたが，1865年の春，遂に探し当てるのに成功した。丁日昌は，上海の虹口(ホンキュウ)地区にある，後に旗記鉄廠(きてっしょう)として知られた場所で，機械の買い入れについて外国人所有者と合意に達したと報告した。総額6万両のうち4万両は，懲戒処分を受けた3名の海関職員が贖罪を求めて献上した。うち1人は，取引の交渉に力を尽くした。残りの2万両は，最初の原材料購入のためのもので，丁自身が集めた。その購入は，1865年の春頃に終わり，そしてその年の5月か6月，工場設備は中国人の経営の下で操業を開始した。李鴻章は，工場の名を江南製造総局と変更した。しかし，その時から外国人には江南製造局として知れるようになった。[*30]

李鴻章が名付けたこの言葉の言外の意味を正確に把握することは，おそらく不可能である。「製造総局」はその後江南製造局の別名となった言葉であるが，李鴻章は，上奏文の中で，この言葉を「その名を正しくし，物事を弁別する（正名辨物）」ために使用した。これは明らかに，事物はそれらの現

[第3章] 李鴻章の軍事工場——創設期（1860〜1868）

実性を表示し，かつそれらを他の事物と区別する名称が与えられるべきであるとする儒教哲学の教義を暗示したのであった。[*31] 名称を変えた理由の一つは，李鴻章が説明したように，機械工場が外国人所有でないことをはっきりさせなければならなかったからである。しかし，李鴻章の理論的根拠は，それを超えていたと思われる。それはおそらく，李鴻章が新しい機械工場の先に予見したより広範な使命，そして機械生産が中国の経済発展に果たすであろうと信じた触媒的な役割と関連していた。李鴻章は皇帝に対する上奏文の中でも，これらを考慮していた。

　この鉄廠が所有するのは機械を製造する機械であります。どのような型の機械であっても，段階的に再生産することができます。それで，その種の生産を行うために使用されるのです。生産できるものに制限はなく，全てのものに通用しますが，今のところ二つのことを兼ねることは出来ませんので，銃砲を鋳造し，軍用に充てることが最も肝要かと存じます。……外国製の機械は，農耕，織布，印刷，製陶のための機械を生産することが出来ますが，これらは人民の日々の必要に役立つでありましょう。本来の目的は，軍需品を生産するだけではないのです。……わたくしは，数十年後，中国の富農・豪商が，必ずや外国製の機械を模造して生産活動を行い，自らの利益を追求するようになるであろうと予測致します。[*32]

丁日昌もまた，事情が許すなら，江南製造局の主要な設備が他の型の機械を生産するために使用され，紡績工場，農業，河川管理の用に役立てるべきであると見通していた。丁日昌は，李鴻章への書簡の中で，工業活動に向けて伝統的な見方を変える必要があると強調した。すなわち，機械工場の操業に成功することが，科学者および技術者を養成するために必要であると考え，西洋諸科学およびその工業への応用を習得した者に対して物質的な報奨を増やし，官僚の地位を裁量することで，政府が奨励するよう求めた。そして，こうした変化を江南製造局の設立による自然の成り行きであると考え，もし中国が外圧の次第に高まる時期にその命運を掌握するのであれば，必要な施

策であると考えた。[33]

　丁日昌と韓殿甲が指導する二つの小さな軍事工場は，新しい軍事工場に合併された。北京の火器営からの人員は，これら二つの機械設備に配置されていたが，江南製造局に異動され，訓練を続けた。丁日昌は，韓殿甲，馮焌光(ふうしゅんこう)，王徳均，沈保靖(しんほせい)が督辦(とくべん)〔監督して職務を執行する責任を負う〕に任命された時，計画と監督に従事していた。操業資金は，当初李鴻章の軍需経費から供給された。容閎がアメリカで購入した機械は，1865年末に到着し，のち江南製造局に備え付けられた。[34]

　李鴻章と丁日昌が購入した設備は，まず最初に汽船の建造と修理のために使用された。1865年捻軍(ねんぐん)の叛乱の発生は，新たに獲得された設備が，武器・弾薬の生産に即座に転用されることを示した。1865年の春，山東の捻軍を鎮定しようとした清朝軍は，曹州(そうしゅう)でことごとく打ち負かされた。司令官僧格林沁は，命を失った。北京政府は強い恐怖に陥れられ，華北の軍隊を蘇らせようと動いた。1865年5月末，両江総督曾国藩は，長江で太平天国の乱を壊滅させる戦いを終えたばかりであったが，僧格林沁の死去により空席となった司令官の地位に遷(うつ)った。そして，李鴻章は，署両江総督に任命された。李鴻章は，近代的な武器により身を固めた軍勢を供給し，華北の軍隊にてこ入れすること，そして江蘇の軍事工場から武器・弾薬を送ることを命じられた。1万発以上の炸裂する砲弾が，ただちに船に載せられた。李鴻章は，上海・蘇州洋砲局にはまだ多量の持ち合わせがあり，必要なだけ供給可能であると報告した。[35]

金陵機器局

　こうした情勢の変化は，非常に大きな結果をもたらした。すなわち，中国の他の場所でも，近代的兵器を生産する工場設備が広く建設されるようになった。李鴻章は上海・蘇州区域で最初の近代的軍事工場を建設したが，その地は，李鴻章が太平天国軍を鎮定するため指揮する淮軍部隊に兵器を供給

するのに都合がよかった。いまや捻軍が太平天国の乱に替わって国内第一の脅威となり，華北も長江デルタ地帯に替わって軍事作戦の最も重要な舞台となった。このことは，江南製造局が建設されるや否や，その建設された位置が，華北で捻軍と戦う政府軍に供給するのに不適切な場所になったことを意味した。政府軍は曾国藩の指揮下にあったが，その部隊の多くは，李鴻章の淮軍から分遣されていた。それだけではない。南京は両江各省の行政上の中心地であるが，この地に新しい司令部を設けた李鴻章は，過去数年間建設に努めた上海・蘇州の兵站(へいたん)基地から自分が遠く離れてしまったことに気が付いた。

こうした情勢に対応するために，李鴻章は，華北の淮軍部隊に近代的な武器・弾薬を供給する統制を確実にしようと動いた。すなわち李鴻章は，マカートニーに命じて，南京向けに小砲の製造を始めていた小規模の蘇州洋砲局を移動させた。かくして，李鴻章の監視の下，南京の南門外に金陵機器局(きんりょうききょく)が建設された。その最初の操業費は，淮軍予算の中から供給された。1867年から，生産に必要な外国原材料を購入するため，江南製造局の経費収入から資金が供給され，機器局の財源が増やされた。1870年に至るまで，設備は拡大された。その中には，溶鉄炉，ボイラー房，煉瓦窯があり，通済門(つうさいもん)外の神木庵(しぼくあん)で火矢を造る分工場を含んでいた。初期の生産は，各種の口径をもつ大砲，砲架，砲弾，マスケット銃（gingal），小火器，小火器用の弾薬，雷管，導火線が含まれた。[*36]

天津機器局

金陵機器局の生産物が捻軍の鎮定に有効な貢献をなしたにもかかわらず，その南京における建て直しは，1866年6月まで成し遂げられなかった。その間，捻軍と戦う軍隊への後方支援は，新設された江南製造局が公正に負担していた。外国製機械からなる新しい工場設備が備え付けられた江南製造局は，上海区域から移動できなかった。というのも，設備を稼働させるのに不可欠な外国人の助言が，最も容易に入手できたからである。その結果，李鴻

章は，上海の工場設備が操業するや否や，華北にも同様の設備を創設することを手助けしてほしいと懇請を受けた。1865年夏，華北に軍隊と武器・弾薬を送るよう李鴻章に命じた上諭は，華北での補給を容易にするため，もう一つの軍事工場の創設を手伝うよう求めた。清朝宮廷は，李鴻章が丁日昌を軍隊と共に北上させ，天津で軍需生産を設立することが可能かどうか尋ねた。李鴻章は，上海の軍事工場を離れることはできないが，自分が天津に派遣した北援軍の統領である潘鼎新に対し，情況の評定を指示すると返答した。李鴻章は，もし潘鼎新が軍事工場を設立すべきと考えるなら，自分は丁日昌を派遣すると陳べたが，丁日昌は決して送り出されなかった。[*37]

しかし，総理衙門は，李鴻章が江南製造局に照らして一揃えの機械を組み立て，天津に移し，その地で北洋大臣崇厚が第二の軍事工場を設立するために使用することを決定した。李鴻章はこの冒険的事業に対し，ほとんど熱意を示さなかった。1866年1月，崇厚からの問い合わせに答え，李鴻章は，江南製造局からの機械は，来年春まで天津に引き渡せないと陳べた。李鴻章は，江南製造局における初期の操業で遭遇した技術的・人的諸問題のため，崇厚の要求をそれ以上早く達成するのは不可能であると説明した。それだけでなく，李鴻章は，崇厚が自分自身で外国人技術者や中国人職人を雇用すべきであり，人員は上海から移されるべきではないと提議した。[*38]

華北では，李鴻章が江南製造局で貧弱な生産資金を注意深くかつ有効に利用していることが明らかになった。それで，1866年の春，総理衙門はロバート・ハートにイギリスで機械を購入するよう委任した。ハートが購入した33箱の軍需用機械は，1866年9月上海に到着した。総理衙門はそれを崇厚に送り，指示を待つよう命じた。その間，1866年の夏，総理衙門は外国製機械を備え付け，かつ外国人技術者を雇用する軍事工場を天津に設立し，北方の軍隊が兵站上必要とするものを供給するとの考えを上奏した。財源については，北洋大臣崇厚により，関税項下の地方割当分から供給されると提議した。総理衙門の計画は裁可されたが，崇厚は問題をはぐらかし，関税収入に課せられた要求はすでに過剰になっていると異議を唱えた。[*39]

同じ頃，これとは別に，直隷総督の劉長佑(りゅうちょうゆう)は，軍事工場を設立し，600門

[第3章] 李鴻章の軍事工場——創設期（1860〜1868）

の伝統的な開山砲（mountain splitting gun），300の砲架，付属品，火薬，弾薬を生産することを提議していた。これらすべては，直隷防衛のため募集された新軍に装備するため緊急に必要であった。その費用は，6万9,000両と見積もられた。1866年末に至る前，崇厚は，長蘆塩税（ちょうろ）の収入から直隷に生産費を供給する案を提出し，清朝宮廷の裁可を得た。こうして軍事工場が創設された。1868年5月の中頃，崇厚は，武器・弾薬を生産する使命を果たし，配給が成し遂げられたが，当初の見積りより費用が若干高くついたと報告した。[*40] この事業の中で，外国製の機械，あるいは近代的な方法が用いられる見込みはなかった。実際，総理衙門は，近代的な機械制軍事工場の創設を通じ，華北で兵站上の潜在力を強めようと意図したのであったが，総理衙門が軍事工場を提議した時，軍事工場は大きな財政上の障碍に遭遇し，当地の財政的資源から引き出されることになった。軍事工場は，矛盾の中に置かれたのである。

　北洋大臣崇厚は，関税収入から天津の軍事工場に創設資金を分配してもらえなかった。にもかかわらず，総理衙門が工場設備に向けて行った提案を支持し，他の財源を探した。しかし，崇厚は，デンマーク領事として天津駐在のイギリス人メドゥスから外国製機械の有用性と値段に関する情報を受け取ると，大規模で近代的な軍事工場を設立する計画は，大幅に縮小されるべきであると悟った。その結果，1866年の秋，崇厚はより穏当な代案を提出した。巨額の費用を要するとして，軍需用機械の即時購入計画を撤回し，価格が約8万両の火薬製造機を購入する権限をメドゥスに委ねることを提議した。必要な資金は，レイ・オズボーン艦隊の汽船を清算して得られることになった。数万両と見積もられた追加創設費は，崇厚が自分で調達することになった。創設後の軍事工場の経常操業費として，崇厚は，天津と芝罘（チーフー）にそれぞれ設けられた津海・東海両関から通常戸部（こぶ）に上納される洋税（ようぜい）〔輸出入品に課せられる関税〕の一部を割り当てることを提議した。機械を購入するための資金は，即座に裁可された。しかし，戸部は，津海・東海両関が国庫に上納する二成洋税（洋税の20％）を天津の軍事工場に供給した場合，その分を国庫に対し埋め合せるための別の財源が準備されていないという理由で拒否し，崇厚の

要求を認可しないよう宮廷に働きかけた。[*41]

　崇厚は，経常操業費がはっきり決まらないにもかかわらず，軍事工場の設立を進めた。メドゥスは，イギリスから火薬製造機を購入し，技術者を雇う権限を委ねられた。海防の実務経験をもつ前奉天府尹の徳椿（ほうてんふいんとくちん）が，軍事工場の設立を率いるよう任命された。場所は天津城の18里〔清代の1里は576m〕東にある賈家沽道（こかこどう）が選ばれた。正式に開局されたのは，1867年5月であった。その地勢は低く，建設を始める前に大量の充填がなされねばならなかった。河溝（かこう）も土砂で塞（ふさ）がっていたので，浚渫（しゅんせつ）して船が通れるようにしなければならなかった。京師からの軍隊の中には，江蘇にある李鴻章の軍事工場で訓練された者が居たが，さらなる訓練を積むため指名された。局長には，メドゥスが任命された。1867年の秋，崇厚は，イギリスに洋税とアヘン税の中から3万3,333両を送金し，海運，石炭の購買，および火薬製造機の買収に関連する他の費用を支払った。しかし，操業費の問題は，機械の到着後も決着しないままであった。これが天津火薬局であった。後に東局として言及する工場である。[*42]

　1867年末，崇厚は上海から鎔鉄設備と機械工具を購入し，天津城の南に位置する海光寺（かいこうじ）にもう一つの軍事工場を設立した。これが，西局として知られた工場である。その任務は，設立当時は火薬工場のために機械と部品を生産することであり，兵器の部品と汽船の設備を生産することであった。英国人のスチュワートが，担当者として配置された。1868年1月，崇厚は，この工場設備を創設するに際し，2万2,000両を費やしたことを報告した。崇厚は，出費が絶えず膨張してゆき，とくに火薬製造機が到着し設置された後に激化すると予測した。そして崇厚は，この機会に，津海・東海両関の四成洋税（ようぜい）（洋税の40%）を分配してもらえるよう繰り返し要求した。[*43]

江南製造局の初期の生産

　天津機器局の創設は，1865年の末から1866年の初めに遅延した。当時，

[第3章] 李鴻章の軍事工場——創設期（1860～1868）

　李鴻章は，江南製造局から船で天津に機械類を輸送させようと努める総理衙門に抵抗し，江南製造局で最初の操業時に技術的・人的諸問題に遭ったため，そうした援助が一時的に不可能になったと弁解していた。実際，江南製造局における最初の操業は，円滑とは程遠いものであった。1865年5月から1866年11月に至るまで，李鴻章は両江総督を署理〔代行〕し，新しい任地の南京から上海の工場設備を管理した。1箇月につき1万5,000両の操業費は，李鴻章が両江地方の財源から調達した軍事支出から分配された。その新しい中国人による経営は，外国機械工場の人員の中から外国人の現場監督1名と技術者8名をかかえていた。彼らが最初に果たすべき仕事は，工場設備を軍需生産に改造するために必要な40台あまりの機械を生産することであった。[*44]
1866年の春，技術的・人的問題が，緊急の段階に達した。総辦の沈保靖は，ボイラーの圧力が失われたことが原因で，小火器を生産する機械が2月中ばの1週間動かなくなったと報告した。ボイラーは修理されたものの，炉の内側に欠陥があることが判明し，小火器の生産に必要な温度に耐えることができなかった。マスケット銃の生産に必要な機械は，不完全であった。沈保靖は，この設備を待つよりは，手ずから銃床を製作し，小火器の生産が開始された時点で使用できるようにするよう提案した。数千門の砲弾が生産され，3月から4月の間に，李鴻章の司令部に送られた。しかし，1866年の春になってはじめて，小火器の弾薬を機械で造り始めた。入手できた情報によると，生産されたのは2,000発に及ばなかった。大砲の製造は遅れていた。雛型として供された，口径が4.25インチ，重さが12ポンドの英国製カノン砲の引き渡しをずっと待っていたからである。[*45]

　李鴻章は，軍事工場で行われた小火器の試作に大きな不満を表した。数箇月が経過し莫大な金額が費やされたのに，何一つ成し遂げられなかった。李鴻章は，責任を装備の欠陥に転嫁しようとする外国人現場監督を馮焌光が信頼しすぎていると考えた。李鴻章は，現場監督から少しでも口実の機会を奪うため，炉の造り替えを命じた。李鴻章は，炉の完成後1箇月以内に外国式の小火器を製造できないなら，官員はその給料を召し上げ，外国人現場監督はその俸給を支払いはするものの，その仕事ぶりが不満足なものであること

を説明した領事宛て書簡を添えて，追放処分とすると警告した。李鴻章は，軍事工場の官員に対し，小火器を生産する際に手工労働を排除し，より経済的で生産的な製造方法を見つけるよう忠告した。李鴻章は，そうでもしなければ，もし出来上がる日が来たとしても，完成品が不満足なものとなることを恐れた。その間，劉銘伝（りゅうめいでん）と曾国藩の下で捻軍と戦っていた軍隊は，小火器を必要としていたが，それが購入される運びとなった。[*46] 1866年夏，李鴻章は，総理衙門に対し，軍事工場で製造された小型カノン砲は外国製の雛型と比肩し得るものであるが，小火器はほとんど生産されず，かつ品質も劣っていると陳べた。[*47]

このように，操業して最初の年の江南製造局では，技術的・人的諸問題により生産が妨げられたのである。ところが，これ以外にも，李鴻章と丁日昌にとって深刻なもう一つの問題があった。江南製造局の位置が，いくつかの問題を生み出した。丁日昌は，この工場設備の機械を買い入れたものの，建物は外国人が所有していた。軍事工場は，その建物を使用するために年間6,000両から7,000両の賃貸料を支払っていたが，丁日昌は，その額が高すぎると見なした。それだけでなく，建物は機械工場の設備を迅速に拡大してゆくに当たり急速に不適当になった。容閎が購入してきた100台以上の機械に加え，さらに30台から40台が，軍事工場で生産された。その位置は，上海区域の中で外国人の人口が非常に密集した地帯であり，歓楽街と雑踏地としてよく知られていた。丁日昌は，そうした環境が労働者の勤労意欲に影響を与えるであろうと考えた。そして，軍事工場が存在することに激しい反感をもつ外国人居住民が居り，中国人職人と彼らとの間に事件が発生するかもしれないことを恐れた。李鴻章自身，虹口区域は長期的な計画を実行するのに適していないと見なしていた。李鴻章は，自分が人員の監督を行うのに都合のよい場所であるという理由で，河沿いにある南京に移動することを主張した。[*48]

捻軍の叛乱と天津機器局

江南製造局は，いくつもの問題を抱え，その立地もよくなかった。にもか

[第3章] 李鴻章の軍事工場——創設期（1860〜1868）

かわらず，1865年から1866年5月に金陵機器局が創設されるまで，捻軍の鎮圧に出征した軍隊のため武器・弾薬を生産した国内唯一の軍事工場であった。この軍事活動は，順調に進行したわけではなかった。1866年の秋，清朝宮廷は，曾国藩が採用した捻軍鎮定戦略に苛立ちをつのらせていた。曾国藩が指揮を執ってだいたい18箇月が経過したものの，捻軍の鎮定を成功へと導くにはほど遠いように思われた。1866年12月，曾国藩は，京師に呼び出された。そして，李鴻章が曾国藩に替わり捻軍鎮定軍の司令官に任命された。江南製造局および金陵機器局の生産する武器・弾薬が，李鴻章の指揮する捻軍鎮定軍への武器供給にいっそう重要な役割を果たすようになった。しかし，1867年，全体の軍事情勢は，清朝軍にとって悪い状態から，より悪い状態へと変化していた。1868年の初め，北京は警戒を要する状態であった。西捻（せいねん）は山西から前進し，北京の近郊に到達した。東捻（とうねん）は，12月に山東で李鴻章の軍隊によって殲滅（せんめつ）させられたと伝えられたが，1月には直隷にふたたび出現した。そして，保定（ほてい）まで2〜3マイルの内側まで侵入していった。[*49]

北洋大臣崇厚が，戸部に上納される津海・東海両関の洋税収入の一部を分配し，天津機器局の操業・維持費に充ててもらえるよう繰り返し要求したのは，1868年1月の出来事を背景にしていた。[*50] 1865年，李鴻章と丁日昌は，天津に軍事工場を創設するかどうか躊躇していた。江蘇の軍事諸工場の資金を徐々に消耗させることを恐れたのである。いまや華北における軍事情勢は著しく悪化し，李鴻章は叛乱の鎮圧を指揮する責任を負わされた。李鴻章の態度にはっきりとした変化が表れるのに，それほど時間を要しなかった。1868年1月末，李鴻章は総理衙門に書簡を送り，天津における軍事工場の設立に関する丁日昌の提議を転送し，李自身がそれに合意する旨を表明した。それは次のようなものであった。

> 天津で機器廠の建設を推し進め，京師の防衛に役立てるべきであります。天津は北京から遠くはなく，海に近いので，原料を購入し製造するのに好都合であります。速やかに扼要の地に機器廠を添設し，在京の員弁が間近に学習し根本を固めるのに役立つようにすべきであります。他の沿海各港も，成

功するのを俟ち,添設を推し進めるべきであります。……[*51]

　こうした強力な支持と同時に,天津で近代的兵器の機械生産を設立するに当たり最後の障碍が乗り越えられた。すなわち,崇厚が軍事工場を支援するために要求した,津海・東海両関の四成洋税が,清朝宮廷の裁可を得たのである。1868年2月から,天津機器局は,洋税収入の中から経常収入を受け取り始めた。[*52]

　1868年の春,火薬生産に携わる外国人技術者が到着し始めた。イギリスで購買された機械が船で運ばれ,その夏に備え付けられた。8月から9月には,軍事工場の設備の積荷のいくつかが,江南製造局から天津機器局へ届けられた。その積荷は,李鴻章が崇厚に約束したもので,大砲の鋳造と弾薬のための設備だけでなく,巨大な鉄鋼の溶炉が含まれていた。この設備の一部分は購買されたものであり,別の一部分は,江南製造局で生産し,江蘇省が費用を支払ったものであった。そのおおよその額は,1万両に及ばなかった。[*53]

　華北で捻軍の攻撃により引き起こされた危機は,清朝の財布の紐を緩めさせた。その結果,天津における近代的軍事工場の操業に向けて関税収入が供給されることになった。それでも,東局は,1870年に至るまで完成しなかった。それに対し,西局は,1868年に生産を開始したものの,規模は極度に制限されていた。工場設備は,スチュワートの指導の下,鋳鉄所,大砲鋳造所,木工所を含んでおり,約50名の中国人職人が雇用された。1868年,軍事工場は,12ポンドの砲弾を飛ばす12門の450ポンド銅製カノン大砲を生産し,1870年に至るまでに,だいたい7,000件ほどの兵器と汽船の設備を生産した。[*54]

結　　論

　1860年代,人々は上海,天津,南京において近代的軍事工場の設立を目撃した。すべての工場は,李鴻章の自強に向けた主張から直接成長したもの

[第3章] 李鴻章の軍事工場——創設期（1860～1868）

であった。李鴻章は儒教的な実用主義者(プラグマティスト)であり，太平天国の乱および捻軍を鎮定する軍事的責任を負い，そして西洋軍事技術の優越性は反駁できないという証拠を間近に見た。三つの工場が設立された直接の目的は，叛乱の鎮定に従事し疲弊する軍隊に武器・弾薬を供給することであった。それでもやはり，李鴻章，曾国藩，丁日昌，恭親王奕訢が，中国を自強して外圧に対抗するという点に近代的軍事工場の重要性を認めたのも明白である。とりわけ李鴻章は，揺籃期(ようらん)の工業が，悪逆な西洋人にこれ以上中国を苦しめる機会を与えることがないように，絶えず警戒を怠らなかった。李鴻章は，新しい軍事工場設備の技術的な独立を目指したが，それは差し当たり，生産に優先的に役立つ教育改革を通して最も良く成し遂げられると感じていた。李鴻章は，差し迫った兵器の需要に絶えず閉口させられた。しかし，軍事工場に導入された機械工場が，中国社会経済の構造に変化をもたらした効果を見失うことは決してなかった。二，三年の短い期間に，一握りの革新的な中国人指導者は，中国を機械の時代に引き入れた。しかし，中国の前工業的土壌の中で，機械工業が根付きかつ成長するために必要な調整と適応は，まだ始まったばかりであった。

註

*1 『籌辦夷務始末』咸豊，巻72, 11～12頁。『曾文正公全集』（台北，世界書局，1965年）416～418頁。
*2 『中国近代工業史資料』第一輯，249～252頁。Hummel, *Eminent Chinese*, pp.479, 540; Chen, *Tseng Kuo-fan*, pp.82-92.
*3 曾国藩『曾文正公手書日記』(1909)，同治元年5月7日。〔原文：「欲求自強之道，総以修政事，求賢才為急務，以学作炸砲，学造輪船等具為下手工夫。」『曾国藩全集』日記2（長沙，岳麓書社，1987年），748頁。〕『中国近代工業史資料』第一輯，249～250頁。清史編纂委員会編『清史』（台北，国防研究院，1961年）第七冊，5469頁。
*4 『曾文正公全集』549～550頁，839～840頁。
*5 Yung Wing, *My Life in China and America* (New York, 1909), pp.149-151.〔訳註：邦訳書として，百瀬弘訳注『西学東漸記——容閎自伝』（平凡社，東洋文庫136, 1969年）がある。〕

＊6　Yung Wing, *My Life in China and America* (New York, 1909), pp.151-153.
＊7　江世栄編『曾国藩未刊信稿』(上海, 1959年), 188頁。
＊8　Yung Wing, *My Life in China and America*, p.154 は, その総額は6万8,000両で, その半分は上海道台により支出され, 半分は広東布政使により支出されたと陳べている。たとえば, 『曾国藩未刊信稿』の188頁で, 曾国藩は上海の李鴻章に対し1万両を供給するよう命じ, 両江総督に対し2万両を供給するよう命じた。
＊9　Yung Wing, *My Life in China and America*, pp.156, 160, 164. その仕様書は, アメリカ人技術者のジョン・ハスキンスによって書かれた。そしてその注文は, マサチューセッツ州フィッチバーグのパトナム製作所により果された。
＊10　Hummel, *Eminent Chinese*, pp.464-465.
＊11　Kwang-Ching Liu, "The Confucian as Patriot and Pragmatist: Li Hung-chang's Formative Years, 1823-1866", pp.5-45.
＊12　Kwang-Ching Liu, "The Confucian as Patriot and Pragmatist: Li Hung-chang's Formative Years", pp.13-19, p.31.『李文忠公朋僚函稿』巻1, 11頁b, 54頁a。
＊13　『籌辦夷務始末』同治, 巻20, 13頁b。『李文忠公奏稿』巻3, 11～13頁, 巻26, 13頁a。『李文忠公朋僚函稿』巻2, 45頁b, 46頁b。巻3, 3頁a, 16頁b。
＊14　Dometrius Boulger, *The Life of Sir Halliday Macartney* (London, 1908), p.79, pp.123-132.
＊15　『籌辦夷務始末』同治, 巻25, 4～8頁。「元」は, 地方政府が発行し, 使用範囲の限られた硬貨で, 大部分は地方取引のために使用された。Hosea Ballou Morse, *The Trade and Administration of the Chinese Empire* (Taipei, 1966, reprint ed.), p.165.
＊16　『籌辦夷務始末』同治, 巻25, 4～8頁。『海防档』丙, 3～4頁。
＊17　周世澄『淮軍平捻記』(1877年) 第12巻, 2頁。『中国近代工業史資料』第一輯, 254～255頁。『洋務運動文献彙編』第四冊, 2頁。
＊18　『籌辦夷務始末』同治, 巻25, 10頁。〔原文：「鴻章以為中国欲自強。則莫如学習外国利器。欲学習外国利器。則莫如覓製器之器。師其法而不必盡用其人。欲覓製器之器。与製器之人。則或專設一科取士。士終身懸以富貴功名之鵠。則業可成。芸可精。而才亦可集。」〕
＊19　『籌辦夷務始末』同治, 巻25, 8～10頁。
＊20　『中国近代工業史資料』第一輯, 343～344頁。『籌辦夷務始末』同治, 巻25, 1～3頁。
＊21　『籌辦夷務始末』同治, 巻25, 1～3頁。『李文忠公奏稿』巻7, 17頁。同, 巻9, 65～66頁。『洋務運動文献彙編』第四冊, 235～236頁。

[第3章] 李鴻章の軍事工場——創設期（1860〜1868）

*22　『海防档』丙，13〜26頁。
*23　『海防档』丙，13〜26頁。
*24　王韜『弢園文録外編』（香港，1882年），巻8，8〜10頁。〔原文：「吾故曰，為目前之平賊計，後日之威敵慮者，火器其一端也，而可不亟為講求哉。」〕
*25　『海防档』丙，4〜5頁。これは1864年に書かれた丁日昌から李鴻章への密書である。以下で論じるように，丁日昌が兵器の生産に責任を負っていたことは，上海で江南製造局を創設するため奮闘したことからも明白である。
*26　『洋務運動文献彙編』第一冊，11〜14頁。『中国近代工業史資料』第一輯，262〜263頁。
*27　『籌辦夷務始末』同治，巻25，8頁。
*28　*British Parliamentary Papers*, FO 17/425/81, Macartney to Parkes, 25 March 1865. レイ・オズボーン艦隊については，呂実強『中国早期的輪船経営』（南港，1962年），101〜112頁，参照。
*29　『李文忠公奏稿』巻9，31〜35頁。『海防档』丙，13〜26頁。
*30　『李文忠公奏稿』巻9，31〜35頁。〔訳註：本文中，懲戒処分を受けた3名の海関職員とは，通訳の唐国華（とうこくか），貨物監視員の張燦（ちょうさん）と泰吉（たいきつ）である。この3名が贖罪のために献上した4万両の内訳は，唐国華が2万5,000両，張燦と泰吉がそれぞれ7,500両であった。波多野善大『中国近代工業史の研究』東洋史研究会，1961年，255頁，に拠る。〕
*31　Fung Yu-lan, *A History of Chinese Philosophy*, I, pp.305-306.
*32　『李文忠公奏稿』巻9，31〜35頁。〔原文：「臣査此項鉄廠所有係製器之器，無論何種機器，逐漸依法仿製，即用以製造何種之物，生生不窮，事事可通，目前未能兼及，仍以鋳造鎗砲，藉充軍用為主。……洋機器於耕織，刷印，陶埴諸器皆能製造，有裨民生日用，原不専為軍火而設，……臣料数十年後，中国富農大賈，必有仿造洋機器製作以自求利益者，官法無従為之区処。」〕
*33　丁日昌『丁中丞政書』巻26，76〜79頁。
*34　『李文忠公奏稿』巻9，31〜35頁。Yung Wing, *My Life in China and America*, pp.160-164.
*35　Stanley Spector, *Li Hung-chang and the Huai Army* (Seattle, 1964), p.117. 『李文忠公奏稿』巻9，52〜54頁。
*36　Boulger, *The Life of Sir Halliday Macartney*, pp.145-172; *British Parliamentary Papers*, FO 17/425/81, Macartney to Parkes, 24 March 1865. 『洋務運動文献彙編』第四冊，32頁，39頁，44頁，46頁，185頁。『中国近代工業史資料』第一輯，328〜329頁。

＊37 『李文忠公奏稿』巻8，52〜54頁。
＊38 『海防档』丙，21頁。
＊39 『洋務運動文献彙編』第四冊，231〜235頁。『中国近代工業史資料』第一輯，346頁。
＊40 『洋務運動文献彙編』第四冊，232〜235頁，238〜239頁。
＊41 『籌辦夷務始末』同治，巻46，18〜19頁。『中国近代工業史資料』第一輯，348〜349頁。〔訳註：デンマーク領事官の英国人メドゥス（John Armstrong Taylor Meadows）は，イギリス領事官として知られるトーマス・タイラー・メドゥス（Thomas Taylor Meadows）の弟。湯仁澤『経世悲歓――崇厚伝』上海社会科学院出版社，2009年，第6章，参照。〕
＊42 『籌辦夷務始末』同治，巻78，12〜15頁。『中国近代工業史資料』第一輯，346〜347頁。『洋務運動文献彙編』第四冊，237〜238頁。
＊43 『籌辦夷務始末』同治，巻78，12〜15頁。『中国近代工業史資料』第一輯，347〜348頁。『洋務運動文献彙編』第四冊，237〜238頁。
＊44 周世澄『淮軍平捻記』巻11，9頁。『李文忠公奏稿』巻9，31〜35頁。
＊45 『江南製造局記』巻3，57〜58頁。
＊46 『江南製造局記』巻3，58〜59頁。
＊47 『海防档』丙，27〜28頁。
＊48 『李文忠公奏稿』巻9，33〜35頁。
＊49 Spector, *Li Hung-chang and the Huai Army*, pp.117-119; Wright, *The Last Stand of Chinese Conservatism*, pp.106-107.『李文忠公奏稿』巻16，23頁a。
＊50 『洋務運動文献彙編』第四冊，237〜238頁。
＊51 『籌辦夷務始末』同治，巻55，23頁a。〔原文：「一日機器廠宜推設天津。以資拱衛取携。天津距京不遠。而又近海。購料製造。不為費手。宜速於扼要処所。添設機器廠。俾資在京員弁。就近学習。以固根本。其余沿海各口。亦宜俟有成效後。推広添設。則生生不已。其利害窮矣。」〕
＊52 『洋務運動文献彙編』第四冊，239頁。
＊53 『籌辦夷務始末』同治，巻78，12〜15頁。『海防档』丙，45頁，65〜66頁。『中国近代工業史資料』第一輯，348頁。
＊54 『籌辦夷務始末』同治，巻78，12〜15頁。『中国近代工業史資料』第一輯，349〜350頁。

第4章
李鴻章の軍事工場
―― 生産の開始（1868～1875）――

金陵機器局（1872年）

[第4章] 李鴻章の軍事工場——生産の開始（1868～1875）

　1868年，捻軍鎮圧作戦は成功のうちに終わったが，その年の天津機器局における大砲の生産は，軍事行動の結果にほとんど影響を与えなかった。じつは，捻軍が最後のあがきを見せていた1866年から1868年に至る時期，軍事工業の発展に最も重要な影響を与えたのは，1866年12月，李鴻章が華北に欽差され，曾国藩が両江総督兼南洋大臣に復帰したという指揮権の変化であり，叛乱軍が天津で軍事工場の創設を促すような直接的刺激を与えたわけではなかった。この異動は，長期に亘り中国の新しい軍事工業の発展に影響を与えた。1860年代後半，中国の地方分権的権力構造において，誰が地方政府を掌握するのかは，軍事工業の発展の方向を定める上で非常に重要であった。清朝政府は，往々にして軍事工場の操業を監督する南北洋大臣の推挙により軍事工場の官員の任用を行った。しかし大臣自身は，通常，危機管理と叛乱鎮圧の必要に対応するため，皇帝の自由な裁量で四方八方に異動させられた。[*1]

江南製造局

　中国の工業に求められているものについて，曾国藩と李鴻章の間に意見の相違があった。その結果，江南製造局の発展過程は，紆余曲折を経て始まった。曾国藩は，1860年代の初めから，西洋の侵略に抵抗するための長期的な自強運動の基礎として汽船の国内建造を推進した[*2]。他方，李鴻章は，大規模な汽船計画が莫大な人的・経済的資源の必要を創出することを見通しており，叛乱軍と戦う軍隊のために武器・弾薬を生産するという差し迫った問題の方が遥かに重要であると見なした。李鴻章の見解は，総理衙門と共有された。叛乱の鎮圧に向けた兵器供給が緊要であり続けたかぎり，汽船の建造は棚上げにされた。これが，1865年5月から1866年7月に至る，江南製造局が操業を始めた時期の実情であった。この期間中，李鴻章は両江総督を署理〔代行〕していたが，江南製造局に軍事物資を生産させ，華北における曾国藩の鎮圧作戦のために供給した。江南製造局督辦の丁日昌からは，汽船の

75

建造を開始し，日増しに強まりつつある日本の海軍力を迎え撃つよう繰り返し勧められた。にもかかわらず，李鴻章は，軍事工場が新たに獲得した機械と外国人技術者が，野砲と小火器の生産にのみ使われることに固執した。しかし，小火器の生産は，明らかに成功しなかった。その結果，1866年7月小火器を購買するための財源が開かれると，李鴻章は，この種の生産を暫時停止し，この軍事工場が，海港・内河の防御に当たる小型砲艦の建造を引き受けられる場所に移転されるべきことを決めた。[*3]

　移転計画は，1866年12月に始まった。ちょうどその時，李鴻章は，鎮圧作戦の司令官として曾国藩に替わって華北に転じた。曾国藩は両江総督に呼び戻され，南洋大臣に任命された。[*4]軍事工場の業務が不安定な状態にあるのを見て，曾国藩は中国が戦略的に必要とする工業生産物に関する自らの考えに沿って江南製造局を造り直そうと動いた。1867年の初め，曾国藩は，戦略的工業発展に有用な資源を検討した。これらの中には，軍事工場のため最初に購入された機械が含まれていたが，その大部分は，造船のためのものであった。また，軍火を生産するため追加された30～40台の機械，そして容閎（ようこう）が数年前アメリカ合衆国で注文した100台以上の一般的な機械設備が含まれていた。[*5]人的資源は，乏しかった。すなわち，経営は，熱心ではあるが経験の足りない中国官僚の手中にあった。人員の中で唯一の熟練した技術者は，創設期に雇われた少数の外国人造船工であったが，彼らは兵器を生産した経験がほとんどなく，中国人協業者の技術的能力を進歩させるのに，ほとんど何の効果もなかった。[*6]財源にも限りがあった。生産費は，李鴻章が自由に使えた淮軍（わいぐん）経費から配分された。[*7]原材料，燃料，金属などは，上海の外国商人から買い入れるか，あるいは直接国外で購買された。[*8]

　自由に使える資源に限りがあるにもかかわらず，曾国藩は自らの造船計画を追求しようと決心した。曾国藩の判断では，ただ一つ決定的に不足していたのは，資金であった。1867年5月の重要な上奏文の中で，曾国藩は，両江地方の収入は，自分にとって最も緊要な二つの義務を果たすには不充分であると指摘している。ここで二つの義務とは，造船の確立と，華北で捻軍と戦う軍隊への兵器供給であった。当面の解決策として，曾国藩は，江海関（こうかいかん）の

[第4章] 李鴻章の軍事工場——生産の開始（1868～1875）

　洋税〔輸出入品に課せられる関税〕は，通常その収入の40％〔四成洋税〕が北京の戸部に上納されることになっているが，その20％を扣除し，この扣除分を両江の諸省に留保するよう要求した。そしてその半分，すなわち江海関の洋税収入全体の10％は，叛乱軍と戦う軍隊を支援するために使われ，残りの10％は造船のために使われるとされた。曾国藩の提議は，すぐに裁可された。1867年6月，江南製造局は，海関税収の中から造船のための定期的援助を受け取り始めた。[*9]

　江海関の洋税収入の10％を江南製造局の収入とすることについて清朝宮廷の裁可が得られると，製造局の会辦〔共同で職務の執行を監督する〕をも兼ねていた江海関道の応宝時は，黄浦江の畔にある高昌廟鎮で，城南にある10エーカー〔1エーカーは，4046.8㎡〕の土地を新たに購入した。1867年から1868年冬の間に建物が建設され，装備が機械と軍火の生産のため設置された。そして，汽船を建造するための工場設備が，乾ドックを含めて創設された。[*10]

　汽船の建造が，すぐに始められた。そして，1868年8月，最初の汽船である外輪船が完成した。[*11] 1868年から1875年に至るまで，江南製造局における生産は，汽船の国内建造を最優先事項とする曾国藩の意向を反映していた。6名か7名のイギリス人およびフランス人技術者が建造を指導した。使用する材料は，すべて外国で購買された。[*12] いくつかの注目すべき進歩が，この数年間になされた。2隻目の船に導入されたプロペラ推進システムは，3隻目の船では，喫水線の下にある保護的な位置に動かされた。最初の三つの船には，施条のない滑腔式の真鍮製カノン砲が装着され，4隻目からはじめて，外国から購入した施条式（rifled）の鋼砲が取り付けられた。やがて小さな一対のプロペラが付けられ，鋼板で装甲された砲艦が建造され始めた。これらの船は，1860年代に西洋で最初に建造されたのであるが，喫水が浅く，良く武装され，高度な操縦が可能で，港湾や内河の防衛に非常によく適していた。1875年に至り，中国で最初の鉄甲艦の建造が始まった。この型の艦船は，1860年代から西洋における製造で優位を占めていた。[*13]（表Ⅰ-1を参照のこと。）

江南製造局で相当数の艦船が建造され，それらは技術的進歩を体現していたにもかかわらず，造船計画が断固たる反対を引き起こすまで長い時間を要しなかった。大部分の反対意見の根源には，官僚たちが新しい計画に法外な費用がかかるのを知り狼狽したことがあった。最初の攻撃は，1869年の初めにやって来た。この時，馬新貽は，捻軍鎮定後の1868年9月，曾国藩に替わって両江総督兼南洋大臣に就任したのだが，江南製造局の造船計画が財政的に困難であることに気が付いた。捻軍鎮定後の国庫再建のため，江南製造局は武器・弾薬の生産を支援するため使用していた淮軍経費を奪われた。その結果，1869年から，造船のため分配された洋税収入の10％から借款をして，兵器の生産と設備の建設を支援することが必要になった。*14 と同時に，プロペラ推進システムのために外国材料の購買が増えたため，2隻目と3隻目の汽船の建造費がかさんだ。1869年の初め，馬新貽は，江南製造局における財政の窮乏状態について説明し，叛乱を鎮圧するため分配されてきた洋税収入から残りの10％を江南製造局に充てるよう要求する上奏文を提出した。*15 戸部からは反対する旨の意見書が提出され，馬新貽の要求は認可されなかった。近代化に反対することで知られる羅惇衍が尚書を務める戸部は，これらの資金を京師はおおいに必要としていると主張した。それは，曾国藩が最初の上奏文で明記していた形式主義的な理論を根拠としていた。すなわち，その内容は，洋税収入の10％を叛乱を鎮定するために分配するのは一時的な措置に過ぎず，非常時が終われば，その資金は戸部に戻されるというものであった。*16

　この拒絶は，江南製造局の造船計画を支持する官僚たちを驚かせることはまったくなかった。1869年第2四半期の間，――おそらく馬新貽の上奏が否認されたことを伝える咨文が両江地方で受け取られる以前――蘇松太道代理の杜文瀾は，清朝宮廷の裁可を得ていないにもかかわらず，江南製造局に洋税収入の20％全額を送り届けた。*17 1869年8月25日，馬新貽の上奏が戸部の駁議により認可されなかった経緯を伝える咨文が，両江地方に届いた。その日，江南製造局は，江蘇巡撫丁日昌（江南製造局の督辦を離職して後も，蘇州にある巡撫衙門から製造局の業務を監督していた）に再度この問題について

[第4章] 李鴻章の軍事工場——生産の開始（1868～1875）

上奏してもらえるよう懇願した。[*18] 丁日昌は自ら江南製造局を査閲し，8月上奏文を提出した。上奏文では，江南製造局での生産を賛美し，資金を追加する必要を陳べ，そして艦船を保守・運航するための資金計画が必要であると指摘した。[*19]

10月，丁日昌に催促されて，馬新貽は二つ目の上奏文を提出し，洋税収入から更に10％の分配を追加するよう要求した。この文書には，曾国藩と李鴻章の連署が付けられており，設備の建設，機械の製造，兵器の生産といった軍事工業の事業のために，追加資金が必要であることを強調していた。[*20] その間，進歩的な見解をもって知られていた総理衙門の官員である董恂（とうじゅん）が，戸部尚書に任命された。[*21] 馬新貽の二つ目の上奏文は，総理衙門に転送され，そこで馬新貽の提議は共感を得られた。仔細に検討された後，総理衙門はこれを是認する建議をした。その結果，1869年12月，江南製造局は，江海関の二成洋税（洋税収入の20％）を年間収入として割り当てられ，1869年の初めまで遡って始められた。[*22]

1867年から1875年に至るまで，江南製造局の年間収入は着実に伸び，ほぼ55万両に達した。このうち97％が，江海関の税収から分配された。残りの3％は，地方政府に提供された服務・軍需品の支払い代金，手付金の返済，そしてその他の雑収入から成っていた（付表Ⅰ-2を参照のこと）。南洋大臣は北京に対し定期的に江南製造局の財務報告を行ったが，その中で，ただ洋税収入のみが皇帝に報告された。これらの文書は，生産部門に従って経費の分類がなされた。1867年から1875年まで，伸びを見せた洋税収入の44％は，汽船の建造とメンテナンスに充てられた。その他，創設に関わる費用に22％，兵器の生産に9％，機器の製造に8％が，それぞれ費やされた。[*23]

この数年間，江南製造局の活動の中で，造船が最も重要な位置を占めていたのは明らかであるが，資本の構成，生産設備の創設，武器・弾薬の生産においても長足の進歩があった。1867年の末，汽船・兵器・機械類を製造するための基礎的な設備が，高昌廟において稼働しており，ボイラー工場，機械工場，錬鉄工場，小火器工場，木工作業場，鋳物工場，造船所が含まれていた。陳家港（ちんかこう）では，火矢工場が創設された。そこには，商務，文書，会計，

支払い，仕入れを含む事務室が入った建物が建てられただけでなく，倉庫，石炭貯蔵所，中外従業員の生活する宿舎が建てられた。1868年，西洋の書籍を漢訳する翻訳館が創設され，次の年には，李鴻章が1863年に上海で創設した外国語学校〔外国語言文字学館〕が，江南製造局に移設された〔広方言館〕。1870年には技術訓練事業が，江南製造局の人員同士で技術的な能力を高めるという見地で立ち上げられた。[*24]

1869年，小火器工場を建てる場所をつくるため，別館の建物を建設するに伴い，製造局の拡張が始まった。それは1872年に至るまで完成しなかったのであるが，ともかく蒸気ハンマー作業場が始動した。1870年，曾国藩の指導の下で，約12エーカーの土地が近くの龍華(りゅうか)で購入された。火薬，雷管，導火線を生産するための施設が，この龍華の地に設立された。黒色火薬の工場設備，および弾薬筒（cartridge）の工場設備が，それぞれ1874年と1875年に龍華で生産を始めた。その間，造船所と関連して5年前に始められた乾ドックが，1872年に完成した。1874年，高昌廟で砲学校が創設された。1876年，軍事工場は60エーカー以上を占めていた。12棟か13棟の大きな建物が出来上がったが，いくつかの建物の品質に問題があり，かつ建物は生産過程を促進するのに適した位置に建てられていなかった。外国人技術者と約2,000名の中国人労働者は，武器・弾薬と汽船の生産を推進していた。龍華の分工場は，約12エーカーを占めていた。それは外国人技術者に率いられ，中国人労働者に加え，12名の外国人が雇われた。約1エーカーを占めた陳家港の火矢工場も，外国人の管理下にあった。[*25]

1867年から1875年までの時期，江南製造局で機械と武器・弾薬の生産は継続され，改良された所もあった。使用された材料は，大部分が海外で購買された。100台以上の設備が生産された。その中には，旋盤，平削盤(ひらけずりばん)，ボイラー，エンジン，真鍮，錬鉄炉，軍需機器，エンジン部品を含んでいた。大部分は江南製造局で使用されたが，1869年，約20台の機械が天津機器局に送られた。しかしながら，江南製造局で保有された機械類・工作機械の手入れは出鱈目(でたらめ)であった。清掃は一年に一度なされただけであった。その結果，道具が非常に汚れてしまい，その道具を使って精密な仕事ができなくなる時があった。[*26]

[第4章] 李鴻章の軍事工場——生産の開始（1868〜1875）

　武器・弾薬の生産で最も重要な進歩は，小火器と弾薬筒の分野で達成された。最初，イギリスとアメリカのモデルに基づく 11 ミリ口径の先込め式モーゼル銃が生産された。[*27] 1871 年に至るまでに，7,900 挺が生産された。その時，4 名の新しい外国人技術者の指導の下で，江南製造局の職人は，レミントン式元込めライフル銃の機械生産を始めた。そのモデルは，ほんの数年前に欧米で使用されるようになったものであった。[*28] 1875 年，1 年の生産量は 3,500 挺に達した。1 労働日につき約 12 挺を完成させたことになる。これらのライフルは，銃身が鋼ではなく，鉄であった。それは強靱で，かつ非常に使いやすいものであったが，一致した規格では生産されず，部品の互換ができなかった。その上，ライフルの生産に 250〜300 名の労働者が雇われた。西洋人の観察者は，このマン・パワーと江南製造局の機械をもってすれば，生産量は 1 日当たり少なくとも 50 挺に達したはずだと推定している。1872 年，レミントン式弾薬筒製造機械とさらに多くの技術者が到着した。しかし，元込め銃を効果的に使用するために不可欠な金属製弾薬筒の生産は，1874 年から 1875 年に龍華で新しい工場設備が設立されてはじめて始まった。[*29] レミントンに必要な黒色火薬と他のタイプの近代的な弾薬の機械生産は，1874 年，龍華の新しい火薬工場で始まった。[*30] 小火器用弾薬（small arms ammunition）の生産は，1875 年，58 万発分を超えた。（表 I - 3 を参照のこと。）

　重火器の生産において，進歩はほとんどなかった。歩兵部隊が使用する軽量の真鍮製滑腔砲は，おびただしい数が生産された。そして，船側（せんそく）の使用に適した 1,300 ポンドの真鍮製滑腔砲は，少なくとも 40 門が生産された。しかしながら，1874 年になって初めて，外国人技術者の指導の下で，錬鉄で補強された鋼製の砲身を持つ 12 ポンドの先込め施条砲が生産された。中国の軍事工場でその種の大砲が製造されたのは，はじめてであった。重火器と共に使用する砲弾と炸裂弾の最初の生産は，1874 年日本の台湾出兵による危機が生じた時期に，機械工場の中で緊急になされた。1876 年の初め，船側に備え付けるクルップ大砲に使用する 70 ポンドの炸裂する砲弾は，毎週 800 発が生産されていた。[*31]（表 I - 3 を参照のこと。）

　江南製造局で生産された武器・弾薬の大部分は，南洋大臣に従属する艦船・

部隊に配給された。しかし，1870年以後，武器・弾薬を配給する範囲は，明らかに拡がっていた。1870年から1876年に至るまでの間，小火器の約1/4，弾薬の1/3，その他のより少量の軍事物資が，北洋大臣の支配下にある部隊に配送された。北洋大臣の地位は，1870年以来李鴻章が握っていた。江南製造局は，1874年の台湾問題で日本と対抗する艦船・部隊に配給しただけでなく，捻軍と西北の回民起儀（イスラム教徒の叛乱）と戦う軍隊に対しても，緊急に大規模な武器・弾薬の配給を行った。*32（表Ⅰ-4を参照のこと。）

創業から最初の10年間，江南製造局は，多くの方面で著しい成果をあげた。にもかかわらず，自強運動の一機構として，江南製造局がそれを実行できるかどうかをめぐっては，憂慮すべき現実的問題が存在した。その中で，最初に最も差し迫った問題は，生産に使用する材料費が高く，かつその供給があてにならないことであった。ほとんどの材料が中国で入手できず，国外で購買されねばならなかった。価格は海運と保険の費用により吊り上げられ，1875年以前に使われた全資金の半分以上を浪費した。（表Ⅰ-5を参照のこと。）

江南製造局の資金のかくも大きな部分が購買のため使用されていたので，曾国藩は賢明にも支出を統御するシステムを設立し，この領域で濫用が進展するのを防ごうとした。曾国藩の処置により，総辦と3名の独立した機関に属する官員が，それぞれの業務に関わった。*33

しかしながら，曾国藩が死去した後，状況は後退したように思われる。報告によると，1873年，江南製造局は，ドイツ人の購買代理人であるミューラーを通じて購買を行っていた。ミューラーは，総辦馮焌光の腹心であった。中国でミューラーのような無法者の外国人購買代理人が高額の賄賂を請求し，彼らにビジネスを指南した中国人共謀者と分け合ったことが知られていた。ある外国企業は，彼らに注文を出す責任を有した軍事工場の官員全員に対し20％の賄賂を支払うと報じられた。それに加えて，賦課金が督辦に支払われた。1876年の初め，上海在住のイギリス領事は，購買の際の財務上の濫用により，江南製造局の材料・機械類の実質的な費用は2倍になっていると推定した。*34

人員と行政が，費用の高くつくもう一つの領域であり，全支出の1/3以上

[第4章] 李鴻章の軍事工場——生産の開始（1868～1875）

を占めた（付表Ⅰ-5を参照のこと）。その理由の一つは，江南製造局が，高給取りの外国人技術者の幹部に依存し続けていたことであった。江南製造局で有効な技術訓練計画および職場内教育により，外国人技術者が提供した基本的技能をすぐ発展させることはできなかった。江南製造局の経営が，軍事工場内で外国人の影響を最小にするためあらゆる努力を払ったにもかかわらず，1875年において，依然として外国人技術者が生産に不可欠であった。江南製造局がこうした外国人の給料を支払うために負担した累積的な出費は，全支出の6％に上った。[*35]

中国人職員を統轄する人員体制に関連する情報，あるいは内部の組織的な手続きに関する情報は，多くない。清朝宮廷の諭旨により，時には高官の推挙で，官吏が異動させられることが知られている。中国政府の他の機構について言えば，製造局内部の行政は，通常，蘇州・松江・太倉区域に在職する蘇松太道が筆頭を務めた。この立場上，蘇松太道は江海関の長官でもあり，したがって，江南製造局への資金の流れを促進することができた。蘇松太道の下に，1人かあるいはそれ以上の数の助手がいた。最上級の行政機構と各種の工場とをつなぐ紐帯として，代理人（提調）あるいは現代の用語で言えば総支配人が存在した。各工場は，副官（委員）の管理下にあった。さまざまな行政機構は，この組織とはまったく別個のものであり，直截的には道台〔16頁参照〕に従属していた。官員の管理に関連する政策あるいは実践が，この数年の間，製造局の人員・行政費用に影響を及ぼしていたかどうかは，明らかではない。しかし，証拠によると，労働力に対する管理政策が，漠然としてはいるが，高い費用の一因となっていた。たとえば，鉄路を敷設し重たい鋳物を輸送することが発表された時，江南製造局の苦力〔中国人の人夫〕たちはこう考えた。自分達の地位は危険にさらされ，脅かされているので，その計画が廃棄されるまでストライキをする，と。これはおそらく中国近代における最初の労働争議であった。[*36]

金陵機器局

　1867年から1875年に至るまでは，江南製造局が急速に拡張した時期であった。この時期の中国では，戦略的工業が，ほかの場所でも根を下ろし始めていた。上海では，曾国藩の造船に関する関心が，江南製造局の発展に具体的な形で影響を及ぼしていた。それとは対照的に，金陵機器局と天津機器局の双方において創設当初の苦しみが増すなか，新しい軍事工場を導いたのは，李鴻章の戦略的優先論，自強運動に向けた情熱，そして近代化構想であった。1866年末，李鴻章が江南製造局から離れて以後，捻軍鎮定軍の軍事司令官としての務めは，1868年まで李の精力を消耗させた。その後，李鴻章は，1870年西北の回民起儀に対抗するため麾下の淮軍部隊の指導を命じられるまで，一連の教案〔キリスト教排斥事件〕の調査に携わり，地方官による侮辱に悩まされた。李鴻章は，その年の7月，西安に自分の軍隊を集めた。その時，李鴻章に対し諭旨が下り，先月発生した天津事件の報復としてフランス軍からの攻撃が予測されるので，ただちに直隷に戻り，それに対抗して防御を強固にするよう命じられた。[*37]こうした重責にもかかわらず，あるいはおそらく重責のゆえに，李鴻章は，決して戦略的工業の火急的重要性を見失わず，1870年直隷総督兼北洋大臣に任命された後ですら，金陵機器局の統制を効果的に維持した。

　本質的に，金陵機器局は，李鴻章の指揮する淮軍の付属物であった。軍事工場の操業に毎年必要な資金の大部分は，淮軍の軍費から支給された。その代わり生産品の大部分は，淮軍に供給された。このことは，淮軍が江蘇に駐屯していた時だけでなく，華北で捻軍と戦う作戦中であっても，そして淮軍が海防の部隊として配置された1870年以後であっても，当てはまった。これらの数年間，李鴻章は江蘇の地方官僚，とりわけ曾国藩と密接な協力関係を維持していた。すなわち，1867年から金陵機器局の収入は，外国資材を購買するため江南製造局に分配を指定された洋税収入の中から毎年供給されることで増大した。李鴻章と金陵機器局の外国人監督マカートニーとの結び

[第4章] 李鴻章の軍事工場——生産の開始（1868〜1875）

付きは，少なくとも1870年代初めを通じ，非常に密接であった。マカートニーも，南京における李の後任の曾国藩と相互理解関係を享受した。その結果，1866年に李鴻章が南京を離れた後，密接な協調的取り決めが進展した。それによって，金陵機器局は淮軍への供給を継続し，そして結局，李鴻章が北洋大臣を務める間司令部のあった天津の海防施設のために兵器を供給する責務すら引き受けた。李鴻章の承認を得て，1875年に始まった南洋大臣に従属する諸軍のために生産された兵器もあった。[*38]

この期間中，金陵機器局は著しく拡張した。南京の南門外にある主力工場，そして通済門外にある火矢工場に加え，1872年，通済門外の九龍橋に火薬工場が完成した。1874年には，烏龍山に要塞設備を生産するための独立した軍事工場が別に設立された。この地は，南京から長江のすぐ下流に位置していた。しかしながら，この工場は，その生産資金が河防経費から調達され，南洋大臣により完全に統制されているという点で，南京の主力工場とまったく異なっていた。1875年，火矢工場と火薬工場が火災のため破壊されたにもかかわらず，金陵機器局の生産は相当な数量におよび，多角的であった。すなわち，鋳鉄砲，真鍮製施条砲，砲架，砲弾，小火器，雷管，水雷，魚雷を含んでいた。1874年には，ガトリング砲が最初に生産されたと伝えられている。[*39]

しかしながら，金陵機器局においてすべてが上手くいったわけではなかった。1875年1月，このことは，十二分に明白となった。この時，軍事工場および天津を守る大沽港に取り付けられた2門の68ポンド鋳鉄砲が爆発し，乗務員の中国人兵士が数名死亡したのである。この事件は機器局の生産物の品質管理に注意を向けさせた。それは，それまで深刻な問題が発展してきた領域であり，管理に関連する問題の領域であった。1860年代後半と1870年代の初め，李鴻章が南京を離れた後，労働力を監督した劉佐禹は，外国人技術者が中国人労働者に対し生産技術を指導していないと李鴻章に報告した。マカートニーは，劉佐禹は訓練を行う必要がある労働力を制御できていないと反論した。中国人の督辦は，労働者を雇い，一つの仕事場から別の仕事場に移動させ，そして解雇したが，マカートニーの意向に構うことはなかった。

マカートニーによると，さらに甚だしいことに，ネポティズム（縁故主義），えこひいき，あるいは他の特殊な利害に基づいて，人員の入れ替えが為されていた。その結果，労働者の技能を発達させようとしたマカートニーの努力は，まったく頓挫してしまった。その上，1866年機器局に配属され，その後も引き続き勤務したごく少数の北方人を除き，労働力の大部分は，中国人督辦の付き人やお気に入りから成っており，学ぶことに関心をもたなかったし，習得するのが遅かった。その結果，機器局の生産物の品質は低下した。1872年に至り，こうしたことは，李鴻章の眼に明らかであった。その年，マカートニーは，天津における李鴻章の司令官として召喚されたが，彼は，品質の低下を説明し，中国人の督辦を告発した。李鴻章は，明らかにマカートニーの言い分が正当であると判断した。なぜなら，1873年，劉佐禹が解任されたからである。[40]

　不幸なことに，情勢は悪化し続けた。1874年，マカートニーは，7箇月のヨーロッパ旅行から帰国したのであるが，その期間中に機器局のため新しい設備を注文していた。帰国後，マカートニーは，ふたたび天津に呼び出された。そして，生産物の品質と訓練が至らないことを素直に認めた。マカートニーは，自分が過去数年間，中国人の督辦から干渉され明らかな妨害を受けたことが原因で，品質の適切な基準を保証するに足る労働力の組織化を進展させることができなかったと陳べた。この時，李鴻章は，マカートニーを全面的に支持しようとする意思が低下していたように思われる。というのも，1874年末，李鴻章は，機器局の人事異動を認可していたが，それによると，新任の中国人督辦のほかに，共同管理人としてもう1名の中国人が置かれることになり，マカートニーは，外国人指導者（インストラクター）の地位に格下げとなった。それでマカートニーは，辞表を提出した。マカートニーは，彼の地位を不適任と見なしただけでなく，中国人の督辦が機器局で引き受けていた「この工場における無謀で，費用を要し，実を結ばない試み」の責任から逃れたいと願った。[41]

　1875年1月5日，大沽で金陵機器局製の大砲が爆発した時，李鴻章は，まだマカートニーの辞表を受け取っていなかったが，ふたたびかのイギリス

[第4章] 李鴻章の軍事工場——生産の開始（1868～1875）

人を天津に呼び出した。1875年5月と6月に行われた調査により，大砲が爆発したのは，大砲を鋳造した鉄の品質が劣っていたのが原因であることが判明した。マカートニーは，適切な品質の金属が到着するのを待つ間，鋳造の経験を労働者に提供するために，この品質の劣った鉄（それは実際には工業用に使用するというより，バラストとして中国に持ち込まれたものであった）から大砲を生産することを認可していたことも明らかにされた。この問題を有する判断は，きわめて重大な過失へと倍加した。その大砲が完成した時，機器局では技術的な状況のため，その品質を適切に証明できる試験的な発射のようなことは実行できなかった。それでも，大砲は大沽に移送された。マカートニーは極度に苦しい状況下で働いていたが，李鴻章は，この場合はその行動を許すことはできなかった。1875年7月，李鴻章はマカートニーに対し，機器局での彼の責務を中国人の督辦に移し，その地位を退くよう命じた。[*42]

　大沽で金陵機器局製の大砲が爆発した悲劇は，重火器の生産では品質管理と安全対策が必要である点において，李鴻章に深い印象を残した。それだけでなく，伝統的中国社会における近代工業の管理問題の複雑さを示していた。マカートニーは内科医であったが，軍事技術者としての訓練がまったく欠けており，その資格を有していなかった。マカートニーは自分が軍事技術者の地位を満たしていると称し，その地位と引き替えに中国人から多額の報酬を与えられた。マカートニー自身が認めるところによれば，爆発は彼の判断ミスが原因であった。それでも，マカートニーは，金陵機器局で李鴻章にいろいろとよく仕えた。そして，機器局における二重管理のために，中国人労働者と関わる際，克服できない障碍に直面していた。李鴻章は，江南製造局や天津機器局での経験に鑑み，中国軍事工場における外国人の影響力について次第に慎重になっており，生産の制御を有能な中国人の手に可能なかぎり取り戻すことを望んだ。それでもやはり，李鴻章は，技術的に独り立ちするには早過ぎる者もいることに気付いた。李鴻章の解決法は，経営権は中国人の官員に帰属させるのに対し，外国人の関与を技術的な助言や指導に限定することであった。すなわち，軍事工場を成功させるため，外国人の役割を成し

87

遂げるためだけでなく，中国人官員の役割遂行とも円滑に調和させるため，中外双方の能力におおいに頼り続けるという原則であった。

天津機器局

　李鴻章は，金陵機器局の武器・弾薬生産を非常に重視した。しかし，その欠陥は明白であった。外国人の関与は，いくらよく見ても諸刃の剣であった。江南製造局と比較すると，南京の全生産能力は小さなものであった。その上，李鴻章が軍事的責任を負った場所から遠く離れていた。鋭敏な李鴻章は，1870年の初め，淮軍の部隊を率いて遠く陝西省に入り，それから同年末に直隷に後退した時，疑いなく南京からの供給が困難なことに気付いていた。この時，李鴻章の指揮する軍隊に付属していたのは，西洋式の弾薬を生産する可搬式の戦地軍事工場であった。これらの軍事工場は，少なくとも1870年5月から1872年9月に至るまで生産活動をしており，1870年9月操業していた所謂「行営製造局」の先駆け——おそらくその原型——であったように思われる。1870年から1872年に至るまで，この工場施設は，淮軍，天津機器局，そして北洋海防経費から財政支援を受けていた。この期間中のほとんどは，天津機器局の官員である王徳均の指導下にあった。しかしながら，1870年，李鴻章が天津に到着した後，その軍事工場の設備が有する兵站業務上の潜在力は李の注意を独占した。可搬式の戦地軍事工場という概念は，重要性が色褪せた。そして，1872年になった直後，行営製造局は，おそらく海光寺にある西局に隣接した施設に固定されることになった。その生産は拡張され，ウィンチェスター銃とガトリング式の弾薬筒，銃架，砲架を含んでおり，小型水雷艇の製造・修理すら行った。にもかかわらず，この工場施設については，もともと淮軍の一部であったという事実は知られていても，それ以上のことは，ほとんど知られていないのである。[*43]

　1870年夏の出来事は，李鴻章の脳裏に天津における戦略的工業発展の重要性を深く印象づけた。1860年代を通じ，中国と西洋の間で比較的友好な

[第4章] 李鴻章の軍事工場——生産の開始（1868～1875）

感情が優勢となっていたが，1870年，イギリス議会が，中英貿易関係の大幅な自由化を目指すオールコック協定を批准できなかった時，そうした感情は消えていった。そして，同年6月，天津で発生した虐殺事件〔天津教案〕と共に，突然かつ悲劇的に終わった。その事件は，天津在住のフランス人側の傲慢さと文化的な無神経，そして中国下層民とその指導者たる紳士〔15頁参照〕の側の無知と迷信的な畏れによって特徴付けられた見苦しい事件であった。中国人側は，フランス人の尼僧が活動する孤児院で中国人の子供達が虐待されているとの申し立てを受け，抵抗を始めた。フランス領事が，無分別にも知県に向かって発砲し，彼の従者を殺傷した時，暴動が勃発し，多数の外国人の生命が失われた。フランスの軍事的報復が避けられないように思われた。李鴻章と淮軍は，直隷に呼び出された。もしフランスが普仏戦争に負けていなかったとしたら，中国はより一層軍事的に屈服させられたかもしれないし，より一層甚だしく公正さに欠いた交渉の取り決めがなされたかもしれない。結果は，そのようにはならなかった。フランスは，清朝宮廷からの公式の謝罪を受け容れた。[*44]

1870年6月28日，不運にも北洋大臣崇厚が，フランスの首都パリに清朝宮廷の謝罪を伝える特使に任命された。実際のところ，崇厚は，その年の末になってはじめて出国した。その数箇月の間，崇厚が負っていた防衛上・外交上の責任は，李鴻章に移された。華北における李鴻章の地位は，1870年8月末，直隷総督に任命された時，最初に確立した。両江総督兼南洋大臣馬新貽が暗殺されたため異動した曾国藩の後任であった。その後，11月の初め，崇厚の推薦により，李鴻章に対し天津機器局を担当するよう命じる諭旨が下った。それから1週間も経たないうちに，李鴻章は，崇厚に替わり北洋大臣に任命された。その職責は，天津・牛荘・烟台の海関，洋務全般，そして海防の監督を含んでいた。[*45]

1870年の夏，天津機器局の設立が，やっと成し遂げられた。費用はほぼ50万両に達したが，そのうち8万両は，レイ・オズボーン艦隊の清算費から得られ，残りの40万5,333両は，海関税収からもたらされた。支出全体の45％に近い38万8,178両が，買家沽道の東局に費やされた。東局は，規

模と重要性において，海光寺にある西局よりはるかに勝っていた。東局には，一揃えの火薬製造工場，硝酸・硫酸処理施設，雷管製造機，木工動力機，金属工作機械が完備していた。イギリス人のメドゥスが東局を受け持ち，中国人官員の俸給のほか，すべての資金の支出を管理していた。外国人技術者も雇用された。生産は，原料・人件費に要する費用が高かったため開始されなかったが，火薬と弾薬のための単位の費用は，外国で購買する場合の費用を超えるであろうと予想された。崇厚とメドゥスの2人は，一揃えの火薬製造機を3セット追加することに賛成した。崇厚とメドゥスは，それにより人件費は最小限の増加を伴うが，生産量は著しく増加し，単位の費用は切り詰められると主張した。海光寺の西局は，規模の小さな工場であった。もう1人のイギリス人スチュワートの管理下で，鋳鉄工場と大砲鋳造工場から成っていた。50名の中国人職人が雇われ，汽船・兵器製造機だけでなく，真鍮製カノン砲を生産した。[46]

　李鴻章は天津在任の最初の5年間に，機器局から外国人の支配を取り除き，外国人は必要な外国人専門家・技術者だけを雇い，工場施設に李自身が任命した者を徹底的に配置し直した。最初に李鴻章が眼を付けた外国人は，東局監督のメドゥスであった。李鴻章は，メドゥスが3セットの火薬機器を追加するよう推したことに対し，時期尚早であり，費用がかかりすぎると見なした。李鴻章は，現存する設備のいかなる欠陥であっても修繕し，敏速に生産を開始するのがより賢明であると感じた。李の意見では，メドゥスの言うことは大袈裟で，メドゥス本人が信用できなかった。1870年の末になる前に，李鴻章はメドゥスを中国人の沈保靖(しんほせい)に替えた。沈保靖は，1865年より江南製造局の総辦を務めていた。李鴻章は，とくに沈保靖を推薦したのだが，沈保靖は，権威を外国人の両手の中に滑り落とさずに外国人を扱えることが実証済みであった。沈の他にも，李鴻章は，数多くの官員や職人を江南製造局から天津機器局に移した。新しい人員に支払う賃金は，前任者に支払われた額の数倍にのぼると報告された。1872年に至り，天津機器局に勤める者は，大部分が李鴻章の選抜した者になった。[47]

　1872年にも，天津機器局において，職務の割り当てをめぐって外国人従

[第4章] 李鴻章の軍事工場——生産の開始（1868～1875）

業員の間で言い争いが発生した。取るに足りない事であったが，中国軍事工場における外国人の雇用から生じる厄介な問題と多大な費用を例示していた。ダニエル・マッケンジー・デービットソンは，1866年メドゥスによって雇用され，天津機器局で年俸1,166両に住居と医療の世話を付けた条件で，雷管製造者兼指導者として勤務していた。メドゥスがこの軍事工場を離れた後，マキルレースが替わりに全外国人技術者の監督になった。マキルレースの地位は，軍事工場の中国人総辦に従属する旨が明記された。天津機器局を離れる前，メドゥスは，デービットソンに火薬工場に移るよう手筈を整えた。その点で，結局メドゥスは沈保靖の不快感を招いたが，伝えられるところでは，中国人従業員に対し権限外の命令を発し，それにより危険な局面を創り出したという。その後，火薬工場の道台により雷管工場に戻るよう命じられた時，デービットソンは，マキルレースの是認がなければ自分を受け入れないであろうと悟った。その時，マキルレースは，道台がデービットソンに下した文書の一部を改竄（かいざん）し，エンジン工場へ出勤するよう指示していた。デービットソンは，その場所における職務は自分の能力を超えており，自分の雇用条件は雷管製造者としての仕事を要求するものであると陳べて，拒絶した。結局彼は，マキルレースに反抗した廉（かど）で免職させられた。しかし，デービットソンは受け入れを強硬に拒み，遂に自分の事件をイギリス人牧師トーマス・ウェードに訴えた。1872年3月20日以降，デービットソンは何の仕事もしていなかったが，給料の全額をもらい続け，かつ1年以上もの間，天津機器局から提供された宿舎に居住した。それは，ウェードの開催した調査法廷が，デービットソンの解雇は正当であると決定するまで続いた。1873年6月16日，デービットソンは，928両の追加報酬と引き換えに，契約の解除に署名した。*48

　この事件を通じて，軍事工場で外国人と契約上の取り決めを行うに際し，中国側の財政的弱点が明白となった。マカートニーのしでかした悲劇的な大失敗の衝撃と併せて，李鴻章は，自分の支配下にある軍事工場で外国人の参与を最小限度にする決心を固めたように思われる。1875年に至るまで，たった5名の外国人——すべてイギリス人——が東局に雇われ，約500名の中国

91

人労働者に助言するにとどまった。天津機器局で外国人の人員にかけた費用は，1870年の約3万5,000両から1875年の約1万4,000両に減少した。[*49]

　この数年間，天津機器局で外国人の影響力が劇的に低下した。その一方で，津海・東海両関の四成洋税（洋税収入の40％）から供給される天津機器局の歳入は，着実に上昇した。その額は，1870年には年間15万両に及ばなかったが，1875年にほぼ年間30万両に増えた（付表Ⅰ-6を参照のこと）。江南製造局と金陵機器局は，いずれも大規模な火薬生産設備がなかったので，李鴻章は，天津機器局は火薬の製造を強調すべきであると感じた。1870年の末，李鴻章は，天津機器局の火薬生産能力が日産たったの300～400ポンドであると報告し，生産設備を増やしたいとの意向を表明した。それは，ほんの2,3箇月前にメドゥスが進言した時，李鴻章が小馬鹿にした提議であった。次の5年間，李鴻章は洋税の増収分を使って，天津機器局を火薬・弾薬生産の主要工場施設に変容させた。費用全体の43％は，新しい機械と建物に投資され，26％は生産原料のために使用された。その大部分は，国外で購入しなければならなかった。29％は，外国人の人員への支払いを除き，人件費に充てられ，その期間を通じ増大した。1870年，西局の鋳鉄設備が搬送され，東局と合併された。1875年に至り，イギリスで新しい機械類の大部分を購買・取得し，新たな建造物を建設したことで，天津機器局は完全に変わった。三つの新しい火薬工場設備が完成し，操業の運びとなった。レミントン・ライフル銃，その中心起爆式弾薬筒（Remington center fire cartridge），雷管，モーゼル銃の弾薬筒，そして元込め式砲弾を製造するための機械類が購買された。この外，鋳鉄・錬鉄・木工作業場が付け加えられ，三つの新しい火薬倉庫が建てられた。[*50]

　李鴻章は，軍需用機械設備を生産するための施設を急速に拡大することを選択した。そうした優先度の高さは明白であったが，李鴻章は，他の経済部門に機械を適用することにも鋭敏な関心を持ち続け，自らイギリス人納入業者から絹織物生産の機械化に関する計画と説明を積極的に懇請していた。また李鴻章は，中国で戦略的工場が拡がるに伴い発生するであろう若干の解決困難な問題に気付き，それに対処するため行動を起こした。イギリスのグリー

[第4章] 李鴻章の軍事工場——生産の開始（1868～1875）

ンウッド商会及びバッティ・オブ・リーズ商会のデービッドソンは，李鴻章に対し天津機器局のほとんどの設備を供給した人物であるが，李鴻章はイギリス本社と直接取引することを好み，本社と直接取引することによって，中国人共謀者と共に軍事工場が支払う購買価格に莫大な手数料を上乗せすることで相当な利益を得た外国人購買代理人を排除したと報告した。李鴻章は，軍需生産の成長が統制されていないために生産の不均等が持続する危険性を予見しさえしていた。たとえば，多様な口径の兵器生産は，弾薬の供給問題を非常に複雑にしたであろう。早くも1873年において，李鴻章は，50挺のガトリング銃の銃尾を改造するための機械を取得していた。そして，李鴻章は，それを自分の軍隊に装備したマテーニ・ヘンリー・ライフル銃とずっと同じ口径に保った。*51

　天津機器局で李鴻章の指導力がどれほど有効であったかを測る究極の試験（テスト）は，生産面にあった。天津機器局は生産の始まりが遅かったが，1875年に至って，その生産量はまったく見事なものであった。1871年に始まった雷管の生産は，1875年月産72万発に達した。弾丸と砲弾は，1873年最初に生産された。1875年の月間生産量は9,600発の粗製品であったが，7,200発分が完成し，配給の準備がなされた。レミントン銃の中心起爆式弾薬筒，摩擦管 (friction tube)，そして導火線は，1874年最初に生産された。次の年までに，9万6,000の弾薬筒，4,000の摩擦管，2,400の導火線が毎月生産された。しかしながら，最も著しい進歩は火薬の生産にあった。生産能力は，3台の新しい機械の取り付けによって1日当たり300ポンドから2,000ポンドにまで飛躍的に伸びた。1875年における実際の月間生産量の見積もりは，様々な種類の火薬が3万8,400ポンド，斜方晶系の火薬〔褐色火薬の異称〕が9,000ポンドであった。砲架の生産は1875年に始まり，その年41台が完成した。これらの生産物は，すでに広範に分配された。天津機器局は，天津の海防に当たる諸部隊以外にも，直隷に配置された淮軍や練軍（れんぐん）の部隊，そして満洲や内蒙古や台湾に配置された諸部隊に兵器を供給していた。その他，軍事物資が西北のイスラム教徒の叛乱を鎮圧するため従軍していた遠征軍のためにも製造された。*52

93

結　論

　1875年までに，上海，天津，南京の軍事工場は，能力のすべてを挙げて生産していた。10年も経ずして，兵器生産は，蒸気を動力とする機械と近代的産業方式を導入することで一変した。中国で生産されたライフル銃と弾薬は，ほんの数年前西洋に導入されたばかりのものと同型であったし，汽船は——強大な動力を表す指標の一つである鉄甲艦を含め——江南製造局で建造されたものであった。これらの大部分を完成させた推進力は，李鴻章と曾国藩（1872年に死去するまで）によって導かれた。李鴻章の指導力は，軍事工場で相互補完的な生産の基本型を発展させた点に見ることができる。すなわち，江南製造局は小火器に，金陵機器局は重火器に，そして天津機器局は火薬と弾薬にそれぞれ重点をおいたのである。例外は，江南製造局の汽船計画であった。それは，当初，曾国藩が思い付き，そして実行したものであった。協業の基本型も，三つの軍事工場から生産物を分配するという点において明確であった。つまりこのことは，李鴻章の総合的指導力の下で，長江および華北のための共同戦略計画が調整されていた証拠である。

　それでもやはり，軍事工場に現れた諸問題は，兵器生産のさらなる発展と近代化にとってよい前兆ではなかったし，李鴻章が強い興味を示した非軍事的経済部門に機械制生産を拡張する上でも，よい前兆ではなかった。性急に生産を始めた結果，江南製造局と金陵機器局の双方で，品質管理上の深刻な問題が発生した。このことに関連して，外国人技術者の問題があった。大志を抱く中国人職人・技術者は，軍事技術上の知識を彼らに頼っていたし，生産機械類の操作・保守・組立も彼らに依存していた。外国人は常にカネがかかったが，常に有能というわけではなかった。無能であるか，厄介者であることが判明した外国人は，有能な中国人の都合が付いた時だけ取り替えられた。李鴻章は，この期間を通じ，外国人技術者への依存を減じようとしたが，なかには彼らが絶対に必要不可欠な領域もあった。江南製造局での技術訓練計画，そして外国人により指導された実地訓練は，必要とする中国人の人材

[第4章] 李鴻章の軍事工場——生産の開始（1868〜1875）

を生み出さなかった。それだけでなく，軍事工場を管理していた官僚達は，近代産業の指導者としての役割を果たすための訓練を受けていなかった。生産方法における非効率は，江南製造局では大目に見られていたようである。購買する際の会計上の悪弊が深刻であったことは，疑う余地がない。これらの問題は，江南製造局の操業費を実質的に上昇させ，疑いなく各軍需品の個々の費用に反映した。天津機器局において，非効率と会計上の悪弊が深刻な問題であったことを示す証拠は存在しないが，たとえそれが存在したとしても，李鴻章の用心深い眼にかなって選抜された者が管理していたように思われる。

　1875年に至るまで，おそらく李鴻章の軍事工場の発展において最も重要な方向は，自強運動での役割であった。三つの工場は，いずれも，基本的に叛乱を鎮圧するため兵站上必要とするものに応じるべく急いで創設された。にもかかわらず，1860年代後半および1870年代前半に生産の使命が変化し，今や疑いなく外国の脅威に対する防衛が，同じほど重要な役割となった。江南製造局ほど，このことが明白な所はなかった。江南製造局では，汽船の建造が軍事工場の財源の大部分を使い果たしていた。汽船は明らかに基本的に叛乱を鎮圧するための道具ではなかったし，金陵機器局で生産された沿岸防衛用の大砲もそうであった。天津機器局ですら1870年以降の急速な火薬・弾薬生産の拡張と発展は，少なくとも部分的に，天津事件後の新たな対外的圧力の脅威により鼓舞されたのは明らかであった。軍事工場は外国の原材料と技術者に依存し，その意味で半植民地的であると言えるかもしれないが，同時に反帝国主義的な傾向がその生産の中に内在していたことを疑う余地はない。

註
＊1　南北洋大臣の李鴻章がそうした推挙を行った例は，『李文忠公奏稿』巻4, 44頁；巻9, 73頁；巻17, 16頁，に見られる。
＊2　孫毓棠編『中国近代工業史資料』第一輯, 249〜250頁。『曾文正公全集』（台北, 1965年）第二冊, 416〜418頁；第四冊, 839〜841頁。
＊3　郭廷以等編『海防档』丙, 4〜5頁, 6頁, 11頁, 12頁, 27〜28頁。『李文忠

公奏稿』巻9，33～35頁。
* 4　兪樾編『上海県志』（1872年）巻2，28～29頁。Spector, *Li Hung-chang and the Huai Army*, p.117.
* 5　『李文忠公奏稿』巻9，31～35頁。Yung Wing, *My Life in China and America*, pp.160-164. 魏允恭編『江南製造局記』巻3，1頁。
* 6　『李文忠公奏稿』巻9，31～35頁。『海防档』丙，13～26頁。『江南製造局記』巻3，58～59頁。
* 7　『李文忠公奏稿』巻9，31～35頁。周世澄『淮軍平捻記』巻11，9頁。
* 8　『李文忠公奏稿』巻9，31～35頁。
* 9　『曾文正公全集』第四冊，808～809頁。
* 10　兪樾編『上海県志』巻2，28～29頁。
* 11　『曾文正公全集』第四冊，808～809頁。蒸気は，最初，外輪を使って船の推進力に応用された。外輪は扱いにくく，敵の砲火にさらされた。それだけでなく，兵器を運搬する船で，舷側（げんそく）に砲架を配置できなくなった。プロペラによる運転は，1838年に導入された。プロペラは水面より下に置かれ，敵の砲火から守った。1854年のクリミア戦争の時期まで，世界の戦艦は，普通，プロペラで運転された。H. W. Wilson, *Ironclads in Action Naval Warfare 1855-1895* (Boston, 1896), Ⅱ, 211.
* 12　『中国近代工業史資料』第一輯，287頁。『洋務運動文献彙編』第四冊，33頁。
* 13　『海防档』丙，40頁，60頁，71頁，75頁，90～91頁。『江南製造局記』巻5，1～2頁。『中国近代工業史資料』第一輯，289～290頁。H. W. Wilson, *Ironclads in Action Naval Warfare 1855-1895*, Ⅱ, p.395; *Encyclopedia Britannica*, 1963, XX, p.529.
* 14　『江南製造局記』巻4，12頁。
* 15　『海防档』丙，51～52頁。
* 16　『海防档』丙，55～57頁。『清史』第四冊，2792頁，4818～4819頁。
* 17　『海防档』丙，57～59頁。
* 18　『中国近代工業史資料』第一輯，314～315頁。
* 19　江蘇巡撫丁日昌編『江南製造局全案』（上海）同治8年8月9日。
* 20　『江南製造局記』巻4，11～13頁。
* 21　『清史』第四巻，2792頁。
* 22　『江南製造局全案』「総理衙門奏」同治8年11月25日。
* 23　『洋務運動文献彙編』第四冊，28～34頁，37～41頁。
* 24　『江南製造局記』巻2，2～8頁。兪樾編『上海県志』巻2，28～29頁。Knight Biggerstaff, *The Earliest Modern Government Schools in China* (Ithaca, N. Y.,

[第4章] 李鴻章の軍事工場——生産の開始（1868～1875）

1961), pp.165-176. 陳家港の正確な位置は，はっきりしない。あるいは上海の南を流れる内河にある陳家橋に位置していたのかもしれない。

*25 『江南製造局記』巻2, 22頁。俞樾編『上海県志』巻2, 28～29頁。『海防档』丙, 281頁。*British Parliamentary Papers*, FO 233/85/3815, report by W. H. Medhurst, British Consul in Shanghai, 8 April 1876, p.8.

*26 『洋務運動文献彙編』第四冊，27～34頁，37～41頁。『海防档』丙，65～67頁，101頁。*British Parliamentary Papers*, FO 233/85/3815, report by W. H. Medhurst, British Consul in Shanghai, 8 April 1876, p.10.

*27 周緯『中国兵器史考』316頁。

*28 元込め銃は火薬の再装填が容易なので，ライフル（施条銃）を使用する個々の銃手は，より大きな火力を得ることが可能になった。元込めライフルの発達にとって主な障碍は，火薬の爆発により生じるガスが漏れないように，銃尾をしっかりと締めることであった。そうしたガスの漏れは，発射体を動かすのに利用される力を小さくし，燼渣（じんさ）が溜まり過ぎる結果をもたらした。次の1発分の弾丸を挿入するべく銃尾が開けられた時，残ったガスは，ときどき火炎として漏れ出た。銃尾の仕組みの設計，遊底（breech block），ボルト（breech bolt）の改良は，この点を克服するのに役立った。*Encyclopedia Britannica*, 1967, XIV, 522; Ommundsen and Robinson, *Rifles and Ammunition*, pp.91-102.

*29 元込め式ライフル銃の使用を促進した最も重要な発展は，金属製弾薬筒（metallic cartridge）であった。金属製弾薬筒は，発射火薬（propellant）を含んでおり，弾丸の基部に波形模様をつけた。撃針（firing pin）の動きにより爆発する点火装置が，弾薬筒の基部に組み入れられた。金属製弾薬筒は，銃尾の密閉を完全に確保した。すなわち，ガス漏れの心配が全面的に取り除かれた。多彩な発射火薬からのガスは，前方に逃げるだけであり，弾丸に作動する突きの力を強化した。*Encyclopedia Britannica*, 1967, XIV, 522; Ommundsen and Robinson, *Rifles and Ammunition*, pp.91-102.

*30 1860年，硝石，硫黄，木炭の機械上の合成品である黒色火薬は，火薬を高密度の大きな顆粒に圧縮することで著しく改良されることが発見された。粒の大きさの増大により，燃焼する面が減少し，密度が増したため燃焼する速度が落ちた。その結果，最初の爆発の際に生じるガスは少なくなったが，発射体が銃の内径を通過する際のガスの放出は続き，より小さな最初の爆発力で，より高速な銃口速度をもつことができた。当時，火薬の生産は，それが使われる銃のサイズに適合していた。細かい顆粒の火薬は，口径の小さい武器に使用できたが，大きな顆粒の火薬や斜方（しゃほう）晶系（しょうけい）の火薬（prismatic powder）は，大砲で，より小さな最初の爆発力によって，

97

より高速な銃口速度を達成するまで開発された。Ormond M. Lissak, *Ordnance and Gunnery* (New York, 1915), pp.1-15.『江南製造局記』巻2, 2頁。俞樾編『上海県志』巻2, 28～29頁。*British Parliamentary Papers*, FO 233/85/3815, 8 April 1876, pp.8-9.『海防档』丙, 103頁。

*31 『海防档』丙, 101頁。*North China Herald*, February 19, 1874, July 18, 1874; *British Parliamentary Papers*, FO 233/85/3815, report by W. H. Medhurst, British Consul in Shanghai, 8 April 1876, p.9.

*32 『李文忠公奏稿』巻14, 42頁；巻16, 23頁。1868年の初め、江南製造局は、120門の砲架付き小型真鍮製カノン砲、1,000発の炸裂する砲弾、100挺のマスケット銃、200挺のカービン銃、100本の火矢、100台の火矢発射機を、華北で捻軍と戦う軍隊に向けて船積みする準備を行った。1870年、製造局は、西北に駐屯する部隊に対し5門の24ポンド真鍮製カノン砲と7門の12ポンド真鍮製カノン砲を、弾薬、雷管、予備の部品、弾薬筒と一緒に船で輸送した。300本の6ポンド火矢、400台の火矢発射機、1万ポンドの火薬、1万4,000発の雷管も送られた。丁日昌『丁中丞政書』巻2, 11頁；巻6, 23～24頁。

*33 『中国近代工業史資料』第三輯, 75頁。

*34 *British Parliamentary Papers*, FO 233/85/3815, Thomas Wade to W.Pitman, 8 June 1877; report by Medhurst, 18 April 1876, p.10.

*35 『洋務運動文献彙編』第四冊, 31頁, 39頁。Biggerstaff, *The Earliest Modern Government Schools in China*, pp.165-199. 李鴻章は、江南製造局における外国人の作用の限界について、『李文忠公朋僚函稿』巻12, 2頁b, および『李文忠公奏稿』巻17, 17頁で批評している。

*36 『江南製造局記』巻6, 40～44頁。H. S. Brunnert and V. V. Hagelstom, *Present Day Political Organization of China* (Taipei, 1963), p.424.『中国近代工業史資料』第三輯, 75頁。張伯初「上海兵工廠之始末」『人文月刊』1934年, 第5期。*British Parliamentary Papers*, FO 233/85/3815, report by Dunn, 8 April 1876.

*37 Hummel, *Eminent Chinese of the Ch'ing Period*, pp.465-466.

*38 『李文忠公奏稿』巻21, 36頁；巻25, 45頁；巻29, 38頁；巻37, 52頁。『洋務運動文献彙編』第四冊, 32頁, 39頁, 44頁, 46頁, 185頁。王爾敏『淮軍志』(台北, 1967年), 297～298頁。『李文忠公朋僚函稿』巻13, 27頁b。Boulger, *The Life of Sir Halliday Macartney*, pp.145-188.

*39 『中国近代工業史資料』第一輯, 327～329頁。『洋務運動文献彙編』第四冊, 185頁。*British Parliamentary Papers*, Admiralty 1/6262/2, memo submitted by Admiral Shadwell, 5 February 1875.

[第4章] 李鴻章の軍事工場——生産の開始（1868〜1875）

*40　Boulger, *The Life of Sir Halliday Macartney*, pp.198-212.
*41　Boulger, *The Life of Sir Halliday Macartney*, pp.216-231.
*42　Boulger, *The Life of Sir Halliday Macartney*, pp.231-243.
*43　『李文忠公奏稿』巻2, 15頁a；巻21, 32頁b；巻23, 32頁a；巻25, 42頁a；巻17, 17頁b；巻18, 4頁a；巻29, 35頁a, 38頁a；巻32, 34頁a；巻33, 29頁a；巻34, 25頁a；巻37, 53頁a；巻40, 7頁；巻41, 36頁；巻42, 37頁a；巻48, 18頁a；巻52, 36頁a；巻55, 45頁a；巻58, 26頁a, 50頁a；巻51, 14〜43頁a, 17頁b；巻61, 36頁a；巻63, 17〜25頁, 52頁a, 56〜64頁；巻64, 20〜21頁b；巻66, 36頁a；巻69, 38頁a；巻71, 10頁；巻73, 32頁b；巻75, 34頁a；巻76, 50頁b；巻77, 42頁b；巻79, 24頁b。『天津府志』（1876年）巻24, 7〜8頁。
*44　Wright, *The Last Stand of Chinese Conservatism*, pp.279-299.
*45　郭廷以『近代中国史事日誌』（台北, 1963年）上, 538頁, 543頁, 546〜548頁。『洋務運動文献彙編』第四冊, 243頁。
*46　『籌辦夷務始末』同治, 巻78, 12〜15頁。『中国近代工業史資料』第一輯, 349〜350頁。
*47　『李文忠公奏稿』巻17, 14〜18頁a, 36頁a。『籌辦夷務始末』同治, 巻78, 43頁a。*The North China Herald and Supreme Court and Consular Gazette*, May 4, 1872.
*48　*British Parliamentary Papers*, FO 17/656/233, Wade to the Foreign Office, 6 November 1873.
*49　*British Parliamentary Papers*, FO 233/85/3815, China Steam Navy, including a statement on the Tientsin Arsenal by Morgan, British consul in Tientsin, 31 December 1874.『李文忠公奏稿』巻20, 12〜15頁a, 巻28, 1〜4頁。おおよその年間費用は, 2年に一度の数字から推測して作成した。
*50　『李文忠公奏稿』巻17, 36頁a；巻20, 12〜15頁a；巻23, 19〜22頁；巻28, 1〜4頁；巻22, 8頁, 50頁；巻24, 16頁a。『李文忠公訳署函稿』巻2, 33頁b。『天津府志』巻27, 7〜8頁。海光寺の工場施設の中には, 操業を継続していたものもあった。天津行営機器局の構成要素を収容するためずっと使用されていたものがあった可能性もある。
*51　*British Parliamentary Papers*, FO 233/85/3815, W.Pitman to Thomas Wade, 18 August 1876.
*52　*British Parliamentary Papers*, FO 233/85/3815, China Steam Navy, including a statement on the Tientsin Arsenal by Morgan, British consul in Tientsin, 31

December 1874.『李文忠公奏稿』巻20, 12〜15頁a；巻23, 19〜22頁；巻28, 1〜4頁；巻22, 8頁, 50頁；巻24, 16頁a。『李文忠公訳署函稿』巻2, 33頁b。練軍は，1860年代の初め，直隷で創設された新しい軍隊であった。当時，緑営(りょくえい)は京師を防衛するのに不適当なことが判明していた。練軍は，後に他の諸省に拡がった。王爾敏「練軍的起源及意義」『大陸雑誌』第34期, 6頁, 10〜13頁, 7頁, 22〜29頁。

第5章
国家による軍事工業政策の進展
(1872〜1875)

贈太子太保原任両江總督一等輕車都尉諡文肅沈葆楨

沈葆楨

[第5章] 国家による軍事工業政策の進展（1872〜1875）

　1875年以前，中国に戦略的工業の発展を目指す包括的な計画はなかった。西洋式の武器・弾薬と汽船を製造するために現れた多様な工場施設は，基本的に地方事業であり，李鴻章や曾国藩らが自強を首唱した結果生み出されたものであった。清朝宮廷はたいてい地方の主導性を激励・協力したが，それを阻むこともあり，協調的な国家的指導力を打ち立てることができなかった。その結果，李鴻章は，その間隙に入り込み，長江流域と華北に一系統の軍事工場を設立した。これらの工場設備の生産任務は概して相互補完的であり，李鴻章の統率する淮軍（わいぐん）と華北の海防施設を全面的に支援した。

　しかし，戦略的工業の発展に対する李鴻章の影響力には，はっきりとした限界があった。その最も重要な例は，江南製造局における造船事業であった。それは，製造局の財源の大部分を浪費した。これ以外に東南沿岸や華西に，そして李鴻章の勢力範囲のまったく外側にも，芽を出し始めた軍事工場と造船所があった（付表Ⅱを参照のこと）。それらの中で最もよく知られている福州船政局（ふくしゅうせんせいきょく）は，武器・弾薬の生産を大して含んでいなかったし，この研究の範囲を超えている。ところが，福州城内に小さな軍事工場があり，広州に一つの軍事工場と造船所があり，華西および西北で回民起儀（かいみんき）（イスラム教徒の叛乱）の鎮定に従事した軍隊により設立された軍事工場と弾薬工場施設があった。

　1872年から1875年までの数年間，中国の対日関係で摩擦が生じた。ほぼ同じ時期，西北の回民起儀がトルキスタンで分離主義の運動を起こした。国家の安全保障のため，これら二つの問題領域の間で，財源はいかに分配されるべきかという問題が，諸省で自強運動を推進する官僚だけでなく，総理衙門（そうりがもん）の戦略家にとっても差し迫った関心事となった。国家の安全保障の問題に関する一つの重大な側面は，多様な軍事工場がどのようなタイプの生産を引き受けるべきかであった。さまざまな地域に存在する軍事工場を管理し発展させる責任を割り振り，かつ生産任務を割り当てる広範な政策の輪郭が，ゆっくりと具体化し始めた。この進展の最初の段階は，兵器生産の発展のため使用される財源をあるいは独占していたかもしれない，江南製造局の汽船事業の再検討であった。このことは，1874年末および1875年の初め，国家の防

衛政策をめぐる高レベルの論議に引き継がれた。中国軍事工場の役割は、その時の国家の必要に応じて再考され、結局、兵器工業のための新しい組織と新しい指針を含んだ新しい防衛政策が採用された。

江南製造局における造船の終焉

　江南製造局において、造船は、最も大きく、最も人目に付き、最も出費の大きい生産範疇であった。1870年以後に完成した船は、それ以前の船に比べて、より大きく、より洗練され、したがってより出費がかさむようになっていた。それだけでなく、製造局は完成船の整備と操作に要する出費の上昇にも苦しんでいた。その結果、1872年の初めまでに、造船事業は、完成船の整備と操作を含め、製造局が海関から受け取る187万両の半分近くを浪費した。[*1] 抵抗の波が集まり始めた。一方で、宮廷の官僚たちは、両江地方政府の事業を費用がかかり非効率な計画と見なして、不満を申し立てた。他方、李鴻章は、江南製造局でこれ以上汽船を実際に建造するのが賢明なのかを疑い始めた。

　1871年、これらの圧力に対する最初の反応がやって来た。江南製造局での汽船事業が高いコストを費やすことに対し少しずつ高まって来た反対を沈黙させ、造船を健全な財政的基礎の上に据えようとする動きの中で、総理衙門は、江南製造局製の船を操作し整備を行う費用に耐えるであろう中国商人に賃貸し、そうすることでこの重荷から製造局を救済しようとする提案を行った。曾国藩と李鴻章の2人は、共に意見を求められた。1872年1月、総理衙門の提案について論議されていた間、江南製造局での造船事業および製造局それ自体は、新しい潜在的な破壊攻撃の対象であった。内閣学士朱晋（しゅしん）は、江南製造局への海関税収の分配と、福州船政局の造船を援助するために為される海関税収の分配は停止すべきとし、その資金を中央政府に差し戻し、災害の救済に使用できるようにするよう建議した。朱晋は、西洋海軍からの攻撃の脅威は、差し迫ったものではないと考えていた。とにかく、たとえ攻撃

[第5章] 国家による軍事工業政策の進展（1872～1875）

されても，中国製の艦船は，西洋で建造されたものとは戦いにならないだろうと判断した。朱晋は，伝統的な水師(すいし)であれば，地方の海賊に対処することができ，伝統的な帆船(はんせん)（junk）は，商業上の運搬，とりわけ穀物輸送に適しているが，それを汽船で行えば2倍の費用がかかるであろうと主張した。[*2]

南洋大臣曾国藩は，江南製造局での操業を中止すべきか否かについて，朱晋の意見書に対する返答を求められた。曾国藩は，1872年3月12日，朱晋に対する正式の返答を行う以前に死去した。しかし，亡くなるまで1箇月に満たない2月24日，曾国藩は総理衙門に書簡を送り，江南製造局の造船事業と江南製造局の船を中国商人に賃貸する考えを断固として支持すると表明していた。[*3]

曾国藩の死後，清朝宮廷は，朱晋の提案について李鴻章の助言を求めた。その数年間，李鴻章の江南製造局との関わりは，曖昧(あいまい)になっていた。江南製造局の共同設立者たる李鴻章の地位は，製造局の業務に関する発言権を保証したが，時が経つにつれて，李の影響力は希薄になった。製造局の監督権は，混乱するようになった。1869年，江蘇巡撫丁日昌は，技術的問題（洋務）は，海関税収との財政的関係が江蘇巡撫に統御されている間，両江総督と直隷総督の共同支配下に入ることを唱えた。蓋(けだ)し，この提案で支配者の中に直隷総督を含めた理由は，曾国藩が直隷総督を務めていた1868年から1870年までの間，江南製造局の監督権を行使していたからであろう。いずれにせよ，李鴻章は，1870年末に直隷総督の職を引き受けた時，江南製造局への直接的支配を暫(しばら)く行使していなかったことに気付いた。1871年，現職の直隷総督である李鴻章は，主として天津での地方的な事件に関わっていた。他方，曾国藩は両江諸省に戻り，南洋大臣として江南製造局の業務を管理することに没頭していた。曾国藩の影響力は，明らかに圧倒的であった。[*4]

曾国藩の死後，共同設立者の李鴻章は，直隷総督兼北洋大臣としての地位から，ふたたび江南製造局の指導全体に積極的な役割を占めた。そして，操業や人員のような技術的問題について助言する立場も引き受けた。しかし，後者に対する本来の責任は，両江総督すなわち南洋大臣にあった。李鴻章が江南製造局への影響力を取り戻すことを手助けする上で，二つの考慮すべき

問題がたいそう重要であったことは疑いない。すなわち，第一に，李鴻章が最初の両江在任期間中に任命した馮焌光（ふうしゅんこう）のような製造局高官との密接な人間関係であった。そして，第二に，李鴻章の直隷総督としての戦略的感覚，および兼務する北洋大臣としての責任であった。これらの官職は，京師，直隷省，満洲，内蒙古を防衛する責任をもっていた。清朝宮廷は，清朝で最大の軍事工場について重要な決定に達すると，ごく自然に李鴻章に助言を求めた。[*5]

　李鴻章が江南製造局から離れて以後，造船に関する李の見解，および密接に関係した諸問題は，緩やかに進展していた。造船に関して，李鴻章は，曾国藩が江南製造局で始めたその事業に長らく深刻な疑念を抱いていた。製造局を去る以前の1866年，李鴻章は，江南製造局はただ小型の砲艦だけを建造すべきというのが自分の意向であると陳べた。1869年6月に2隻目の船が進水して後，李鴻章は曾国藩に書簡を送り，その船は西洋の軍艦の水準にはるかに及ばないと陳べ，1871年，ふたたび曾に書簡を送り，江南製造局で建造した船は，商用と軍用のいずれの標準にも適合していないと陳べた。続いて，李鴻章は，製造局が外国式帆船の生産に転換するよう提議した。外国式帆船は，通商に使用するのに適し，より経済的であると李鴻章は見なした。結局，1872年，李鴻章は同僚の官僚に書簡を送り，自分は長い間，江南製造局の造船事業は，西洋に対し中国を強くしないであろうし，出費が掛かりすぎると感じていたと陳べた。[*6]

　こうした江南製造局製の艦船に不充分な所があるとする認識が次第に明瞭になるに伴い，李鴻章は，製造局の技術的人材が不足していることを正しく評価するようになった。実作業を通じた訓練計画が機能しているかどうかは，はっきりしなかった。しかし，この計画も，製造局の学校での伝統的な公式訓練も，第一級の中国人技術者や専門家を必要なだけ増やして造船所に供給し，外国人顧問に取って代わることはないことは，李鴻章には明白であった。疑うまでもなく，1871年に李鴻章は，技術訓練上の立場を転換し，曾国藩と共に中国教育使節の後援者となり，訓練のため若者をアメリカ合衆国に送り出した。これらの学生が帰国した際，軍事工場や造船所で地位を得る者がいるであろうと期待された。

[第5章] 国家による軍事工業政策の進展 (1872～1875)

　当初李鴻章は海軍より陸軍装備の生産を優先したが，それは陸軍の司令官を何年も務めたことで強化された。1870年8月に直隷総督兼北洋大臣に任命された後，李鴻章は，淮軍のため兵站上の基礎を築き上げることを急いだ。そうすることで，淮軍は李鴻章の新たな防衛上の責任を果たすであろうと考えた。兵器工業の発展の領域で，李鴻章の努力は，主として天津での小さな軍事諸工場に向けられた。李鴻章は，それらを火薬・弾薬生産のための大規模な産業複合体へと変容させた。[*7]

　清朝宮廷から朱晋への答申を提出するよう勧められた後，李鴻章は，1872年6月自分の意見を宮廷に対し具申する前に，江南製造局および福州船政局のドックの官僚たちと広く通信していた。李鴻章の上奏文は，「汽船の建造は停止されるべきではない」と題する熱のこもった嘆願であり，中国を外国の侵略から救うため工業の近代化を継続することを目指していた。しかし，江南製造局での汽船建造問題について，李鴻章は容易でない条件を表明していた。李鴻章は，中国のように広大な陸地をもつ国は，陸軍の発展を優先すべきであると感じていた。李鴻章は，西洋の鉄甲艦を高く評価したにもかかわらず，その喫水(きっすい)が中国の大部分の港にとって深過ぎることに気付いた。西洋の鉄甲艦は，李鴻章が唱える単に防衛的なだけの海軍戦略にもまったく適していなかった。李鴻章は，小型で喫水が浅く，装甲が着けられた，港湾防御用の砲艦を好んだ。また李鴻章は，すでに江南製造局に対し，将来建造する軍船は5隻目の主力船，すなわち「海安」の大きさを超えてはならないと指示したことについても言及した。[*8]

　もし艦船建造に向けたこれらの指針に従うなら，汽船の整備費と操作費を支払うため別個に計画が立てられるという条件で，製造局は海関からの収入の範囲内で操業を継続することが可能であると李鴻章は感じた。この問題に関する李鴻章の意見は，馮焌光の考えから大きな影響を受けていた。馮焌光は江南製造局の総辦で，汽船の建造と均整のとれた産業発展について率直な意見を述べた。馮焌光は，華南から華北へ漕米(そうまい)〔租税として運ばれる米穀〕を輸送する独占権を許可することと併せて，商人に汽船の貸し付けを行い，西洋の汽船との苛酷な競争をものともせず，中国商人に利益の上がる運送業を

107

保証することを勧めた。馮焌光の判断では，江南製造局製の汽船のうち商用に貸し付ける目的で改造が可能な2隻は，4隻目の船である「威靖(いせい)」と「金欧(きんおう)」であったが，「金欧」はちょうどその時計画中であった。残りの艦船は，純粋に軍事用に設計されていた。馮焌光は，それらの艦船は，整備費と操作費を使って沿海を巡視するよう割り振り，巡視する諸省により分担されるよう建議した。「威靖」の貸し付けが利益を上げることがわかれば，江南製造局での将来の建造は，商船に重点をおくべきであると感じた。*9

李鴻章の上奏文は，軍船を巡視や援助のため沿海諸省に割り振るとする馮焌光案を繰り返し，そしてこのことは，同時に伝統的な各省水師を削減してやりくり算段(さんだん)することで成し遂げられると建議した。後に李鴻章は，漕運(そううん)の独占を認めて商用汽船航路を育むとする馮焌光案を使用したにもかかわらず，漕米を輸送する目的のため商人に船を貸し付けるという議論は，当面遅らせることができると感じた。というのも，必要な仕様を有した船がなかったからである。*10

馮焌光は，自分の提案を汽船整備負担の軽減という目先の問題に制限しなかった。馮焌光は，これは中国が自強のため活動するに際し，その土台を掘り崩している経済的後進性の単なる徴候にすぎないと見ていた。清朝は天然資源の開発に失敗し，基幹産業を発展させることができなかったが，その根源的な原因は，汽船の整備のような基本的防御問題を解決できないまま放置させた資金の流失にあった。馮焌光は，こうした状況を修正するため，採取・精錬産業と運輸業の近代化に向けた一連の提案を行った。馮焌光は，吸水・精製・加工するための西洋式機械を導入し，個人向けに貸し付けられた汽船を使って基本的な燃料や原材料を製造センターと市場のあちこちへと運ぶことを唱えた。このことは，汽船を整備・維持する負担から江南製造局を解放することを助けるであろうし，同時に燃料と基本原料のコストを引き下げるであろう。馮焌光は，この発展計画の財政的基盤は，政府の必要分以上に製造された石炭と鉄の販売と，代わる代わる生産量を増やして単価を引き下げた機械で得た収益を再投資することにより維持できるであろうと助言した。馮焌光は，工業化の次の段階として，中国のさまざまな地域に適した織機,

[第5章] 国家による軍事工業政策の進展 (1872〜1875)

および織物の機械生産に投資することを唱えた。[*11]

馮焌光は汽船の整備計画について分析した結果，江南製造局の発展を制限している最も基本的な問題，すなわち輸入燃料・原料のコスト高に取り組むことになった。1873年末までに，江南製造局は，150万両以上を輸入原料に費やした。それは使用した資金総額の52％に当たり，その費用の中には，輸送費や保険料だけでなく，幾人かの外国人ブローカーの利益も含まれていた。[*12]

李鴻章の上奏文は，炭鉱業および製鉄業に西洋式の機械と方法を導入しようとする馮焌光の議論を繰り返したものであった。しかし，馮焌光の見解は，両江総督兼南洋大臣の何璟（かけい）により総理衙門に提出された際，強い否定的見解が添えられた。この時，馮焌光の議論がこれ以上熟慮された徴候はない。[*13]

清朝皇帝に対する総理衙門の最終的な進言は，戦略的産業の発展と汽船建造の継続を強力に支援した。しかし，汽船事業により創出された財政負担を軽減するための特別提案は，船の操作と整備の範囲に制限された。李鴻章が中国商人に汽船を貸し付ける計画案を展開すること，そして，もし関係督撫（とくぶ）から要求されれば，巡視と後援のため沿海諸省に軍用汽船が割り振られることが提案された。しかしながら，汽船を整備するための資金を蓄えるために，伝統的な水師のための帆船製造を停止するとした李鴻章の提案は，無視された。炭鉱業・製鉄業の近代化建設や，汽船を使った産業発展の増進に言及した提案も，いっさい無視された。1872年8月，上諭はこれらの奏請を裁可した。[*14] 汽船の貸し付け案と諸省への軍船割り振り案のいずれもが，汽船の整備により引き起こされた緊急の財政問題を解決するものと考えられた。どちらにしても，汽船の建造，大砲の生産，包括的な産業発展に高いコストを要する問題の根底にある，経済的後進性に関わる基本問題に対し解決策を提示したわけではなかった。馮焌光は，この問題を明確に理解し，それを処理しようと試みたが，その建議は功を奏しなかった。これが実情であり，たとえ江南製造局で船の整備問題が解決されても，製造局での生産の発展は，より深刻な財政的諸困難のために頭打ちとなったであろう。

江南製造局での造船事業が，1872年8月の上諭により正式に継続される

ことになったにもかかわらず，生産が突然減速した。1872年に始められた主要船は完成していたが，新しいものは開始されなかった。新たな建造は，李鴻章が好んだ型である小型の港湾防御船，そしていくつかの種々雑多な艦船に制限された（表Ⅰ-1を参照のこと）。減速した原因は，製造局における財政問題と李鴻章の戦略的優位による。

　二つの計画は，江南製造局の収支にかかる汽船整備の重荷を軽減しようとしたものであったが，何の気休めにもならなかった。船を貸し付ける計画は，その年の末までに混乱に陥った。李鴻章は，江南製造局の汽船を貸し付けることを見越して，漕米輸送のために汽船会社——輪船招商局（りんせんしょうしょうきょく）——を創設したが，その会社が活動を開始した時，江南製造局の船は商務の準備ができていなかった。それだけでなく，江南製造局で新しい商船を建造するのに必要な費用は，同等の外国船の購買価格よりもはるかに高かった。それに応じて，保険費がより高額となり，外国保険会社の中には，中国製の船に実際の建造費で保険をかけることをにべもなく拒絶した事例もあった。そのため中国船を雇うことは非常に危険であった。これらの困難に加えて，外国汽船会社から独占的圧力を掛けられたため，輪船招商局の事業は主に漕米輸送を頼みとすることを余儀なくされた。結果的に，一団が5隻から成る外国船を獲得した後，江南製造局で追加的に建造される船は必要でないことがわかった。1874年まで江南製造局の船が商人に貸し付けられることはなかった。李鴻章と南洋大臣李宗羲（りそうぎ）の2人は，江南製造局で貸し付け用の商船を建造する実行可能性について重大な疑義を表明した。[*15]

　だいたい同じ頃，軍船を巡視と管理のため諸省に割り振る計画案は，完全に失敗した。この計画は，明らかに省を超える権威の後援と指導を必要としていた。しかし，清朝宮廷は，沿海の諸省が率先して艦船を要求することを期待していた。諸省は追加的な防衛費を引き受けることや，比較的平和な時期に海軍力を再組織することを躊躇した。その結果，軍船は割り振られなかったし，江南製造局は，建造した船を整備・操作するための全費用を負担し続けた。[*16]

　汽船の整備と操作に資金を供給するいずれの計画案も，この出費に関わる

[第5章] 国家による軍事工業政策の進展 (1872～1875)

江南製造局の負担を和らげることはできないことが次第に明らかになった。それに伴い，李鴻章は，さらなる建造の縮小を公然と唱え始めた。1873年6月，李鴻章は，南洋大臣李宗羲に対し，それらのうちどれもうまくいかないというのでは困るので，江南製造局はあまりに多様な生産に手を着けるべきではないと助言した。李鴻章は，鉄甲艦を建造するという馮焌光の考えは費用がかかりすぎると考え，成果が得られるかどうかに疑問が残ると見なした。1874年1月，李鴻章は，外国材料を用いた高コスト生産に関する根本問題を持ち出した。南洋大臣李宗羲に宛てた書簡の中で，李鴻章は，「海安」と「馭遠」の建造費は莫大であり，船を管理することで創出される財政負担も厄介であると書き留めた。李鴻章は，「私の考えでは，もし出費が収入を超えれば，われわれは一時造船を停止し，余剰ができるまで待機し，それから再開しなければならない」と書いた。李鴻章の心中で唯一留保していたのは，沿岸航行用（Monitor class）の小型で喫水の浅い鉄甲艦であった。李鴻章は，「金欧」に慎重ではあるが純粋な関心を維持していた。「金欧」は，当時江南製造局で建造されたこのタイプの船の中で，実験的な船であった。[17]

1872年から1874年まで，江南製造局における李鴻章の影響力がふたたび強まるようになった結果，造船事業の費用効果に異議が唱えられた。1874年の夏まで，コストの引き下げを目的とする多様な提言が失敗した後，もし現実に残存することになるのなら，江南製造局の造船は徹底的に制限されるであろうと思われた。兵器生産に財源を移す動きがすでに顕著になっていたが，造船の縮小が兵器生産の発展のために有する意味合いは，まったくはっきりしていなかった。それだけでなく，江南製造局における，そして清朝全体における戦略的産業計画のために財源をどの様に分配するのかという問題は，1874年から1875年非常に複雑となった。それは1860年英仏軍が華北に侵入して以来，清朝がずっと直面していた中で最も危険な防衛上の危機に発展したことによる。

1875年の新海防政策

　1862年以来中国西北部で猛威を振るっていた回民起儀を鎮定する作戦は，1874年新しい段階の入口に到達した。清朝政府がその支配をトルキスタンのある中央アジアにまで拡大する試みを行うか否かについて，一つの決定がなされなければならなかった。1874年11月，陝西・甘粛でイスラム教徒と戦っていた左宗棠総督の指揮下に置かれた軍隊は，これら2省の鎮定を成し遂げた。左宗棠（戦略的工業近代化の分野での開拓者でもあり，福州船政局を創設し，西安と蘭州に小さな軍事工場を設立した）は，平時の行政官として自分の手腕を試すためやっと手に入れた機会に期待していた。しかしイスラム教徒の異議申し立ての問題は，最終決着からはほど遠かった。陝西と甘粛での叛乱と同時に，遠く離れたトルキスタンで一連の叛乱が発生していた。1860年代の末期，ヤクブ・ベグがイスラム教の王国を樹立することに成功したが，その王国は，1873年までにパミール高原からロプノール湖までのタリム盆地全体を包含し，軍隊もウルムチの天山北部に配置した。その間，1871年ロシアは，通商に必要な秩序ある状況を維持するとの口実を設けて，豊穣なイリ地方を占領していた。1872年から1873年に，ヤクブ王国は，ロンドン，サンクト・ペテルブルク，コンスタンチノープルから相互に国際的な承認を受けた。その全域が中国の支配から永久に滑り落ちるように思われた。実際，早くも1865年，トルキスタンは防衛するに値しないと主張する人々が存在したが，そうした議論は，常に皇帝により却下されていた。1874年までトルキスタンを防衛すべきか否かという問題は，まったくの学究的問題であった。すなわち，より近場で差し迫った問題——太平天国，捻軍，陝西・甘粛のイスラム教徒——が常に存在したのである。しかし1874年，戦勝した左宗棠の軍隊に甘粛西部で攻撃準備を調えさせつつ，莫大な費用がかかることが見込まれるものの，広大なこの地域を確保するために軍事行動を拡大する政策を実行すべきか否かという問題は，決して学究的問題ではなく，清朝皇帝の面前に横たわる非常に現実的な戦略的選択であった。[18]

［第5章］国家による軍事工業政策の進展 （1872〜1875）

　トルキスタンでの軍事行動が具体化しないうちに，日本との関係で争いが突発し，新たに統一された拡張主義的な明治政府に対する海防を強調したのも，1874年であった。丁日昌のような先見の明がある戦略家は，早くも1867年，潜在的な日本の脅威に対し海軍を備えるよう唱えていた。しかし，1871年に締結された日清修好条規は，そうした警告の切迫さを覆い隠したように思われた。すなわち，第1条で，領土の相互不可侵を定めていたのである。ところが，明確に画定された境界線がなく，中国とその伝統的な属国との関係が曖昧なため，ある意味で侵略を招いた。そして日本の寡頭支配者の中にいるかつての侍達は，招待状を必要としなかった。1874年の春，北京在住のイギリス人宣教師は，中国政府の注意をある事実に向けさせた。その事実とは，日本が台湾東部に遠征軍を派遣し，1871年に漂着した琉球漁民を殺害した廉で，その地の原住民を処罰する準備をしているというものであった。日本の立場は，原住民は中国の支配領域外に存在し，遠征は中国の領土への侵入を伴わないというものであった。中国は，原住民は中国の人民であり，台湾全土は中国の領土であると主張した。また中国は，琉球は中国のものであり，日本が領有しているのではなく，琉球人はその不満を中国皇帝に提訴すべきであると主張した。[*19]

　中国側の抗議にもかかわらず，1874年5月，日本軍は台湾東部に上陸した。沈葆楨は，以前福州船政局の船政大臣であったが，台湾へ防衛軍を率いるよう指示された。プロスペル・ジゲルは，福州船政局でフランス人技術者集団の長であったが，沈葆楨の顧問として仕えていた。沈葆楨とジゲルは，あらゆる種類の兵器，元込め式ライフル銃，大砲，弾薬，水雷をかき集めるため大急ぎで骨を折った。江蘇北部に配置されていた李鴻章の淮軍6,500も台湾に急派されたが，輸送・通信上の諸問題のため，到着したのは10月であった。その間，1874年の夏，法理上・歴史上の論争によって日本を台湾から撤退させるよう誘導できないことが，中国側に次第に明らかとなった。中国は，日本との軍事的決着の見通しを決して吟味しなかった。おそらくここで考慮すべき最も重要な問題は，トルキスタンでのイスラム教徒に対する差し迫った軍事行動であった。総理衙門大臣が日本を撤兵させるのに適した戦略を立

113

ていたとき，二つの最前線で戦闘の弱体化が見込まれたので，大臣たちは疑いなく苛立っていた。より具体的に言うと，戦争準備という観点から見て，沈葆楨と顧問のジゲルは，清朝政府に対し日本と戦火を交えるのは避けるべきであると進言した。ジゲルは，中国は福建において外国式兵器を装備した歩兵が足りないこと，中国製の砲艦と木製の軍船は，日本の2隻の鉄甲艦の対戦相手にならないと述べた。[20]

　実際，軍事物資の観点だけから見れば，中国が不利な現実的立場に苦しんでいたかどうかは，まったく疑わしい。最近の研究は，日本の2隻の鉄甲艦は戦闘作戦を行う準備ができていなかったこと，中国海軍が軍船の数とトン数で日本海軍を上回っていたことを明らかにしている。1人の外国人観察者の判定では，中国海軍はおそらく日本と充分に対抗できる能力をもっていたらしい。国内の兵器生産能力についても，日本が中国を大きく凌駕していたかどうかは疑わしい。1850年代，佐賀，薩摩，水戸の各藩，および江戸幕府の天領で，西洋式鉄製兵器の精錬・鋳造が始まっていたが，1860年代か，あるいはもっと遅くなってはじめて，ライフル銃，弾薬，火薬のような諸品目の生産のために，西洋式の機械が使用された。1875年までに六つの工場施設が生産を開始した。すなわち東京関口製造所は，徳川幕府から接収したもので，大砲を修理し，小火器を生産していた。大砲を生産した大阪製造所，東京の板橋火薬製造所，薩摩藩から受け継いだ鹿児島大砲製造所，東京の石川島造船所における海軍兵器製造所，そして横須賀海軍工廠として知られる工場があるが，その生産高ははっきりしない。これらの工場施設によって生産された武器・弾薬の質と量に関する正確な情報は入手できないが，工場施設の数が少なく，それらのうちどれ一つとして10年か20年以上遡った生産の歴史を有していないという事実は，日本の工業が全体として見れば，おそらく中国の工業よりもはるか前方を進んでいたわけではなかったことを示している。それだけではなく，われわれは，両国が原料を自給するにはほど遠いこと，両国が兵器の国内生産を補うために外国から原材料を購入したことを知っているのである。[21]

　同様の理由で，兵器生産において日中両国の経験の間で重要な諸点を対照

[第5章] 国家による軍事工業政策の進展 （1872～1875）

した場合，日本の相対的優位という意見が支持される傾向がある。少なくとも，日本における主要軍事工場の一つである大阪製造所は，1874年までまったく外国人指導者を置かずに操業していた。そのことは，中国の主要軍事工場では，やれといわれても為し得ない要求であった。最も著しい相違は，中央集権的な計画と統制の領域であった。1868年に日本で維新政府が始まって以来，軍事の統一に向けた継続的な推進力があった。1868年に創設された兵部省は，兵器生産に属するすべての事柄と，とくに兵器の統一を計画する責任を負った。1872年，兵部省は，陸軍省と海軍省に分かれ，日本のすべての軍事工場を統制した。[*22] 中国では，状況はまったく異なっていた。清朝政府の中で工業活動を目指す強力な指導力が欠如しており，責任は地方督撫の上に発生した。諸工業は，華東，西北部，福建，広東，雲南で，国家的統一計画のための公的機関がない状態で発展した。（付表Ⅱを参照のこと。）

ともかく，1874年の総理衙門には，そうした比較分析をするための後知恵もなかったし，情報もなかった（日中比較分析は，今日ですら結論を出すにはほど遠いのである）。総理衙門は，沈葆楨と李鴻章の助言に甚だしく依存していたため，日本との決定的対立を避けるため死に物狂いで策動した。しかしそれは，現実であれ，想像であれ，弱者の立場から対処された。結局，事件は英国人公使サー・トーマス・ウェードの調停で和解することになり，日本が台湾から撤兵する見返りに，中国は遠征費として約40万両を支払い，約10万両を琉球人の家族に支払った。結局この事件により，中国は，日本の利益となるように，琉球の宗主権を主張することを放棄するに至ったのである。[*23]

日本と和解してちょうど5日後の1874年11月5日，屈辱的な合意事項に怯んだ総理衙門は，国防の基本的形勢の強化を図るため一連の提案を上奏した。それらは，6項目にまとめられていた。六つの項目とは，練兵，兵器，海軍の船，財政，人員，長期計画であった。宮廷は早速，北洋大臣李鴻章，新たに南洋大臣に任命された沈葆楨，沿海および長江沿岸の諸省の督撫に対し，1箇月以内に総理衙門の建議に対し応答するよう命じた。署広東巡撫の張兆棟は，当時広東に隠居していた丁日昌により立案された6箇条の海軍

115

発展計画を転用したが，その時物事は何一つ動き出していなかった。この計画案は，もともと1867年に江蘇巡撫を務めていた丁日昌が考え出したものであるが，両江総督曾国藩がお蔵入りしていたもので，汽船，港，練兵，政府人員，海軍の指揮・行政管理，工業発展に関する独自の提案を含んでいた。丁日昌の見解の中にはすでに時代遅れとなった部分もあったが，他の点で，先行する総理衙門の上奏文では取り扱われていなかった諸問題を持ち出していた。それゆえ，総理衙門からの要請に従い，同じ地方督撫の面々に丁日昌の計画案の写しが送られた。そして彼らの答申の中でその実行可能性についての議論を含めるよう指示された。両案の写しは，陝甘総督左宗棠にも届けられ，論評が求められた。[*24]

次の数箇月の間，こうした動きは広範な政策論争を巻き起こした。その際，建議の起草者たちは，総理衙門と丁日昌が提案した国防の諸局面についてさまざまな意見を表明した。彼らの議論した内容は，この研究の範囲をはるかに超えているが，彼らの議論の中で何が中央政府の問題に進展するのかは，兵器工業の将来にとって直接的関係があった。単純に言うと，問題は，国家財源を投じる最優先権をトルキスタンの塞防（さいぼう）に与えるか，あるいは中国東海岸の海防に与えるかであった。[*25]このことに関連して，国家財源を海軍の発展のため分配し続けるのかという問題があった。具体的に言うと，江南製造局の造船事業は，継続されるべきか，それとも中止されるべきか？　それが悩ましい問題であった。海防対塞防に関する論争がいずれの方に決定されるかにかかわりなく，明らかに江南製造局の造船に長期的で確かな眼を向けるべき時であった。もし財政的優先権が海防より塞防の方に与えられたなら，江南製造局の造船事業を再評価する必要が，たちまちいっそう差し迫ったものになったであろう。製造局が造船を継続するつもりでなくても，兵器や他の種類の生産を改良するため財源を使用する方法に関する新しい決定がなければならなかったであろう。兵器を生産するため今後の財源を使用することは，江南製造局だけの問題ではなく，他の軍事工場の問題でもあった。総理衙門と丁日昌はいずれも，この問題をすべての中国軍事工場を含めた国家的死活問題として提起した。たとえ彼らがそうしなかったとしても，中国軍事工場

[第5章] 国家による軍事工業政策の進展 (1872～1875)

における生産様式が，塞防か海防のいずれかを強調する基本的な政策決定によって影響を受けると推測するのは，単なるロジックにすぎない。これら三つの問題，すなわち海防対塞防，造船の前途，そして兵器生産の前途は，軍事工業の発展に直接影響を与えるべき問題であったが，1874年末および1875年の初めにおける国防に関する政策論争の期間中に提出され，議論され，基本的に決定された。

　塞防を優先するか，あるいは海防を優先するかという鍵となる問題は，塞防の方が選ばれた。予想されるように，左宗棠は塞防論者の筆頭として現れ，李鴻章は海防の主唱者として現れた。両者の立場は，不自然で大袈裟な主張だけでなく，強力な議論を含んでいたのであるが，李鴻章と海防論者が，汽船による航海と近代的兵器の使用により国際的な勢力配置に変化がもたらされ，中国の対外関係における主要問題の焦点が西北から東海岸に転換したことに気付いたのは明らかであった。それだけでなく，彼らは，日本が中国の潜在的な敵の中に含まれると考えた。他方，左宗棠と塞防論者は，中国の安全を脅かす主要な脅威は，中央アジアからもたらされるという立場，すなわち昔日の戦略思想における原則的立場に縛られていた。清朝宮廷は，塞防主唱者に説得されたが，それはおそらく伝統的な戦略に起因する理由のためであり，祖先が獲得した野蛮人の土地を放棄したくなかったからである。1875年，上諭は，トルキスタン奪還のための遠征を裁可し，左宗棠を司令官に任命した。1875年の初めから1878年に至るまで，規模が大きく費用もかかる遠征が，トルキスタンにおけるイスラム教徒の抵抗運動のうち二，三の局地的地帯を除いた全域を平定することに成功した時期に，約2,600万両が費やされた。1878年から1881年に至るまで，掃討戦と復興のための費用は，総額5,100万両に上った。年間の海防経費総額が400万両であった当時，国家財源を一度に限界まで逼迫させたが，実際に充当されたのはそのうち約1/14にすぎなかった。[*26]

　海防よりも塞防を重視する決定は，ある意味で，ふらつきを見せていた江南製造局における造船の取り組みのような，海軍の発展に向けた効果的な計画の運命を少しばかり定めた。しかしながら，防衛計画を包括的に評価する

機会を得て，費用がかかり非効率的な江南製造局の事業をきっぱりと休止状態にするよう唱えたのは，李鴻章自身であった。李鴻章の見解は決定的であることが証明された。というのも，1875年5月に新しい海防政策が告示され，北洋大臣李鴻章と南洋大臣沈葆楨が，造船の将来と艦隊の発展に向けた全責任を負うことになったからである。海防に関する上奏文の中で，李鴻章は，海軍の軍備については，速やかに西洋に追いつくよう試みても無駄であると強調した。李鴻章は，海軍力だけをあてにするのではなく，陸軍と選り抜きの海軍部隊の連合が，北京への通路であり長江の入口である沿海における最も戦略的な要地を防御するために使用されるべきであると主張した。理念的には，これらの要地は，海防の要塞，港湾防御用の砲艦，そして水雷によって防御されるであろう。この防御線は，高度に機動的な歩兵部隊が後援すべきものとされた。そしてその部隊は，沿海の他の場所に上陸する敵に対し防御するのである。鉄甲艦や通常の戦艦の外側を防御する外辺部も設けられるであろう。この計画の中で江南製造局製の艦船を使用するのは適当かどうかをよく考えた末，李鴻章はただ「海安」と「馭遠」のみが戦艦と見なし得ると確定した。残りの主要船を李鴻章は木製砲艦に分類したが，それらは近代の海防の場面ではほとんど役に立たない代物だった。輸入原料の費用が高いため，江南製造局製の艦船建造費は，類似した外国製艦船の購買価格の2倍以上であった。それで，李鴻章は，艦船を手に入れるには，国外で購買するのが最も経済的で都合のよい方法であると助言した。[*27]

李鴻章は，江南製造局製の艦船は，値段が法外に高く，かつ中国の必要条件に適合していないと見なした。それだけではない。翌年，李鴻章は，「船の原料は外国から購入しないものはなく，製造作業は外国人の主管によるのだから，外国で購買した船とほとんど違わない」とし，その特徴すら陳べていた。江南製造局で稼働中の訓練計画は，実施されてからすでに5年以上経っていたが，製造局の外国人技術者への依存は，以前より大きくなった。[*28]

沈葆楨は，その上奏文の中で，江南製造局における造船問題について直接陳べたわけではないが，鉄甲艦の獲得を最優先事項とした。江南製造局では，これまで鉄甲艦を完成させたことはなかった。沈葆楨は，さらに中国の新し

[第5章] 国家による軍事工業政策の進展 (1872〜1875)

い軍事工場施設が，武器か，弾薬か，あるいは造船のような専門的で適切な生産任務を割り当てられるべきであると建議した。そうした責任の分担は，専業化を通じて生産の美点を増進し，重複を取り除くことでより経済性を高めるであろうと論じた。もちろん，当時，江南製造局は，三つの生産のすべてに従事していた。[*29]

1875年5月の新海防政策は，江南製造局での造船をすでに制約していた深刻な財政問題に対し新しい解決策を何も示すことができなかった。政策が発表される以前に提出された建議のいくつかは，国内鉱業および製鉄業を近代化する必要を強調していたにもかかわらず，諭旨では，たった二つの近代的炭鉱の開設を裁可しただけであった。江南製造局から船の操作費を軽減させるため以前採用された計画は，いずれも前進しなかった。賃貸を目的にした商用汽船の建造計画は全面的に中止され，各省に対し軍船を割り当て，伝統的な水師に取って代わる計画については，まったく言及されなかった。その代わり，行政上の変化が新政策の中で具体化し，それにより中国南北洋で地域的な海防司令部が創設された。すなわち，北洋大臣李鴻章と南洋大臣沈葆楨がこれらの司令部を率いるよう指名され，各地域，すなわち北洋と南洋で海防に務め，海軍を発展させる責任を負わされた。彼らの軍事行動と活動への資金として，新海防政策では400万両の海防経費を設け，さまざまな諸省より毎年支出されることになった。すなわち，南洋大臣に200万両，北洋大臣に200万両が支出された。[*30]

海防経費の創設と共に，造船を継続するための財政的な見通しが，幾分明るくなったように思われた。新しい海防経費は，おそらく南洋大臣が追加的な船の建造資金を調達するのに有用であったろう。しかし事実は，まったくそうならなかった。南洋大臣沈葆楨は，自分の第一の関心事は，中国が鉄甲艦を持つべきであることを明確にしていた。そして，1875年9月，江南製造局が最初に建造した沿岸航行用の鉄甲艦（Monitor-type ironclad）が進水した時，製造局はこのクラスの艦船を建造する能力がないことが決定的に証明された。大砲が不適切な位置に備え付けられただけでなく，その船自体が海洋に出て行けなかった。それだけでなく，沈葆楨は，江南製造局で進められ

たような生産の多角化を強く否認していた。もし製造局で生産範疇が削減されるとすれば，費用効果の見地から，造船が最も標的になりやすいのは確実であった。結局，1875年，沈葆楨と北洋大臣李鴻章は，最優先事項は，鉄甲艦を含めた華北防衛艦隊の建設であることで合意した。また沈葆楨は，年額200万両の北洋海防経費では，この目的を達成するには不充分であるとして，海防経費の南洋分を李鴻章に譲り，北洋艦隊が速やかに創設されることを期した。海防経費の全額が李鴻章の支配下に移ると共に，江南製造局での造船を継続するために調達された資金を使用するという最後の望みは消滅した。なぜなら，李鴻章は，再三再四自分の立場を明確にしていたからである。すなわち，李鴻章の立場とは，江南製造局の艦船は，費用がかかり過ぎ，西洋製より技術的に劣り，中国の戦略的必要に適合しないというものであった。李鴻章は，外国から購買することで海軍を増強することを好んだ。沈葆楨の立場も同様に明解であり，製造局が海関税収をどれだけ利用し続けることができるとしても，これ以上建造を試みるのは好ましくないとした。以後数年間，沈葆楨のリーダーシップの下，江南製造局で船は1隻も建造されなかった。そして，製造局は，次第に武器・弾薬の生産へとほとんど全面的に転換していった。*31

　江南製造局における造船は，中止になった。その帰結は，兵器工業の将来に向けた莫大な輸入であった。おそらく製造局での操業を支援する江海関の洋税収入の20％が，いまや兵器生産の発展のため使用可能であった。しかしながら，国家レベルでの軍事工業の全般的な財政的見通しは，少しも明るくなかった。1875年の初め，国防費の一番うまい汁はトルキスタンでの戦役に費やされることがはっきりすると，沿海の軍事工場でより一層の近代化を進め，生産を拡大させようとした期待は，霞んでしまった。それにもかかわらず，台湾での危機は，海防の重要さをひりひりとした痛みと共に思い出させた。李鴻章と沈葆楨は，費用がかかり非効率的な江南製造局での造船計画を嬉々として排除したが，海上攻撃に対する防衛は強化しようと決意した。それだけでなく，李鴻章らは国内での兵器生産は海防の強化のみならず，内陸の防衛軍の装備と武装にも重要な役割を果たすと見越していた。事実，次

[第5章] 国家による軍事工業政策の進展（1872〜1875）

の20年間——おそらくは軍事工業の歴史全体の中で最も決定的な——軍事工業の成長のための総合的な指針は，海防論に関する意見書および上諭の文面の中に提示されていた。

おそらく軍事工業の次の成長を左右した最も基本的な決定は，海防対塞防の論争中に到達したのであるが，沿海の防衛を二つの司令部に分轄し，天津と南京に総司令部を置くという決定であった。各司令部は，責任を負った地方の中で，とりわけ，軍事工場の創設，武器・弾薬の生産，軍事物資の購入，海軍兵器の発展，鉱山の開発，陸軍および要塞の供応，そして人員の海上訓練にそれぞれ責任を負った。[*32] 中国軍事工業の将来に向けたこの決定の意味は，広範に及んだ。いまや二つの権威が，皇帝の支持と共に，自らが責任を負う地域内で軍事工業に関するすべての局面を発展させるため存在した。もし浪費的な模造，競争，標準化されない生産を避けることができるのなら，緊密な協業が必須であろう。そうした協業を成し遂げることに失敗すれば，軍事工業の全国規模での自強の効果を弱めるのは確実であろう。二つの司令部が生み出す分裂効果を相殺するために，国家レベルで強力な清朝宮廷のリーダーシップが必要であろう。

論争中，将来の兵器生産に向けた提案が，多くの方面から湧き上がった。しかしながら，軍事工業における将来的発展について最も当を得た理解をしていたのは，李鴻章と沈葆楨の提案であった。二人は，海防に向けた南北洋大臣のすべての重要ポストを掌握していた官僚であった。李鴻章は日清戦争の終焉までほとんど途切れることなく北洋大臣を務め，その見識は南洋でもさまざまな時期に大きな影響力をもっていたので，兵器生産に関する李鴻章の見解は，とくに重要であった。李鴻章は，心の底から海防の推進を嘆願したにもかかわらず，海の防御は陸軍に基礎を置くという現実策を理解していた。すなわち，戦略的に配置された要塞と機動性のある歩兵部隊の基礎を実地で形成することを理解していた。当面李鴻章は，これらの軍隊への供給は，中国軍事工場の限定的な役割であると見なした。李鴻章は，生産能力は火薬，弾薬，水雷に集中すべきであると助言した。李鴻章の見方では，中国経済は，まだ重火器を生産するための準備ができていなかった。重火器を生産するに

は，高価な外国製機械が手に入り，且つ鉄と鋼が常に供給される必要があったのである。李鴻章は，重火器製造機を購買するのは，少なくとも中国が近代的炭鉄鉱を開発するまで遅らせるべきであると考えた。李鴻章はレミントン式弾薬筒製造機を購買するよう天津機器局と江南製造局の双方に指示したこと，そして江南製造局と金陵機器局に火薬製造機を追加するよう促したことを書き留めた。李鴻章は，中国に外国人技術者を招き，水雷を電気的に爆発させる技法を教わり，当時江南製造局および天津機器局で生産していた未完成のモデルに置き換えることを提案した。[33]

沈葆楨は，武器・弾薬の生産に関して特に建議しなかった。しかし，沈葆楨の概括的な所見の中には，兵器生産の将来に直接関わるものがあった。上述したように，沈葆楨は生産任務の重複を嘆き，各軍事工場に任務を特化して割り当てるよう要求した。沈葆楨は江南製造局での造船事業を終わらせる準備を行っており，中国軍事工場の中で江南製造局はライフル生産のための設備が最も揃っていた。したがって，沈葆楨が南洋大臣に任命されたことは，江南製造局での小火器生産にとってよい徴候であった。李鴻章と同様に，沈葆楨は，石炭と鉄の資源を開発し，原料の国内資源を供給するよう進言した。[34]

李鴻章は別の提案を行い，軍事工業の発展を進める戦略的方向性について明確な見通しを明らかにした。江南製造局や天津機器局のように，沿岸に位置する軍事工場は外国海軍から攻撃されやすいという弱点を認識していた。それゆえ，内陸の諸省が火薬・弾薬工場施設を追加的に設立することを通じて，自前で弾薬の必要量を供給するよう力説した。李鴻章は，将来新しい軍事工場は，水路での航行が可能な内陸部に設立して，その弱みを減殺し，同時に水路交通への出入りを維持すべきであると進言した。[35] 内陸の軍事工場を設立することは，ただ単に優れた戦略的意義をもつだけでなく，実際に必要な一つの措置になったであろう。トルキスタンでの軍事行動に優先的に資金を供給することが決まったため，海防に財政上の制限が設けられたが，このことは，南北洋大臣が海防に必要なものを満たすために沿海の軍事工場での生産を発展させるのは困難であることを意味していたであろう。内陸の諸省への供給は，明らかにその能力を超えていたであろう。その結果，諸省の海

[第5章] 国家による軍事工業政策の進展 (1872〜1875)

防上の役割によって兵器の支援を受けない地方督撫は，主要な沿海の軍事工場からの供給に頼ることはできなくなるであろう。地方督撫は彼ら自身の軍事工場を設立するか，あるいは外国からの購買に全面的に依存することを余儀なくされるであろう。次の数十年以上，内陸の軍事工場の戦略的必要性が，新しい防衛政策の財政的優先とともに，内陸地域において，省政府が発起人となり財源を工面する多くの工場施設の設立を促す方向に作用した。これらの軍事工場は，南北洋大臣のいずれかの権限を超えた，工業発展における新しい部門を代表していた。

結　論

　1872年から1875年に至るまでの数年間，国防に関する強力な国家的コンセンサスが欠如していた時，李鴻章は海防策の擁護者として現れた。その海防策の中には，中国の現実的能力と李自身の戦略的優先事項に適合した武器・弾薬を選択的に購買・国内生産し，それを通じて海軍を発展させることが含まれていた。沈葆楨は，李鴻章と意見を共有し，財政と生産計画の上で李鴻章に協力した。しかし，清朝宮廷が西北での軍事行動に資金を供給すると決定したことで，2人の大臣が軍需生産を発展させるための財源は制限された。この限界と内陸の軍事工場を良しとする戦略的理由により，次の数十年間，北洋大臣か南洋大臣のいずれかの供給能力を超えた，さまざまな場所での軍需品の必要に対応するため，諸省で軍事工場の設立が計画されるようになった。兵器工業の将来が具体化しつつあるように思われた。二つの権威が，既存の主要工場施設における生産を統制し，発展させるため確立された。そのうち生産が発展するであろう第三の領域は，広大な奥地であった。そこは，この時まで戦略的な工場はまったく知られていなかった。李鴻章の意見が優勢であったように思われるが，もしそうなら，小口径の兵器を生産するための準備をすでに済ませていた江南製造局を除いて，兵器工業の中で重要視されていたのは，火薬，弾薬，水雷の生産であった。

註

* 1 『海防档』丙，97 頁。『洋務運動文献彙編』第四冊，34 ～ 41 頁。見積もり額には，「馭遠」の費用の一部分と，各船の進水から 1873 年までの諸費用のために，1871 年末，費用の総額から割り当てられた操業費の一部を含むだけでなく，数箇月後に完成した「海安」の費用の大部分を含んでいる。
* 2 『李文忠公朋僚函稿』巻 11，31 頁。『洋務運動文献彙編』第四冊，105 ～ 106 頁。
* 3 『洋務運動文献彙編』第四冊，106 ～ 107 頁。『海防档』乙，325 ～ 326 頁。
* 4 『李文忠公奏稿』巻 17，16 頁；巻 19，44 頁。丁日昌『撫呉公牘』(1877 年) 巻 42，9 ～ 10 頁。Kwang-Ching Liu, "Li Hung-chang in Chihli: The Emergence of a Policy, 1870-1875"; Albert Feuerwerker, Rhoads Murphey, and Mary C. Wright, eds., *Approaches to Modern Chinese History* (Berkeley, 1967), pp.68-104.〔訳註：この論文は，前掲，Samuel C. Chu & Kwang-Ching Liu, eds., *Li Hung-chang and China's Early Modernization*, pp49-75. に再録されている。〕
* 5 王爾敏「南北洋大臣的建置及其権力的拡張」『清史及近代史研究論集』(台北，1967 年)，192 ～ 197 頁。人事における南洋大臣の重要な地位に関連する諸例は，『李文忠公朋僚函稿』巻 13，11 頁；巻 14，38 ～ 39 頁，を参照のこと。
* 6 『李文忠公朋僚函稿』巻 9，9 頁；巻 11，7 頁；巻 12，2 頁。『海防档』乙，325 頁。
* 7 Biggerstaff, *The Earliest Modern Government Schools in China*, pp.165-199.『李文忠公訳署函稿』巻 1，19 ～ 21 頁。Kwang-Ching Liu, "Li Hung-chang in Chihli", p.83.
* 8 『海防档』乙，367 ～ 372 頁。David Pong, "Modernization and Politics in China as Seen in the Career of Shen Pao-chen (1820-1878)", (Ph.D. dissertation, University of London, 1969), pp.249-254. を参照のこと。ポンは，宋晋が福州船政局を閉鎖するよう提議したことに関する李鴻章の姿勢を分析する際，これらの同じ文書を検討している。ポンは造船に関する李鴻章の姿勢が曖昧であると指摘し，李の支持は「信念を表現したというより，むしろ現実的政策（Realpolitik）の表現である」と結論づけている。またポンは，後に李鴻章が，造船を支持する沈葆楨や左宗棠に同意せざるを得ないように思うと陳べたことを指摘している。
* 9 『海防档』乙，367 ～ 372 頁。『海防档』丙，98 ～ 110 頁。李鴻章は，馮焌光の見解を含む意見書の受取人ではないが，李の上奏文の言い回しから，李が馮焌光の意見書を事前に読んでいたことは疑う余地がない。
* 10 『海防档』乙，367 ～ 372 頁。
* 11 『海防档』丙，107 ～ 109 頁。
* 12 魏允恭編『江南製造局記』巻 4，6 頁。

[第5章] 国家による軍事工業政策の進展 (1872〜1875)

*13 『海防档』丙，95〜98頁。
*14 『海防档』乙，385〜389頁。
*15 『李文忠公奏稿』巻20，32〜33頁。『李文忠公朋僚函稿』巻13，12〜13頁。『海防档』乙，486頁，497頁。輪船招商局の発展を抑制するため外国商人が講じた処置は，彼らの競争相手に対する外国海運会社の態度から説明することができる。旗昌洋行（the Russel Company）会長宛て1874年6月12日付けの報告書の中で，「輪船招商局のお陰で，我々は多大なトラブルを蒙っている。関税率が1/2に引き下げられても，彼らの汽船が急派されれば，我々の収益は低いままである。しかし，それは致し方ない」と陳べた。1874年6月13日，太古洋行（Messrs, Butterfield & Swire）の在上海支配人（マネージャー）は，ロンドンへの書簡の中で，「我々は，結果的に輪船招商局を沈滞させたいと望む旗昌洋行の処置について考慮している」と書いた。Kwang-Ching Liu, *Anglo - American Steamship Rivalry in China, 1862-1874* (Cambridge, Mass., 1962), p.152.
*16 『海防档』乙，486頁。この点で山東政府は，財政上の理由で福州船政局製の船の受け入れを拒んだ。また江南製造局製の艦船に対しても，基本的にこの理由が適用された。
*17 『李文忠公朋僚函稿』巻13，10〜11頁，27〜28頁。*British Parliamentary Papers*, FO 233/85/3815, clipping from *North China Daily News*, September 2, 1875.
*18 Hummel, *Eminent Chinese of the Ch'ing Period*, pp.765-766; Wen-Djang Chu, "Tso Tsung-t'ang's Role in the Recovery of Sinkiang", *Tsing Hua Journal of Chinese Studies*, New Series 1.3: pp.136-137 (September 1958).
*19 『海防档』丙，4〜5頁。T. F. Tsiang, "Sino-Japanese Deplomatic Relations, 1870-1894", *The Chinese Social and Political Science Review*, 17.1: pp.1-106 (April 1933).
*20 T. F. Tsiang, "Sino-Japanese Deplomatic Relations, 1870-1894", pp.16-34. 『籌辦夷務始末』同治，巻98，19〜20頁。『李文忠公朋僚函稿』巻14，14頁b。
*21 John Rawlinson, "China's Failure to Coordinate Her Modern Fleets", in Feuerwerker, Murphey, and Wright, *Approaches to Modern Chinese History*, pp.114-115; Thomas C. Smith, *Political Change and Industry Development in Japan: Government Enterprise, 1868-1880* (Stanford, 1955), pp.4-7, pp.50-52; Meron Medzini, *French Policy in Japan during the Closing Years of the Tokugawa Regime* (Cambridge, Mass., 1971), pp.119-124. 栂井義雄『日本産業・企業史概説』（東京，1969年）10〜12頁。

*22　栂井義雄『日本産業・企業史概説』10 〜 12 頁。
*23　T. F. Tsiang, "Sino-Japanese Deplomatic Relations, 1870-1894", pp.16-53.
*24　『洋務運動文献彙編』第一冊，26 頁，29 〜 33 頁，105 〜 106 頁，115 頁。『李文忠公朋僚函稿』巻5，59 頁。
*25　Immanuel C. Y. Hsu, "The Great Policy Debate in China, 1874: Maritime Defense vs. Frontier Defense", *Harvard Journal of Asiatic Studies*, 25: pp.212-228（1964-1965）。
*26　Hsu, "The Great Policy Debate in China, 1874", pp.218-228。
*27　『洋務運動文献彙編』第一冊，153 〜 155 頁。『李文忠公奏稿』巻 24，13 〜 25 頁。
*28　『洋務運動文献彙編』第四冊，31 頁，33 頁，39 頁。
*29　葛士濬編『皇朝経世文続編』（上海，1888 年）巻 101，15 〜 20 頁。沈葆楨『沈文粛公政書』（1880 年），巻5，22 頁。
*30　『洋務運動文献彙編』第一冊，162 〜 165 頁；第二冊，378 頁。商用汽船を建造する計画の停止は，上諭の中で直接扱われたわけではなかった。海防政策に関する上諭に先行する数日前に提出された上奏文の中で，薛福成は，商業用を建造する計画は継続しないことを勧めた。『洋務運動文献彙編』第一冊，155 〜 160 頁，参照。薛福成の建議について論評した別の上奏文の中で，総理衙門は，海防政策に関する上諭の基礎となった5月 30 日の上奏文の中に，薛福成による海軍建設に関する提案を採り入れたと述べた。『洋務運動文献彙編』第一冊，161 〜 162 頁，参照。5月30日の上奏文の中で言及して以来，総理衙門は商船の建造について触れることはなかったので，1隻も造るつもりでなかったのは明白である。『洋務運動文献彙編』第一冊，144 〜 153 頁。この上奏文を裁可した上諭が，正式に江南製造局で商船を建造する計画の結着をつけた。『洋務運動文献彙編』第一冊，153 〜 154 頁。
*31　『李文忠公奏稿』巻 39，30 〜 36 頁。『洋務運動文献彙編』第二冊，378 頁。British Parliamentary Papers, FO 233/85/3815, clipping from *North China Daily News*, September 2, 1875.
*32　『洋務運動文献彙編』第一冊，153 〜 155 頁。
*33　『李文忠公奏稿』巻 24，13 〜 25 頁。
*34　葛士濬編『皇朝経世文続編』巻 101，15 〜 20 頁。
*35　『李文忠公奏稿』巻 24，16 頁。

第6章
新海防政策の下での兵器生産
(1875～1885)

初期の重砲,中国人砲手,外国人技術者

[第6章] 新海防政策の下での兵器生産（1875～1885）

　1875年の新海防政策は，中国軍事工業の成長に新時代をもたらした。南北洋大臣の監督の下，沿岸にある大規模な軍事工場——江南製造局，天津機器局，金陵機器局——は，新しい戦略により規定された生産任務のために製造機械を備え付けた。同時に，三つの主要軍事工場の支援能力を超えた諸地域に配給するため，小規模の軍事工場や弾薬工場施設の設立が計画されたことで，1875年以後の数十年間，軍事工場の数は主に安全な内陸部で増加した（付表Ⅱを参照のこと）。1894年までに，そのような15の工場施設が創設された。それらの生産能力は小さく，後方支援上の影響は断片的であった。三つの主要軍事工場は，そのすべてに李鴻章の近代化構想がはっきりと刻み込まれており，新しい海防政策の下での兵器生産に向けた最も重要な機構であり続けた。

江南製造局

　1875年，江南製造局で新船の建造が中止されたが，造船事業の死は緩慢で痛ましかった。1870年代の後半，汽船維持費の重荷は，製造局から多額の財源を奪い取る深刻な要因であり続けた。1879年の1月末，江南製造局で建造された最初の5隻の艦船に費やした人件費と行政費は，69万3,280両であった。6隻目の船は，整備費の不足のため人員が配置されていなかった。これに加え，製造局は，建造された船のために燃料費と修理作業費を支払い続けた。1870年代の後半，その費用は年間約8万5,000両に達した。1878年，南洋大臣沈葆楨は，製造局の財政状況が逼迫しているのに，船の整備費と修理費が削減できないと嘆いた。数箇月後，李鴻章は，船の整備費が二成洋税の半分を浪費していることを確認した。これこそ，李鴻章が製造局に建造を中止するよう命じた理由であった。[*1]

　それにもかかわらず，1878年，江南製造局で新船を建造するという考えが，突然持ち上がった。沈葆楨が海防経費の南洋分を北洋大臣李鴻章に譲り渡していたのに，李鴻章は，1878年まで沈が最も高い優先順位を与えた鉄甲艦

の購買に必要な資金を蓄えていなかった。1875年から1878年まで、毎年各省から送られる海防負担金は規定された額に遠く及ばず、1877年から1878年までの間に得られた資金は、災害の救済に流用された。また1878年、沈葆楨は、南洋での海防と海軍の発展は、これ以上北洋海軍の発展の犠牲になってはならないとの結論を下した。沈葆楨の意見では、河防の要塞と南洋海軍力の不足はあまりに危険であり、到底許容できるものではなかった。沈葆楨は、北洋の鉄甲艦に必要な資金が集められないので、南洋は10隻から20隻の木製快速汽船を所有し、外国の侵略に対し防戦する際、北洋と共同作戦を行う必要に備えるべきであるとの所見を陳べた。海防経費の南洋分が南洋大臣に供給されるという沈葆楨の要求は、裁可された。このことは、南洋海軍の発展が徐々に再起し始めたことを示していた。結局、江南製造局でさらに数隻の船を建造することになったのである[*2]。

　海防経費をめぐっては、各省が割り当てられた銀両の送金を滞らせたため、経費は南洋に向けてすぐには供給されなかった。1878年に南洋への供給が再開して以来、1880年の中頃まで、予定された額の約1/10に当たるわずか40万両が受け取られるにとどまった。にもかかわらず、1880年、新しい海軍力の獲得に向けて、最初の特別な提議がなされた。10月、巡閲長江水師彭玉麟(ほうぎょくりん)は、長江の河口に外国人が侵入するのを防御するため、10隻の中型軍船を追加することを提案した。10月の初め、内閣学士梅啓照(ばいけいしょう)は、日本とロシアによる近時の急襲に刺激されて、海軍力増強に向けた計画を提出した。梅啓照は、江南製造局で鉄甲艦の建造を再開し、長江を防衛するため7隻の中型汽船を追加することに賛成した[*3]。

　李鴻章と新任の南洋大臣劉坤一(りゅうこんいつ)(任期1880〜1882)は、江南製造局が鉄甲艦の建造を引き受けるという提議に強く抵抗した。その根拠は、製造局が武器・弾薬や機械を生産する重荷を背負い過ぎており、鉄甲艦の建造は不可能であることがすでに立証されていたからである。長江防衛のための中型汽船の問題について、李鴻章は、梅啓照の比較的穏便な提議に賛成した。しかし、配置される船の数が明確でなく、江南製造局に1隻も船の建造が割り当てられたわけではないとして、梅啓照の建議を圧縮した。一方、南洋大臣劉

[第6章] 新海防政策の下での兵器生産（1875～1885）

坤一は，彭玉麟が推奨したように，10隻の船を建造することに賛成した。そして，その一部を江南製造局に割り当てた。1881年，劉坤一は，他の関係諸省の当局者と共同で一つの計画を立てた。計画は彭玉麟が提議したもので，10隻の船を建造し，各5隻からなる二つの増加分のうち，第一の増加分の2隻を江南製造局で建造するというものであった。資金の調達が，大きな障害であった。1隻当たりの見積額が16万両であるとして，最初の増加分は総額80万両であった。海関から供給された江南製造局の収入は，全額が兵器生産と汽船の整備と操作に費やされた。海防経費は依然として規定額をはるかに下回っていたが，いくらかの望みはあった。なぜなら，後でこれらの船に守られる長江沿いの諸省により資金が調達される可能性があったからである。主に長江と沿岸で使用するために設計された1隻の汽船が，1881年に進水した。[*4]

後任の南洋大臣左宗棠（任期1882～1884）は，劉坤一より精力的に南洋海軍の発展を強調した。左宗棠は，10隻の中型汽船だけでなく，彭玉麟も提議していた5隻の巡洋艦を追加することを計画した。1882年後半までに，汽船のうち1隻の建造が江南製造局で進行した。この船の最初の仕様は，1,900馬力の混合発動機を取り付けることが決定された時，拡大されねばならなかった。[*5] 1885年に完成すると，その新しい船は「保民」と名付けられた。22万3,800両を費やしたが，最初の見積もりより5万両以上も余分にかかったのである。南洋海防経費から16万両が供給され，5万両が江蘇省の銀庫から供給され，1万3,800両が洋税収入から製造局に分配される資金の中から供給された。「保民」は鋼板を使って造られ，八つのクルップ式大砲を備え付けていた。それには5万3,000両の追加費用を要した。[*6] (付表Ⅰ-1を参照のこと。)

江南製造局で造船が短い期間再開されたのは，二つの要因に基づいていた。すなわち，南洋艦隊の発展政策，そして海防経費の利用により建造資金が供給可能であったことである。1885年，北洋大臣李鴻章は，江南製造局製の船が使用に適していないとする旨を再度上奏し，国内の造船は福州船政局に集中すべきであると陳べた。間もなく，海軍衙門が新設され，最優先事項と

して北洋艦隊を発展させる責任を負うことになった。李鴻章は会辦(かいべん)に任命され，南北洋海防経費は，新しい衙門の支配下に集中された。それまで製造局自体の収入は，すべて兵器の生産と艦船の整備に注ぎ込まれていたので，江南製造局での汽船建造を支援する資金は，またしてもなくなった。その結果，2度目にして最後の造船中止となった。*7

　1875年から1885年までの10年間，江南製造局の収入の最大部分を供給したのは，海関から毎年分配される銀両であったが，それは年々変動して予測不可能であった。1876年から1877年までの間に洋税収入は激減し，製造局への分配は，1875年の52万両から約33万4,000両に減少した（付表Ⅰ-2を参照のこと）。同時に，清朝は，山西(さんせい)・河南(かなん)両省における自然災害の結果として，深刻な国家財政の引き締めを経験していた。1878年，清朝官僚達は上奏し，江南製造局の収入は，洋税収入が災害の救済のため使用できるよう一時的に減らされるべきであると建議した。南洋大臣沈葆楨は，海関からの分配が減ったことで江南製造局は負債を抱えるようになったと答えた。南北洋の要求に答えると同時に，完成した船を維持することは不可能であった。沈葆楨は，もし被災区域で叛乱が発生すれば，兵器の入用が重大問題となるが，江南製造局はそれに対処できないであろうと予告した。それだけでなく，長江下流に要塞が建設されてきたが，それには兵器が備え付けられていなかった。沈葆楨は，すでに減少していた製造局の収入がよりいっそう減少するのを免(まぬが)れるのに一時的に成功した。しかし，1879年，海関からの分配銀両が，行政命令により引き下げられた。すなわち，毎年5万両が金陵機器局に分配され，その操業を支援することになった。*8

　それにもかかわらず，1877年以後，海関からの収入は，徐々に増加した。1880年に1875年の水準に達し，1881年，65万両以上にまで上昇した。次の年，ふたたび12万5,000両以上も激減し，1883年，さらに43万8,000両まで下落した。その間，雑収入の急激な上昇——1881年から1885年に至るまで総額74万7,844両——が，海関からの分配を増大させた（表Ⅰ-2を参照のこと）。これらの正確な資金源は，はっきりしない。おそらくこの数字の中には，南洋海防経費からの分配，および1883年から1884年まで「保民」

[第6章] 新海防政策の下での兵器生産 (1875～1885)

建造に向けて江蘇省から供給された銀両が含まれていたようである。とも
かく，南洋大臣が南洋海防経費を支配していたこの5年間，受け取った雑収
入は，それ以前の5年間に受け取った雑収入の5倍以上であり，南洋大臣は，
製造局が海関からの分配を増やすために海防経費を享受することを提案した。
海防経費が海軍衙門を中心に集められた1885年以後，雑収入が減少したこ
とは，この提案を支持するように思われる。その源は何であれ，1881年か
ら1885年に至るまでの時期，雑収入が増加した結果，1882年から1883年
の間に海関からの分配が激減したにもかかわらず，総収入はより多くなった。
しかし，依然としてたいそう不安定であった。

　この10年間の人員と行政官の増加は，この収入の幾らかを吸い上げた。
1874年に創設された操砲学堂は，1881年，砲隊営に作り替えられた。翌年，
砲隊営で300名以上の操砲学徒が招かれ，人員定数が増えた。ほぼ同じ頃，
製造局で雇用された役人の数は，1870年代の40～50名から約80～90名
に増加したと報じられた。

　1880年代の初めに至り，曾国藩が製造局の経費支出に廉潔さを保証する
ため考案した行政システムは，頓挫したように思われる。そして，おそらく
さらにいっそうの財源漏出を引き起こしたようである。1883年，1人の督辦
が，購買担当者の中飽（私腹を肥やすこと）を南洋大臣左宗棠に報告した。
左宗棠は購買担当官を解任し，報価処（入札執務室）を立ち上げた。製造局
が材料を必要とした時には，商人から封緘入札が求められた。こうした公的
入札は購買システムに潜んでいた悪事を一時的に排除したものの，結局，入
札過程は公開の競売へと後退した。最終的に，報価処は廃止され，議価処（取
引執務室）がその場所に創設された。議価処での購買システムは，その詳細
が明らかでない。製造局での材料購入と結び付いた背任行為がふたたび出現
したが，詳細な事実が報告されたのは，数年後，すなわち1880年代後半の
ことであった。

　江南製造局の莫大で不安定な収入をいかに使用するかは，主に南洋大臣に
よって決定された。ところが，北洋大臣李鴻章は，1875年から1879年まで
の数年間，南洋大臣沈葆楨との協力関係を享受しており，かつ製造局と長い

持続的関係を有したので，ある程度の影響力を行使し続けた。この10年間，清朝宮廷も，江南製造局だけでなく他の主要軍事工場で南北洋大臣に対する優位をあの手この手で固めることに努めた。1878年，総理衙門は，中国全土で使用される軍需品を一つに標準化することを目論んだ。この問題は，兵器工業が急増した一時期，長らく懸案となっていたものである。この計画の一つの特徴は，1名の専門官を任命し，その者が江南製造局と天津機器局という中国の二大軍事工場に対する支配権を行使し，かつその操業が密接に協調して行われることを確実にすることであった。南北洋大臣に対し，総理衙門の提議を論評するよう指令が下った。北洋大臣李鴻章は，軍事工場の操業は，すでに相互に密接に関連しており，そのうち新しい生産品が検査のため両大臣に送られる見込みであると答えた。李鴻章は，清朝皇帝に対し，両大臣とも非常に目利きであり，改良を要求していると断言した。李鴻章は，軍需品に関する専制を自分の役割と考えており，自分以外の官僚を任命する必要はないとの意見を持っていたのである。李鴻章が上奏して以後，この計画について，これ以上は議論されなかった。[*12]

　1883年，清朝政府は，支配を拡大するためにふたたび行動を起こした。この時の計画は，財務報告をより詳細にする制度を通じ，製造局の経費をより精密な検査の下に置くことであった。上諭は，製造局からの毎年の財務報告は，新しい設備（購買に先立ち清朝宮廷の裁可を求めて報告された），労働力，建設工事に関する費用を含めるよう命じた。江南製造局は，戦争中に製造局が混乱したことを理由に，1883年の財務報告を作成するのが遅延するのを認めてもらえるよう懇請した。財務報告は，結局1887年に提出された。それには，上諭により命じられたいくつかの新しい支出部門が含まれていた。そして，戸部，工部，兵部に送られる詳細な報告書類が添付されていた。こうした経緯で，1883年から清朝政府は，江南製造局の経費支出に関する明白で詳細な報告書類を受け取った。しかし，その報告書は受け取りが非常に遅かったので，製造局における節約の強制あるいは支出の調節に向けて時宜を得た手段をとるための基礎として役に立たなかった。1884年の財務報告は，1891年まで提出されなかったし，1885年のものは，1892年にやっと提

[第 6 章] 新海防政策の下での兵器生産 (1875 〜 1885)

出された。[13]

　この 10 年間,主要建設は,江南製造局の収入により操業されたさまざまな部門の中で,副次的役割を果たしたにすぎなかった。1875 年までに,施条式重火器,砲弾,水雷を製造するのに必要ないくつかの工場を除き,造船と武器・弾薬生産のために必要なほとんどの工場は完成した。1876 年から,主要建設はこれら未完成のものへの供給に制限された。一つだけ重要な例外は,製造局の戦略物資を保存する倉庫として新しい施設を建設することであった。1876 年,総辦の李興鋭(りこうえい)は,松江(しょうこう)に火薬庫を建設し,1 万ポンドの火薬と毎月そこで余った弾薬を保管し,上海における江南製造局の位置に内在するいくつかの戦略的弱点を補おうとする計画を公表した。松江の位置には,いくつかの利点があった。まず第一に,もし敵船が長江下流を支配すれば,国内水路を経て長江の要塞に火薬を配給するのは,上海より松江から実行した方が便利であった。第二に,松江は,軍事物資を貯蔵するに当たり,上海より安全な位置にあった。喫水の深い外国海軍の船は,上海には容易に到着できても,松江に通じる浅い水路を通行するのは難しかった。松江を取り囲む地勢は,上海ほど危険に晒されることがなく,歩兵の攻撃に対し防御しやすかったのである。松江火薬庫は,1876 年か 1877 年に完成した。[14]

　この 10 年間に江南製造局の造船事業が停止したため,製造局の財源は,次第に武器・弾薬,すなわち高価な輸入原料に甚だしく依存する生産部門の生産に振り向けられるようになっていた。武器・弾薬への専門化の進展は,事実上,経済の非軍事的部門 (civilian sectors) に向けた大規模な機械生産を不可能にした。機械の製造は,大部分は軍需生産に必須の汎用設備と型式に制限された。工作機械,金属加工設備,揚水機,起重機,動力伝導装置,エンジンが,江南製造局で使用するために造られた。同様に,型込機(かたごめき),鉄の切断機,真鍮・鉛の圧延機,鉄の試験機器,弾丸製造機,火薬製造機のような武器・弾薬を生産するための比較的専門的な設備も造られた。[15]

　重火器と大砲用弾薬 (gun ammunition) の生産の近代化は,事業の中で特に重要な部門であった。1875 年より以前,大砲の製造は外国人技術者により監督されてきたにもかかわらず,生産された大砲で唯一使用できたのは,

小型の鉄製・真鍮製滑腔砲(かっこうほう)であった。しかし，それは西洋の標準ではすでに時代遅れのものであった。*16 李鴻章は，鋳鉄製の兵器を主に金陵機器局に依存していた。しかし，李鴻章は，金陵機器局で製造された大砲は，西洋で生産されている鋼鉄製兵器の代用品にはならないと認識していた。1875年までに，李鴻章は，クルップ社から50挺以上の鋼鉄製の元込めライフル銃を購買していた。しかし，強度と耐久性から，李鴻章は，英国のアームストロング社によって生産されたような，錬鉄で強化された先込めライフル銃を好んだ。*17 1875年4月，李鴻章は，45万両で4隻のアームストロング製砲艦を発注した。そのうち2隻には26.5トンの施条式艦砲(かんぽう)が，他の2隻には38トンの施条式艦砲が搭載されることになっていた。李鴻章は，外国製の大砲が高価なことを嘆いたが，国内で生産すれば費用はもっと高くつくと考えた。李鴻章は，供給費を引き下げるべく，国内の炭鉄鉱が西洋式で開設・操業されるまでは，国内生産に反対すると陳べた。*18

1875年1月，大沽(タークー)で金陵機器局製の2門の大砲が爆発した悲劇は，中国で重火器の生産を唱えることのジレンマを創出した。沿岸での守備的発砲には重い発射体を推進する必要があるが，国内で製造された鉄製あるいは真鍮製の大砲は，それに必要な火薬の爆発力に耐えられないことが，調査によりはっきりした。*19 西洋でこの問題は，鋼鉄製の砲身と錬鉄で強化された鋼鉄の導入により解決されていたが，李鴻章は，これらの型を国内で生産するに当たって必要な設備や原料をひどく高価であると見なした。次の3年間で国内で必要なものと国外からの刺激が結合したため，この意見は完全に変更された。1878年に至って，重火器の生産は，江南製造局の事業で最も重要な位置を占めていた。そしてその時から，近代化が大砲生産の改良に大きく関わることになった。

新しい海防政策に必要なため，李鴻章は，近代的大砲を生産しようとする考えを完全には放棄できなかった。1875年後半，李鴻章は，江南製造局は，錬鉄で強化された鋼鉄製の砲身を持つ前装施条砲（rifled steel-barreled muzzle-loader）の生産に改めようと考えている旨(むね)を上奏した。李鴻章は，「外国の攻撃を防御する際，大砲はライフル銃より有効である。たとえ西洋式ほ

[第6章] 新海防政策の下での兵器生産（1875～1885）

どの巨大な破壊力をもつことができなくても，（しかるべき兵器が足りないために）船や要塞が無用の長物とならないよう勉めて改良を行い，あらゆる努力をなすべきである」と陳べた。[20]

　最初の手段は，その翌年に執られた。ニューキャッスルにあるアームストロング社の大砲工場施設の監督であるジョン・マッケンジーが，江南製造局において錬鉄で強化された鋼鉄製の砲身を持つ前装砲の生産を導入することに乗り出した。マッケンジーが中国に到着した時，彼は，大沽の悲劇の結果，李鴻章および他の指導的な官僚の多くは，中国で中国人の職人が近代的重火器を製造できることに重大な懐疑を抱いていることに気付いた。ある西洋人雇用者によると，江南製造局では西洋人と中国人の人員の間に徒ならぬ雰囲気があったが，それは李鴻章が江南製造局の操業中止を皇帝に進言しようと考えていると思いこんでいたからである。[21] 古参の中国人や外国人雇用者達は，マッケンジーに対し，できるだけ早急に新しい大砲の生産で結果を出すよう頻りに促した。彼らは，たとえ品質が最善でなくても，大砲が破裂でもしないかぎり，結果が立証されたことで，製造局の操業が継続される可能性は高まると感じた。しかし，製造局の官員達は，その操業の将来について悲観的であったし，マッケンジーの能力にも懐疑的であった。彼らは，督辦に対し，その英国人は大風呂敷を広げるけれども，彼以前の外国人より優れた点があるわけではないと報告した。マッケンジーは，こうしたことをすべて兵器生産の領域における英国人専門家に対する挑戦としてだけでなく，個人的な挑戦として受け止めた。マッケンジーは，決然として兵器の組み立てを含めた新しい方法で中国人職人を指導しつつ，仕事を始めた。すなわち，最速で結果を出すことを決心したのである。マッケンジーに有利ないくつかの技術的要因があった。江南製造局における造船の設備には，錬鉄で強化された鋼鉄製砲身を生産するために必要な蒸気ハンマー作業場と錬鉄作業場を含んでいたのである。[22]

　その間，1877年に南洋で要塞砲が必要不可欠となったが，南洋大臣は海防経費を使って大砲を購買することができなかった。その年，南洋大臣沈葆楨は，南洋の要塞は21門の大砲が不足し，30門以上の真鍮製・鋳鉄製大砲

を鋼鉄製兵器と交換する必要があると報告した。1875年以来，南洋大臣への海防経費の分配は北洋に送金されていたので，沈葆楨は，江海関の二成洋税（戸部に上納される洋税の20％）を留保し，必要な兵器を購買できるよう奏請した。しかし，この留保分は，すでに決定的に重要なことに対処するため向けられていた。すなわち，海防経費および新疆で回民起義と戦っていた左宗棠の軍隊を支援するのに充てられた。結局，計画は実現しなかった。[*23]

1877年，江南製造局における新型大砲の生産も，前進する徴候を示していた。マッケンジーが製造局に長らく勤務していた時期までに，10門以上がほぼ完成していた。その年の晩春，新しい工程のための生産設備が完成し，職人達は訓練を受けた。南洋の要塞に大砲を備え付ける決定的必要性，厳しく制限された海防経費の有用性，そして江南製造局でアームストロング砲を国内生産する進歩の徴候を背景に，1878年の夏，李鴻章は，南洋大臣沈葆楨に書簡を送り，長江を防衛する要塞に大砲と弾薬が不足しているので，江南製造局は大砲と弾薬を生産し要塞に供給することに全力を注ぐべきと書いた。李鴻章は続いて上奏文で，前装砲は後装砲より安定していて持ちがよく，したがって艦船や要塞に適していると陳べた。李鴻章は，アームストロング砲をそのなかで最良の一種であると推奨した。そして，維持費の高さを理由に江南製造局での汽船建造が停止されたのだから，製造局はアームストロング砲の生産を開始すると報告した。1878年，製造局の蒸気ハンマー作業場は，正式に大砲工場施設に転用された。[*24]

1878年12月，60ポンドの砲弾を発射する2門の6インチ口径新型大砲は試験発射に成功し，全面的に満足すべき結果を上げた。これらの大砲は，西洋で製造された大砲に匹敵すると報告された。生産過程のすべては，中国人職人により遂行された。翌年，大砲は二度の装薬で試験がなされ，弱点はなかった。その間，製造局の蒸気ハンマーは，同じ設計でより大型のものをすでに製作中であった。これは7インチ口径の120ポンド砲であり，1880年の夏に完成し，成功裏に発射試験を終えた。翌年，7インチ口径の150ポンド砲が製造された。1889年までに，口径は8インチまで大きくなり，砲弾の重さは180ポンドにまで増した。これらの大砲は，総て前装式で，施条が

[第6章] 新海防政策の下での兵器生産 (1875～1885)

なされ，錬鉄で造られた砲身を持つアームストロング型を基礎としていた。[*25]
1879年，新しい砲弾工場施設が創設された。そして，アームストロング砲の砲弾と薬莢 (shell) の生産が開始された。[*26] (付表 I – 3 を参照のこと。)

　これらの新しい大砲は，イギリスの地方記事や中国の新聞から惜しみない称賛を受けた。しかし，19世紀の兵器生産技術が急速に発展している情況の中では，すでに時代遅れとなっていた。たとえば，6インチ口径の40ポンド砲は射程が短かく，出来上がった大砲の特徴はずんぐりとした姿形となった。重みが基部に集中するために，ほとんどの西洋諸国が好んだ後装砲より操作するのが難しかった。一緒に点火される黒色火薬は，燃焼速度が速かったため，砲弾に適した持続的な推進力が減少し，砲口での速力は減速した。そのかなりの重さのために，大砲が発砲後に後座(こうざ)すると，発射位置に戻すため何人もの力が必要であった。そこには，1875年の大沽での大失敗に対する過剰反応があったと思われる。江南製造局は，強さと，それによって保証される安全性を特徴とする軍需品の生産を採用してきた。しかし，その大部分は，操作するのが難しく，したがってその発射力は制限された。それだけでなく，重量が重いため，その大砲が使用されるのは，すべて沿海の要塞に限られた。フランスとの戦争中，江南製造局は，旧式の滑腔カノン砲の生産を再開し，地上戦に必要な機動力の程度に応じて大砲を供給しなければならなかった。[*27]

　1881年には江南製造局製のレミントン銃も，西洋の小火器が新たに進歩したことで時代遅れになった。北洋大臣李鴻章は，自分の部隊は，もはやレミントン銃を快く受け付けることはないと報告した。1884年になると，レミントン銃の新型モデルが導入された。それは，以前のものより少しだけ長く重かった。口径は縮小され，銃口の速度は増した。そして，弾丸の攻撃力が強くなった。主な改良は，新しい発射装置と弾薬筒であったが，これらはすでに西洋で広く使用されていた。撃針は，今や弾薬筒の基底の縁(へり)よりも中央部にある雷管を打撃した。したがって，発射に失敗する可能性は，少なくなった。[*28] しかしながら，1890年，中央点火式レミントン銃と呼ばれたような新型ライフル銃は，しばしば発射時に銃尾の爆発が発生すると報告され，

139

銃尾の仕組みか遊底（bolt）に欠陥があることを示していた。軍隊はそれを使いたがらなかったし，1884年以来生産された1万5,000挺のうち1万2,000挺か1万3,000挺は，上海や南京で依然としてお蔵入りになっていた。江南製造局の督辦達は，新型ライフル銃は，銃尾の爆発からライフル銃兵を保護するため，一つ一つに保護物を着けることで使用可能になると提議した。ライフル銃一挺の修正に要した作業費と材料費は2両であった。言い換えると，お蔵入りしているすべてのライフル銃に2万両から3万両を要したのであった。南北洋大臣は，いずれも中央起爆式レミントン銃の修正計画を是認した。しかし，この時までに，小火器のいっそうの技術的進歩は，これらの兵器をも時代遅れにしていた。防御物が付けられたライフル銃は，ただ平和時の日常訓練のために使うのなら申し分なかろうと予想された。*29

　中国の軍隊が，江南製造局製のレミントン銃を捨て，より優れた輸入ライフル銃の方を選び始めたので，新型弾薬の需要が創り出された。1882年，江南製造局はモーゼル式の弾薬筒の生産を開始し，1885年までに，リー式ライフル銃およびシュナイダー式ライフル銃のための弾薬筒も生産された。その間，製造局は，依然使用されているレミントン銃のために弾薬を生産し続けた。江南製造局は，弾薬筒製造機そのものを製造しなかったので，弾薬筒生産の多様化により，新しい機械のための支出が漸次増加していった。そしてそれは，1880年に始まったのである。*30（付表Ⅰ-5を参照のこと。）

　1881年，新しい水雷工場が高昌廟に創設され，電気的に大爆発させる水雷の生産が始められた。*31 1884年には，電気的に活性化された水雷が，龍華の火薬工場施設で製造され，工場施設は依然として外国人監督の管理下にあると報告された。*32

　1875年から1885年までの10年間，江南製造局から配給された武器・弾薬の大部分は，南洋大臣に従属する艦船や部隊に送られた。馬尾(ばび)におけるフランス軍との海戦に参加した艦船のうち5隻が，江南製造局で装備された。江南製造局で建造された「馭遠(ぎょえん)」は沈められた。南洋での残った武器・弾薬の配給は，長江下流沿いの要塞や両江にある倉庫・部隊に送られた。*33（付表Ⅰ-4を参照のこと。）

140

[第6章] 新海防政策の下での兵器生産（1875～1885）

　この期間中，北洋大臣に従属する部隊も，江南製造局から配給された武器・弾薬を受け取った。しかし，北洋艦隊の中で，江南製造局の生産物が供給された船はなかった(付表I-4を参照のこと)。1880年以降，北京向けの船積み荷は著しく減少していたが，このことから，李鴻章が江南製造局の生産割当を支配する権力を失っていたと推論することはできない。1881年以前の江南製造局から北京向けの船積み荷の調査によると，最も重要な品目は，レミントン式ライフル銃と弾薬筒であった。1881年の初め，李鴻章は，時代遅れになった江南製造局製のレミントン銃に不満を表し，天津機器局はレミントン式弾薬筒の生産を徹底的に縮小し，モーゼル銃用の弾薬を生産することに変更した。この型は江南製造局では1882年になるまで生産されておらず，当時，生産量は天津機器局の約10％に過ぎなかった。それだけでなく，天津機器局は，火薬，水雷，ライフル銃用の弾薬筒，砲弾のすべての生産で，江南製造局よりはるかに勝っていた。新型の沿岸防衛用アームストロング砲を除いて，李鴻章は，江南製造局で生産される品目を手に入れたいと思わなかったか，あるいは必要としなかった。しかし，アームストロング砲には興味をもっており，他の配給が中止になってからも，北京にアームストロング砲を送らせ続けた。1880年，8門の40ポンド砲が送られた。1881年，4門の120ポンド砲が送られ，1882年，後者がさらに5門送られた。[*35]

　1883年，南北洋を除いた他の地域に対し，武器の供給が始まった。しかし，相当量にまで達したのは，1884年と1885年だけであった。1884年の初め，総辨の邵友濂（しょうゆうれん）は，フランス軍との間に戦火が開かれ〔清仏戦争〕，防務が厳戒下に置かれるなか，江南製造局の生産活動は，よりいっそう繁雑になったと報告した。江蘇省が必要とする兵器のすべてを配給するのに加え，北洋および広西（カンシー），雲南，福建，台湾，浙江，江西の諸省に配給していた。そして，戦争地帯に輸送された部隊は，それを装備していた。それでもやはり，清仏戦争の間，江南製造局と他の中国軍事工場の生産は，中国軍が必要とするものを満足させるにはまったく不充分であった。戦後，中国軍の武器供給の責任の大部分を負っていた両広総督張之洞（ちょうしどう）〔任期1884年9月～1889年8月〕は，兵器が不足していたので，巨額の金銭を惜しまず，欧米から広く良質の兵器

を買い求めたと報告した。1885年の後半，南洋大臣曾国荃（任期1884～1890）および他省の指導者に下された上諭に，前年，江南製造局，福州船政局，広州機器局に総額84万両が費やされたが，それでもやはり，中国軍に必要な大量の兵器が別々に購買されなければならなかったとある。[*36]

清仏戦争期，江南製造局で最も重大な生産不足を招いたのは，近代的な野砲と小火器であった。これらの軍需品目の大規模で近代化された生産は，新しい技術と新しい装備を必要とした。1880年代の一般的な値段で言えば，後者に，38万両以上を要した。[*37] 江南製造局は，莫大な財源を有しながら，この費用を賄うことができなかった。事実，1880年以後，収入が著しく増加した時に生産は沈滞した。汽船の整備に必要な経費，そして，南洋大臣の側で緩慢に失われていった思考であるが，製造局の設備を小型汽船の建造に使用しようとする考えは，兵器生産へと移行する間に製造局の財政力を弱体化させた。それだけでなく，緊急に必要な兵器製造機を獲得するために使用されることができた財源は，現下の生産費によって使い果たされた。原料のほとんどは外国から輸入されたのであるが，その費用は，江南製造局の財源の最も大きな部分である約41％を浪費した（付表Ⅰ-5を参照のこと）。ここで根本問題は，国内の炭鉱業と鉄鋼業の未発達であった。1874年，李鴻章はこの事実に触れていた。1885年においてもなお同じ状況であった。材料費も，購買の際に下級官吏の間で行われた不正行為により上昇した。

支出のうち別の34％は，人件費に充てられた[*38]（付表Ⅰ-5を参照のこと）。高い人件費は日本や米国のような他の諸国における初期の近代兵器工業でも見られたが，これらの諸国で高い費用は高い生産性を伴っていた。[*39] ところが，江南製造局では事情が異なっていた。大砲の訓練生は，この数年間に300名以上増加した。彼らが何をしていたのかはまったくわからないが，官員の増加も著しいものがあった。この10年間，官員の給与はほとんど倍増し，年額3万8,000両から7万両以上になった。外国人の人員も，もう一つの重要な支出項目であった。なぜなら，依然として江南製造局は，新任の外国人技術者に依存して生産を更新しなければならなかったし，火薬生産のように首尾よく確立した分野は，外国人の管理下で存続したからである。製造局は外

[第6章] 新海防政策の下での兵器生産（1875～1885）

国人技術者に高給を支払ったが（1年に2万両から3万両），外国人は製造局の管理者が得ようとした卓越した生産をもたらしてはいなかった。[*40]

　現行の生産費および人件費は，江南製造局の財源の75％を消費していた。残りは，建築，設備の購買，軍需品の購買，そして輸送に充てられた。江南製造局は，野砲やライフル銃の生産を含めた技術的な問題を解決するためにその莫大で不安定な収入を集中することができなかった。もし，この10年間に新しい設備を入手するため費やされた銀両のすべて（約31万両）が，生産不足の改善に必要なライフル銃および野砲の製造機を購買するために使われていたとしても，その総額は，見積もられた38万両になお遠く及ばなかったであろう。これに加えて，より多くの資金が，新しい技術者，材料，建物のために必要であったろう。発展途上の経済環境において近代的機械工業の操業に要した高い費用は，江南製造局から財政力を奪い去り，海防のための生産を近代化するのに必要な資本投資を妨げたのである。

金陵機器局と火薬工場

　1875年5月の海防令は，金陵機器局も南洋大臣の支配下に置いたが，それは有名無実であった。じつは，1879年まで，この工場施設は，ほとんど完全に北洋大臣李鴻章に支配されていた。李鴻章は機器局を創設し，淮軍経費から生産を維持するのに必要な資金の大部分を供給し続けた。同様に，1879年まで，金陵機器局の烏龍山工場も，その創設者である南洋大臣により支配された。その年，二つの工場施設は合併され，南北共同の資金計画が実施された。この計画は，毎年10万両の経常収入を供給するものであった。その内訳は，江南製造局に供給していた江海関の二成洋税から5万両，南洋海防経費から3万両，揚州の淮軍収支局から2万両であった。江海関から供給された5万両のうち3万両は，以前北洋のために指定されていた。揚州の淮軍収支局から供給される2万両も，北洋の資金であった。残りは，南洋からの資金であった。[*41]財政上の負担を明確にしたのは，おそらく前年に発生し

た南洋海防経費の南洋への返還と関係していた。金陵機器局の支援は南北洋に分担されていたが，1879年から1885年まで北京に提出された財務報告は，南洋大臣が署名していた。このことは，正式の監督責任が南洋に移っていたことを意味した。[*42]

1884年，年間の経常収入が1万両に増加した。その内訳は，江蘇省に駐屯する淮軍部隊に必要な軍需品の生産費を支払うための地方防衛費からの5,000両と，河沿いの要塞に必要な兵器の生産費を支払うための海防経費からの5,000両であった。この経常収入に加えて，少額の銀両が，他の諸省に供給する兵器と引き換えに受け取られた。1881年から1882年，南洋大臣は，機器局に対して5万6,047両の分配を追加した。その目的は，江南の要塞に向けた，水雷，導火線，雷管の増産に必要な設備と原料を購買するためであった。1879年から1885年までの時期の年間収入は，10万両から15万両程度の間を行き来した。[*43]（付表Ⅰ-7を参照のこと。）

金陵機器局が最初に烏龍山の工場を統合した時，三つの機械作業場，二つの錬鉄作業場，二つの木工作業場から成っていた。1885年までに施設は拡大し，小火器・弾薬工場，施条砲を生産するための工場施設，銅を加工するための機械工場，そしてもう一つ別の木工作業場を含んでいた。1877年，外国人教習の監督の下で，電気を使って爆発させる水雷を生産する付属工場が創設された。しかし1879年，その外国人教習の契約の期限が切れた時，財政的な限界が更新を妨げた。翌年，付属工場は閉鎖され，電気を研究するための学校〔電学館（でんがくかん）〕に変わった。その後，金陵機器局で唯一の外国人は，江南製造局から定期的に派遣された人達であった。その間，1874年から1881年まで，機器局における中国人労働者は，200名から700～800名の間までに膨張し，人件費と行政費は，年間支出全体の40～50%の間まで上昇した。[*44]

1880年代の初め，金陵機器局は，大砲，水雷（品質は疑わしい），外国式の小火器，マスケット銃（gingal），砲架，砲弾，雷管，ガトリング砲，ノルデンフェルト式1インチ四連装機砲を製造していた。生産は，高価な輸入石炭に依存していた。生産物の配給は，南北洋の防衛軍および沿河の守備軍に

[第6章] 新海防政策の下での兵器生産（1875～1885）

対して行われた。江南製造局と同様に，金陵機器局は，戦時中の数年間，通常の配給方式を破った。1884年7月末あるいは8月から，金陵機器局は，広東，雲南，浙江，台湾，湖北，江西に対し，70件の中型・軽装兵器と100挺のマスケット銃の配給を始めた。[*45]

金陵機器局は，淮軍の部隊に各種兵器を配給したが，火薬はまったく生産しなかった。1878年を通じ，両江の諸省に配置していた淮軍の部隊は，1年当たり20万から30万ポンドの黒色火薬と100万個あるいはそれ以上の雷管の配給を天津機器局に依存していた。その暫く後，おそらく江南製造局がこの配給の責任を引き受けた。しかし，1881年，南洋大臣劉坤一は，江南製造局の火薬生産量が両江の諸省に駐屯する多様な防衛軍の需要を満たさず，とりわけ淮軍の諸部隊に顕著に現れていることに気付いた。外国製火薬の費用はひどく高かった。その結果，その年の末，劉坤一は金陵機器局道員の龔照瑗（きょうしょうえん）ともう1人の官員に対し，双橋門の近隣にある機器局の東側に洋火薬局を設立することを命じた。[*46]

1日当たり1,000ポンドの黒色火薬を生産可能な機械類が，イギリスの商社から購買され，ブレースガードゥル氏の監督の下で取り付けられた。1884年，18万2,875両の費用で工場は完成し，資金は地方防衛費と海防経費から供給された。南洋大臣が，完全に支配した。1884年6月に生産が始まって以来，4万両の通常の操業費は，毎年地方防衛費から供給された（付表I-8を参照のこと）。当初の生産は，江蘇に駐屯する軍隊に向けて為された。1884年6月金陵機器局で生産を開始した火薬が，清仏戦争の際，中国軍に届いていたかどうかは，断定できない。[*47]

金陵機器局の業績は，江南製造局が強い印象を与えたのに比べ，はるかに劣っていた。収入は少なく，生産は限られ，後方支援上の重要性は副次的であった。江南製造局は重火器生産に切り替えたが，金陵機器局では外国人経営から中国人経営に移行し，北洋の支配から南洋の支配へと移行した。諸経費は江南製造局よりずっと高くついた。そして，江南製造局では優れた生産を確約することが近代化のため奮闘する動機付けとなったが，金陵機器局にはそれが欠如していたように思われる。その理由は，史料からは容易に見え

てこない。しかしながら，一つの要因は，おそらく1879年における外国人教習の引き揚げであろう。その後，経営陣と官員は，生産を絶え間なく近代化するための必要条件との接触を失ったように思われる。その結果，時代遅れのマスケット銃とガトリング砲が同時に生産され続けた。金陵機器局で一つの希望の光は，火薬工場施設であった。1880年代中頃，この工場施設に新しい外国製機械が急いで設備され，淮軍と両江諸省の他の防衛軍が必要とする火薬が生産された。

天津機器局

　海防令が下されたことで，北洋大臣李鴻章の天津機器局に対する独占的支配も確立した。金陵機器局は，多様な中小口径の大砲を生産したが，天津機器局は，火薬，弾薬，水雷の重要な生産主体であった。この10年間の天津機器局での操業は，李鴻章が1874年末の海防上奏の中で表現していた戦略を反映していた。李の戦略では，高価な製造機械類の購買は，国内で原料の供給源が開発され，その結果操業費が低く抑えられるまで延期されるべきものとされた。

　天津機器局の収入を支えたのは，津海・東海両関の四成洋税であった。1873年，中国最初の商業汽船会社である輪船招商局が設立されて以後，招商局の汽船が運ぶ外国貿易から徴収される税の40％が分配されたことで，収入は増大した。しかし，1878年に李鴻章が説明したように，これは実質的な増加ではなかった。1876年まで，招商局は外国の荷物を大して運ばなかった。この年，招商局は旗昌輪船公司（Russel Steamship Line）の船を購買し，その貿易を引き継いだ。旗昌輪船公司が運ぶ貨物に対し課された税は洋税収入から消失し，招商局の貨物に対し徴税する際，ふたたび現れた。輪船招商局からの徴税額と一緒にしたとしても，1878年における洋税収入からの歳入の総額は，わずか16〜17万両であった。洋税収入の不足は，1876年から1881年に至るまで海防経費から補充され，その後，西北の辺境防衛

[第6章] 新海防政策の下での兵器生産（1875～1885）

費および諸省への軍需品販売の売上げから補充された。天津機器局の歳入の総額は，1876年の25万両足らずから，1885年には35万両を上回るまで増加した。[*48]（付表I-6を参照のこと。）

　天津機器局の収入について最も重要な事実は，その規模であった。中国で2番目に大きい軍事工場で利用可能な操業資金は，最大の軍事工場が利用できる操業資金の1/3から1/2にすぎなかった。第二に，天津機器局はさまざまな財源から援助を受けていた。津海・東海両関が，毎年機器局に収入を供給していたが，総額30万両の歳入を維持するため，李鴻章は他の財源から10万両以上を工面する必要があった。

　この収入は，天津機器局における通常の生産と設備の近代化の両方を支援した。1876年までに生産設備は完成し，機器局は，「通常の」操業と称される4年間に入った。すなわち，1876年から1879年に至るまで，天津機器局は，主に火薬と弾薬を生産するために，平均23万6,440両の歳入を使用した。この歳入は，洋税収入と北洋海防経費から得たものであった。1876年から1879年までの年間生産量は，平均すると，144万3,500万発の小火器用弾薬，3,626万5,000個の雷管およびその他の点火装置，6万9,000ポンドの砲弾，そして60万9,000ポンドの火薬であった。この4年間に，合計520挺のライフル銃と650個の水雷も生産された。これらの軍需品は，北洋の海防貯蔵庫，直隷や山東に駐屯する淮軍・練軍の部隊，防衛のため他省に移動させられた軍隊，そして熱河(ねっか)，察哈爾(チャハル)，奉天，吉林，黒竜江の諸省へと絶えず配給された。1879年までに，20万～30万ポンドの黒色火薬と100万個の雷管が，江南諸省に駐屯する淮軍の部隊へ毎年船で輸送された。毎年，天津機器局は請求されしだい諸省の政府にも少量の弾薬を供給し，それによって別個の補償金を受け取っていた。[*49]

　近代化は，これらの数年を通じて継続した。しかし，その特徴は，全面的変革というよりは，修正あるいは改良であった。ライフル銃用弾薬の生産は，雷管に取って代わり始めたが，それは元込め式小火器の使用が増進した自然の結果であった。1879年にはレミントン式ライフル銃の生産が中止されたが，その理由は，生産費が購買費よりはるかに高くつくからであった。1876

年，電気で起爆させる水雷を生産するための設備が，外国人指導者の監督の下で創設された。生産された水雷は有用であった。他の電気式の装置も造られた。中国でその種の生産がなされたのは，初めてであった。1879年には硫黄化合工場施設が付設された。[*50] これらの改良を実行する費用は大きくなかった。つまり，新しい設備のために，費用はかからなかった。建設費に費やしたのは総支出の5%に及ばなかったが，59%が原料の購買に使われた。そして，その半分以上が国外で購買された。人件費は残りの約36%を費やした。国内の人件費は増加し続けたが，外国人の人件費はわずかに減少した。こうした傾向は1880年と1881年の間，継続した。[*51]

1876年から1879年に至るまで，天津機器局は，現存する収入および技術的な状況の割に，総力を尽くして生産していた。1880年以後，李鴻章は生産量を増大し，配給を拡げ，近代化を実行するために，収入を増やし，技術的状況を改善しようと試みた。1880年10月，機器局は西北の辺境防衛費から毎月1万両の追加支給を受け，鮑超の率いる霆軍のために軍需品を生産することが認められた。鮑超の率いる霆軍は，天津から山海関に配置され，リヴァディア条約を中国が拒否した結果生じるであろうロシアの威嚇的侵入に対抗するための軍隊であった。1881年の冬に霆軍が解散された時，毎月1万両の供給は継続され，辺境の庫倫，察哈爾，熱河を防衛するための軍需生産を支援した。1882年，天津機器局は，北洋の海防部隊と淮軍・練軍に対する正規の配給に加え，火薬と弾薬の大量の船積み荷を西北のタルバガタイに駐屯している中国軍および朝鮮にいる中国人軍事顧問団に送った。神機営〔1862年に編成された北京防衛軍〕によって設立された小さな軍事工場のために，旋盤など20台が製造された。次の年，李鴻章は北洋海軍の新船に向けた軍需品の生産を支援するための若干の辺境防衛費を得ることに成功した。この資金供給は，1884年および1885年，フランス軍による華北攻撃の脅威に備えるため，北洋の軍隊と諸省のための兵器生産が増強された時，継続された。[*52]

生産を増大し配給を拡げるための苦闘が進行するにつれて，火薬・弾薬の生産設備を最新式にするためいくつかの重要な処置がとられた。1881年の

[第6章] 新海防政策の下での兵器生産（1875～1885）

間に綿火薬を生産するための硝酸工場施設が建設された。新しい綿火薬は，それまで生産されていた火薬の2倍の爆発力があった。そのことは，将来ゆっくりと燃焼する火薬を生産することを容易にした。翌年には，酸類を生産するための新しい工場設備が付設された。機器局は，関連分野における近代化活動も指揮あるいは促進した。1881年，水雷局での電気研究が進んだ結果，水雷と電信の研究のために電報・水雷学堂が設立された。そしてその年，水師学堂が新しい北洋海軍に必要な人材を満たすために計画され，機器局の中で開講された。*53

李鴻章は，華北で天然資源を掘り出す機械の使用を通じて，国産原料を増やそうと試みた。もっとも，天津機器局がもし仮に資金を提供するとしても，どれ位の資金を提供するかははっきりしないのであるが。早くも1874年，天津機器局は，国産の石炭を購買し始めた。1883年，天津機器局の王徳均は，大運河から約25マイル離れた場所に位置する山東省嶧県の炭鉱に吸水機を導入した。そして，李鴻章は炭鉱から水を取り除いた後に高品質の石炭が抽出され，南北洋の軍事工場や汽船に供給できることを期待した。1882年，李鴻章は，外国から購買するより，むしろ直隷の平泉州で吸水機を使用して銅鉱を復興し，その地から機器局が必要とするものを満たすことを促進した。これは，商業資本が出資し政府が管理する企業（官督商辦企業）となるはずであった。しかし，平泉からの銅の供給は，1884年の末まで開始されなかった。そして，その時，機器局の戦時下の生産は，不運なことに戦争のため華南から銅の移動が途絶えた影響を受けたと報告された。他の金属は，1881年か，おそらくそれ以後も外国から購入された。*54

海光寺には造船事業も存在したが，非常に限定されたものであった。1880年代の初め，最初の船である浚渫船が完成した。のちの記録によると，その浚渫作業はすこぶる効果的であった。1882年までに，130馬力にして全長82フィートの汽船が2隻完成していた。船には水雷を布置していた。*55

1879年以後生産量が不足していたにせよ，天津機器局での生産は，比較的成功していたように思われる。北洋大臣李鴻章の注意深い判断の下で，限られた財源は，朝鮮から遠く西北までの軍隊に配給される火薬・弾薬の生産

に集中されていた。小火器の生産は中止された。重火器の生産は，始められることはなかった。そして，外国人顧問のための費用は切り詰められた。最初は電器設備が生産され，そして近代的工業技術が機器局の人員により経済の関連部門に導入された。1874年に李鴻章が海防上奏の中で唱えた戦略は，国内の原料工業が近代化されるまで，火薬と弾薬の生産に集中し，施条式重火器は生産を延期するというものであった。その手堅さは，天津機器局の業績により証明されたと言ってよかろう。

結　論

　清仏戦争に先行する10年間，南北洋大臣に従属する軍事工場での生産は，不均等に発展した。1885年，江南製造局は近代的兵器を生産する中国唯一の工場施設であった。毎年の生産品は，二，三の有用ではあるが時代遅れとなった沿岸防御砲，そして幾千もの部分的に欠陥のあるライフル銃を含んでいた。しかし，江南製造局は地上部隊の使用に適した近代的大砲を生産しなかった。この生産部門は金陵機器局が当たっていた。金陵機器局では，比較的新しいガトリング砲や前近代的なマスケット銃だけでなく，多種の特徴のない中小口径の大砲が生産された。火薬，多種の弾薬筒，大砲用弾薬が，天津機器局の大規模な火薬工場と江南製造局の龍華工場で生産され，成功を収めた。金陵機器局は新たに創設された火薬工場〔洋火薬局〕と共に，黒色火薬，先込め小火器に使用する雷管，そして多くの種類の大砲用弾薬を生産した。

　軍事工場が別々の生産任務を引き受け，南北洋大臣の分掌管理下に置かれるようになると，軍事工業の中で全体を調整する必要がより緊要になった。金陵機器局での共同出資を準備する際に見られたように，この10年が始まった時，李鴻章は，南洋大臣と共に軍事工場の事業を計画する任務に撤していたように思われる。このことは，1880年代，江南製造局と金陵機器局が次第に異なった道を進むようになるにつれて幾分変化した。南洋の軍事工場における結果は有望からはほど遠かった。そのうえ，軍需品およびその製造機

[第6章] 新海防政策の下での兵器生産 (1875～1885)

械を中国全域で標準化するという関連問題が重要になる可能性があった。李鴻章はこのことに気が付いていた。そして，10年前に天津機器局でそれに対処しようと試みた。しかし，李鴻章と南洋大臣は今や南北洋の間に一律の標準を押しつけようとする清朝政府を回避した。武装部隊の非標準化は，江南製造局で幾種類もの弾薬を生産することをすでに余儀なくさせており，軍事工場内部の問題となった。この問題は，装備と兵器の両方を含んでおり，軍事工業を20世紀に至るまで悩ませた。

註

* 1 『海防档』丙，147頁。『洋務運動文献彙編』第二冊，379頁；第四冊，42～45頁。『沈文粛公政書』巻7，60～61頁。『李文忠公奏稿』巻32，5～7頁。
* 2 『李文忠公奏稿』巻31，10頁。『洋務運動文献彙編』第二冊，378～380頁。
* 3 『洋務運動文献彙編』第二冊，463頁，467頁，489～494頁。
* 4 『李文忠公奏稿』巻39，30～36頁。『洋務運動文献彙編』第二冊，500頁，508～509頁。孫毓棠編『中国近代工業史資料』第一輯，291頁。*The North China Herald and Supreme Court and Consular Gazette*, September 27, 1881.
* 5 混合発動機（compound engine）は，1860年代西洋で広範に使用された。それは二つのシリンダーを持ち，そのうちの一つは別の方より大きかった。蒸気は，小さい方のシリンダーの中で高い圧力で使用され，それから低い圧力で大きい方のシリンダーを通過する。蒸気を二度使用することで，燃料の消費は，約25％減少する。1870年代，三度の膨張発動機が導入された。これによって蒸気を三段階に使用することでより大きな効果が得られた。H. W. Wilson, *Ironclads in Action, Naval Warfare 1855-1895*, p.389; *Encyclopedia Britannica*, 1963, XX, p.529.
* 6 『洋務運動文献彙編』第二冊，535～536頁；第四冊，51～52頁，62頁。
* 7 『洋務運動文献彙編』第二冊，567頁；第三冊，1頁；第四冊，57～59頁，60～62頁，64～66頁。『李文忠公海軍函稿』巻1，10頁。
* 8 『中国近代工業史資料』第一輯，317～319頁。『洋務運動文献彙編』第四冊，185頁。
* 9 『洋務運動文献彙編』第四冊，62頁。〔訳註：典拠によれば，「保民」建造費の内訳は，①江南籌防局が南洋海防経費から供給する16万両，②江寧布政使衙門が塩票から供給する5万両，③江寧布政使衙門が江海関の二成洋税から供給する1万3,800余両である。合計すると，22万3,800余両となる。〕

*10　魏允恭編『江南製造局記』巻2，1頁。『洋務運動文献彙編』第四冊，49頁。陳真編『中国近代工業史資料』第三輯，77頁。

*11　『中国近代工業史資料』第三輯，77頁。

*12　『李文忠公奏稿』巻32，5頁，7頁。

*13　『洋務運動文献彙編』第四冊，51～62頁，270頁。

*14　『江南製造局記』巻2，1頁，31～32頁。

*15　『洋務運動文献彙編』第四冊，43頁，45頁，48頁，57頁。『江南製造局記』巻3，6～17頁。

*16　1850年代までに，施条砲（rifled gun）は，西洋で広範に使用されていた。施条により発射体に回転を与えて安定化させることで，精度はさらに高まった。鋼鉄はより大きな火薬の爆発力に耐え得る強度を備えているので，長らく最も望ましい兵器の材料として認知されてきた。しかし，19世紀の中頃に至るまで，兵器生産に量質共に必要な鋼鉄を生産する方法は，開発されていなかった。1850年頃，ドイツのクルップ社は，全鋼製の大砲をはじめて製造した。*Encyclopedia Britannica*, 1967，Ⅱ，pp.533-34; 11th Ed., 1910-1911, XX, pp.189-218。

*17　19世紀中頃，英国やアメリカ合衆国で，錬鉄や真鍮から造られた砲身を強化するために新しい方法が考案された。錬鉄と真鍮は，当時最も広く使用された兵器用材料であった。その中で最も成功したのは，金属を溶解して造った環帯を使って，火薬の爆発力が最も大きくなる基部に近い砲身を引き締める補強方法であった。環帯は冷却されるにつれて，砲身を引き締め，加圧した。火薬の爆発力は，金属製の砲身によってだけでなく，外側の環帯により創出された圧縮力により打ち消された。この方法は，英国のアームストロング工場によって採用されたもので，1860年代末と1870年代初めに，内側の鋼鉄製砲身の上に錬鉄製の環帯を引き締めた。ドイツのクルップ工場は，鋼鉄製砲身の上に鋼鉄製環帯を引き締めることによって，さらにいっそう向上した。19世紀中頃，大砲の大きさが大きくなるに伴い，砲口からの装填は，より遅く，かつ煩わしくなった。一撃するごとに，大砲は，新たな装填を砲口に突き落とし，薬室の中に詰め込むことができるように適切な位置に置かばならなかった。それから，大砲は，もう一度位置を定め，照準を定めなければならなかった。1860年代および1870年代，アメリカ合衆国，フランス，スペインにあるクルップ社は，この遅延を取り除く後装システムを創り出した。英国のアームストロング工場は，前装砲を生産し続けた唯一の主要軍事工場であった。*Encyclopedia Britannica, 1967*, Ⅱ, pp.533-34 ; 11th Ed., 1910-1911, XX, pp.189-218。

*18　甘作霖「江南製造局簡史」『東方雑誌』第11巻，第5号，46～48頁（1914年11月）。Boulgar, *The Life of Sir Halliday Macartney*, p.188.『李文忠公朋僚函稿』

[第6章] 新海防政策の下での兵器生産 (1875〜1885)

巻13, 27頁 b。『李文忠公奏稿』巻24, 14〜15頁。John L. Rawlinson, *China's Struggle for Naval Development 1839-1895* (Cambridge, 1967), p.69.
*19　Boulgar, *The Life of Sir Halliday Macartney*, pp.232-243.
*20　『洋務運動文献彙編』第四冊, 30〜31頁。
*21　この恐れは多分, よく知られた彼の大沽の悲劇への懸念だけでなく, 李鴻章が海防上奏の中で表した重火器に関する悲観的な立場に基づいていたのであろう。もしそのような計画が存在したなら——それは, ありそうではないようだ——疑いなく高昌廟の工場施設の撤去に限定したであろう。というのも, 李鴻章は, 龍華での火薬と弾薬筒の生産を非常に重視していたからである。
*22　甘作霖「江南製造局簡史」, 46〜48頁。『海防档』丙, 101頁。
*23　劉錦棠編『清朝続文献通考』(台北, 1965年), 巻238, 9831頁。
*24　甘作霖「江南製造局簡史」, 46〜48頁。馮焌光『西行日記』(1881年), 4頁。『李文忠公朋僚函稿』巻18, 18頁。『李文忠公奏稿』巻32, 5〜9頁。『江南製造局記』巻2, 1頁。
*25　*North China Herald*, December 28, 1878; *North China Herald*, July 22, 1879.『中国近代工業史資料』第一輯, 300〜301頁。
*26　『江南製造局記』巻2, 1頁；巻3, 1頁。施条兵器は, 新型の弾薬を必要とした。球形の砲弾 (spherical shell) が滑腔カノン砲に込められた時, 起爆装置 (fuse) は砲口の方に置かれ, 砲弾は発射火薬の上に置かれた。砲弾の取り付けがゆるいので, 火薬の爆発から白熱ガスが前方に漏れ出て, 起爆装置に点火することができた。施条式砲身の採用により, 胴体部が円筒で頭部が円錐形の砲弾 (cylindroconoidal shell) を取り付ける一室 (a snug) の使用が必要であった。すなわち, 砲弾が腔綫（こうせん）の回転作用を受けるように取り付けた室であり, 施条が球形の砲弾の飛行にそれほど大きくは作用しないことがわかったので, 胴体部が円筒で先が円錐形なのであった。そのような砲弾は, 白熱ガスが起爆装置を点火させることのできた前方への白熱ガスの漏れを許さなかった。これに対する答えは, 反動起爆装置 (setback fuse) であった。これには, 砲弾の内部での爆発を導く, 雷管, 浮動性〔ばねを使わずに作動させるの意〕の撃鉄 (free-floating striker), パウダー・トレイン〔遅延時間を調節する働きがある〕を含んでいた。これらの構成要素は, 砲弾の円錐形頭部の中にあった。発射火薬の爆発が砲弾を前方に動かした時, 慣性により浮動性の撃鉄は動きを妨げられ, それから雷管と衝突し, パウダー・トレインを発火させた。信管 (detonating fuse) は, この原理の逆であった。この中に, 浮動性の撃鉄が雷管の後部に位置しており, そして, 砲弾の飛行が遮られた時, 雷管を打撃しパウダー・トレインを発火させるように, 慣性により前方に達した。あらゆる施条兵

153

器は，反動起爆装置か信管を備えた胴体部が円筒で頭部が円錐形の砲弾を必要とした。*Encyclopedia Britannica*, 1967, Ⅰ, pp.801-804; 11th Ed., 1910-11, Ⅱ, pp.866-873.

*27 甘作霖「江南製造局簡史」，46〜48頁。『江南製造局記』巻3，13頁，14頁，16頁。

*28 周辺起爆式弾薬筒 (rim fire cartridge) は，1840年代に開発された。周辺起爆式弾薬筒は，弾薬の底面の縁を取り囲む空洞の中に雷酸水銀を有した。先の鋭く尖った撃鉄からの一撃は，弾薬を作動させた。雷酸水銀が縁の空洞の周囲に均一に散布されることを保証するのは困難であった。もし，そうならず，かつ撃鉄が雷酸水銀のない部分を打撃すれば，不発が発生した。英米の1850年代後期と1860年代に，中央起爆式弾薬筒 (center fire cartridge) が，この危険を克服するために開発された。中央起爆式弾薬筒は，小さな鉄床で補強された起爆薬の雷管を含んだ基部にくぼみがあった。引き金を引くと，銃尾の遊底を通じて作動する撃鉄が，これらのいずれかを打撃し，発射火薬を発火させる爆発を引き起こした。*Encyclopedia Britannica*, 1967, XX, p.673.

*29 『李文忠公朋僚函稿』巻20，4〜5頁。『江南製造局記』巻3，1頁，66〜67頁；巻7，10頁。

*30 『江南製造局記』巻3，12〜16頁。

*31 電気的点火は，19世紀の水雷技術で最も重要な発展であった。水雷が一撃を加えられた時，酸性の溶剤が放出された。これは，電気雷管 (electric detonator) を発火させる電流を作り出す一次電池のための電解質となった。この水雷の長所は，それが一撃を加えられるまで完全に不活性であり，それゆえ耐用期限に制限がなかったことであった。*Encyclopedia Britannica*, 1967, XV, p.495.

*32 『江南製造局記』巻2，1頁；巻3，1頁。*North China Herald*, March 3, 1884.

*33 John L. Rawlinson, *China's Struggle for Naval Development 1839-1895* (Cambridge, 1967), pp.116-119.

*34 北洋艦隊に属する船の一覧表は，Spector, *Li Hung-chang and the Huai Army*, p.193, を参照のこと。この一覧表で，北洋が1871年に獲得した船として「操江」を載せているのは，不正確である。『洋務運動文献彙編』第四冊，38頁に拠ると，「操江」は，1878年南洋に属していた。

*35 『李文忠公朋僚函稿』巻20，3〜5頁。『李文忠公奏稿』巻46，16〜17頁。『江南製造局記』巻3，10〜12頁。

*36 『洋務運動文献彙編』第四冊，51頁。『張文襄公全集』（台北，1963年）奏議，巻11，16頁。陳真編『中国近代工業史資料』第三輯，11頁。

*37 『張文襄公全集』電稿，巻11，9〜10頁。

[第6章] 新海防政策の下での兵器生産（1875～1885）

*38 　私は，この時期の人件費総額を概算するに当たり，南洋大臣により報告された1878年から1885年までの中国人官員への給与に，付表Ⅰ-5で与えられた技術工（外国人技術者を含む）の給与の数字を加えた。『洋務運動文献彙編』第四冊，44頁，47頁，50頁，54頁，58頁，61頁。付表Ⅰ-5における中国人官員の給与額は，建設費の支出と一纏めにされており，切り離すことはできない。それで，1876年から1885年までの間の人件費を概算した総額は，1876年および1877年の官員の給与を含んでおらず，実際の金額より幾分少なくなっている。

*39 　Felicia Johnson Deyrup, *Arms Makers of the Connecticut Valley, A Regional Study of the Economic Development of the Small Arms Industry*（Northampton, Mass., 1948), pp.206-208. 三枝博音『現代日本文明史』第14巻，技術史（東洋経済新報社，1940年），200頁。

*40 　『洋務運動文献彙編』第四冊，44頁，47頁，50頁，54頁，57頁，61～62頁。

*41 　『洋務運動文献彙編』第四冊，185頁。『海防档』丙，406～408頁。機器局に供給された3万両は，江南籌防局（ちゅうぼうきょく）による支払金を基金とする南洋海防経費と同一のものであった。江南籌防局は，南洋海防経費の支払機関として資金を供給していた。『洋務運動文献彙編』第四冊，62頁，参照。

*42 　『洋務運動文献彙編』第四冊，185～186頁，189～191頁，193～194頁，203～204頁，207～210頁。Stanley Spector, *Li Hung-chang and the Huai Army*, p.165, で，スペクターは，北洋の金陵機器局支配は，左宗棠が1882年に南洋大臣になって以後，「挑戦を受けた（challenged）」と考える。そうであったかもしれないが，金陵機器局における李鴻章の影響力は，共同資金計画から見て実質的なものであり続けていたように思われる。それだけでなく，1886年以来，李鴻章は，金陵機器局の報告者としての職責を果たし始めた。『洋務運動文献彙編』第四冊，209～210頁，213～215頁，216～217頁，220～222頁，222～224頁，225～226頁。

*43 　『洋務運動文献彙編』第四冊，189～191頁，193～194頁。

*44 　『洋務運動文献彙編』第四冊，185～187頁，194～195頁，203～204頁。Boulgar, *The Life of Sir Halliday Macartney*, p.219.『中国近代工業史資料』第一輯，328頁，332頁。

*45 　『中国近代工業史資料』第一輯，328～332頁。*North China Herald*, July 6, 1880.『洋務運動文献彙編』第四冊，185～186頁。

*46 　『李文忠公奏稿』巻31，12頁a；巻32，11頁b。1879年以降，南洋の部隊に送られた火薬の総量については，付表Ⅰ-4を参照のこと。火薬が積み込まれた蘇州・南京区域での多様な倉庫についての詳細は，『江南製造局記』巻5，11～24頁。『中国近代工業史資料』第一輯，335頁。

*47 『洋務運動文献彙編』第四冊, 188〜189頁, 196頁, 200〜201頁。*North China Herald*, April 2, 1884.
*48 『李文忠公奏稿』巻32, 11〜12頁。
*49 『李文忠公奏稿』巻31, 12頁a；巻32, 11頁b；巻33, 25頁b。『洋務運動文献彙編』第四冊, 253〜260頁。
*50 『洋務運動文献彙編』第四冊, 253〜260頁。
*51 『洋務運動文献彙編』第四冊, 253〜260頁, 265〜269頁。
*52 『李文忠公奏稿』巻43, 15〜16頁；巻45, 6頁；巻46, 21〜22頁；巻49, 6〜7頁；巻58, 38〜39頁；巻61, 39〜40頁。
*53 『李文忠公奏稿』巻42, 3〜5頁；巻46, 16〜18頁。
*54 『洋務運動文献彙編』第四冊, 251頁, 268頁。『李文忠公奏稿』巻40, 46頁；巻47, 10〜11頁。孫毓棠編『中国近代工業史資料』第一輯, 362頁。1882年以後の財務報告は, 輸送費や保険料を含めた購買を示しているが, 諸種の原料の明細を具体的に挙げてはいない。『洋務運動文献彙編』第四冊, 270〜271頁, 273頁。
*55 『洋務運動文献彙編』第八冊, 362頁。『李文忠公奏稿』巻42, 4頁a。

第7章
武器・弾薬生産の近代化
（1885〜1895）

海軍衙門大臣（左から善慶，醇親王奕譞，李鴻章）

[第7章] 武器・弾薬生産の近代化 (1885～1895)

　清仏戦争期，中国の軍備が不充分なことが明白となった。それで，多くの改革案が生み出された。その中で代表的なものは，1884年10月に翰林院編修の朱一新が提出した意見書であった。朱一新は，フランス艦隊が福州船政局を攻撃した数箇月前の惨事が繰り返されるのを避けるため，航行可能な水路沿いの安全な内陸地に新しい軍事工場を設立するよう力説した。朱一新の他にも同様の提議がなされた結果，その後の10年間，新しい軍事工場の建設が進行した。しかし，それにもかかわらず，中国の後方支援能力に大きな影響を与えることはなかった。[*1] (付表Ⅱを参照のこと。)

　ところが，朱一新の意見書には，先例を打ち破るもう一つの提案が含まれていた。朱一新は，クルップやマティーニ・ヘンリーにならい富裕な個人に会社の設立を認めることで，軍事工場発展のための資本が調達可能となるが，政府が厳格に監督し，私的販売を認めないことを提議した。朱一新は湖北こそそうした工場に適した場所であると陳べたので，その考えは，湖広総督卞宝第に対し論評するよう委託された。卞宝第は，同僚の曾国荃に助言を求めた。曾国荃は，1884年の初め，南洋大臣兼両江総督に任命されていた。曾国荃は，私的資本の使用に絶対反対であった。そして，中国では政府以外に兵器の市場はないのであるから，私的資本は浪費されやすいであろうと陳べた。より重要なのは，私的販売が行われない保証はしがたく，兵器が不法分子の手に渡らない保証もしがたいことを曾国荃が懼れたことであった。最後に，曾国荃は，商人集団は貪欲であるから，おそらく利益のため品質を軽んじる結果になるであろう，そして非常時に悲惨な結果をもたらすであろうと警告した。卞宝第は，曾国荃の意見を聞き入れた。そして，1895年に中国が惨敗する衝撃を受けるまで，これ以上私的資金について聞かれることはなかった。[*2]

　次の10年間，改革はむしろ革新的ではない目的によって導かれた。清朝政府は，1884年8月に馬江で海軍がフランス軍に敗北したことに怯んだため，1885年，海軍衙門を創設することで海軍の軍事行動と後方支援を中央集権的に制御する方向に動いた。光緒帝の父，醇親王奕譞が総理になった。新しい海軍を創設する資金を集めるため，海防経費が南北両大臣の制御から切り

159

離され，海軍衙門の下に集中された。北洋大臣李鴻章は海軍衙門の会辦(かいべん)大臣に任命され，南北両洋の海防経費はふたたび李鴻章の管理下に置かれた。それだけでなく，1887年5月の上諭は，海防に関連する目的で諸省より機械購入や資金充当を行う場合，すべて海軍衙門の認可を優先すべきことを明記した。その結果，李鴻章は，南洋の所管する機器局の顧問として昔の地位に復帰することになった。[*3] 近代化計画は，ふたたび認可を求めて李鴻章と南洋大臣に送付された。そして李鴻章は海軍章程に基づき，軍事工場の人員に対し報酬が賜与されるよう光緒帝に願い出た。

　諸省では，中国軍事工場が戦争中に後方支援の用を満たせないことに衝撃を受け，清朝宮廷の諭令により訓戒された。それで，近代化の基準を導入した南北洋大臣およびその他の指導者は，自分達の監督下にある軍事工場において生産を刺激し，かつ費用のかかる輸入原料への依存を低減させようと企てた。この点で最も著しく発展したのは漢陽槍砲廠(かんようそうほうしょう)であり，その計画は1885年に具体化した。漢陽槍砲廠は，原料工場，人員，兵器生産の均衡の取れた発展を含む戦略的工業化の新思考を代表していた。そして，新しい軍事工場の創設者は，張之洞(ちょうしどう)であった。ところが，漢陽槍砲廠は1895年になってはじめて生産に入ったので，この時とは別の時期に属しており，日清戦争（1894～95）の間，中国側の後方支援上の貢献をまったくしなかった。漢陽槍砲廠の生産開始に向けた奮闘は，日清戦争以前の中国自強運動の取り組みの一部であったにもかかわらず，それは本質的に中国軍事工業の発展における新しい一章，すなわち日清戦争後に展開した一章の序幕であった。[*4] 日清戦争以前の10年間，江南製造局，金陵機器局，天津機器局は，中国軍事工業の主力であり続けた。

江南製造局

　ライフル銃，沿岸防御砲，軽装野砲（light field artillery）について，先行する10年から江南製造局が受け継いだ生産問題は，製造局が生産力を近代

[第7章] 武器・弾薬生産の近代化 (1885～1895)

化し拡張するのに無力であったことから生じた。汽船事業の長引く出費，輸入原料費の高さ，大勢の中国人員と高給取りの外国人技術者の維持が，これを妨げていた。困難の度を増していたこれらの問題に加え，戦略的な弱点に関する潜在的な問題があった。松江火薬庫(しょうこう)は戦略的配給のために代わりの道を用意していたが，江南製造局に行き来する最も便利な道は長江下流にあり，依然として敵国海軍の艦船により危険に晒(さら)されていた。それだけでなく，フランスが福州船政局を砲撃して以後，上海で我が身を晒す沿海に位置する製造局の防衛は，それを立案する者にとって絶えざる心配の種となった。*5

　1885年から1895年に至るまでの10年間，江南製造局を監督・指揮した官僚たちは，三つの主要な生産問題のうち二つを解決しようと試みた。江南製造局における活動のほとんどは，沿岸防御砲とライフル銃の生産を近代化することに集中していた。第三の生産問題は陸軍の部隊が使用する大砲であったが，江南製造局での計画の中に含まれていなかった。この難題は，他の場所で中国第二の近代的軍事工場を創設した湖広総督張之洞〔任期1889年8月～1907年8月〕によって取り上げられ，1895年の夏に，漢陽槍砲廠で大砲が最初に生産された。江南製造局を管理する当局者は，製造局の主要な財政問題のうちの一つ——すなわち輸入原料への依存——に取り組もうと試みた。中国最初の鋼鉄の精錬が江南製造局で始められたが，それは武器・弾薬を生産するために必要な値段の高い輸入鋼鉄を排除しようとする動きの中で行われた。しかし，同じ当局者は，製造局で雇われていた自国人および外国人の人件費の高さが深刻な財政問題を引き起こしていたことに目をつぶっていたように思われる。上海における製造局の位置の戦略的弱点については，次第に意識が高まりつつあったが，この点について何も為されなかった。日本との戦争中，無防備な江南製造局は南洋大臣の頭痛の種であった。その時以来，潜在的問題というよりむしろ現実的問題となり，江南製造局に関するすべての将来的な計画に影響を及ぼした。*6

　生産の発展について論じる前に，製造局の財政的基礎，生産費に影響を与えたいくつかの内的要因，そして操業の管理のすべてについて若干の考察を行うのが適切であろう。江海関の洋税収入の20％は，相変わらず10年間の

江南製造局の全収入のうち最も大きな構成要素であった（付表I-2を参照のこと）。毎年の変動は大きいものであり続けたが，1889年以後，総額は著しく増加した。それ以前の洋税収入からの分配は，年額40万両から60万両の間を変動した。その後，概して60万両から80万両の間を変動した。1889年以来，雑収入も著しく増加して総額52万6,082両に上った。その結果，1890年，1894年，1895年において，80万両以上の収入があった。戦後，南洋大臣により行われた江南製造局の財務状況に関する調査を通じて，この雑収入の中には後に払い戻された借入からもたらされたものもあり，江南製造局が機械あるいは材料の購買をする際使用する他の関係者から受け取られたものであることがわかった。これらの資金の領収書と支出の記録は，洋税収入からは切り離して保存され，不規則なものは書き留められなかった。しかし数年間，製造局からのスクラップの売上高は，総額3万4,000両の収入をもたらした。それは，経常収入として記録されるべきものであったが，記録されなかった。[*7]

　江南製造局には多額の雑収入があったが，それが清朝宮廷に報告されないという事実があった。南洋大臣の監督の下で，江南製造局が高度の自由裁量権を享受していたことは明白である。江南製造局の当局者は，1870年代および1880年代の初め，購買の際に不正行為をはたらき，放漫な人事方針を採るなどして，この自由裁量権を濫用した。そして，1885年から1895年に至るまでの10年間，これらの問題は増大していったように思われる。江南製造局総辦の管理事務室による調査，およびこの10年間のほとんどの活動と事務処理を管理した2人の背景に関する調査は，これらの問題に光を当てるものである。前もって言うと，総辦の管理事務室は，江海関を管理する道台によって握られるのが通例であった。1902年，江南製造局の提調〔監督官（proctor）〕であった李鍾珏は，もう一つの非公式的な条件があるとし，「これまで総辦は，通常湖南省の出身であった。したがって，製造局の役人も湖南人であった」と陳べた。[*8] 実際，1879年から1895年まで，南洋大臣が総辦に任命したのはすべて湖南人であった。それだけではなく，製造局の敷地内には，湖南人創設者の曾国藩が祀られた廟が存在した。そこには曾国藩のタ

[第7章] 武器・弾薬生産の近代化 (1885～1895)

ブレットが掛けられ,芳香が絶えず焚かれていた。毎年曾国藩の命日になると,江南製造局の総辦から以下の官僚たちは,追悼式典のためその廟に集合した。李鍾珏の陳述と共に,こうした証拠は,江南製造局で総辦ポストや他のポストに湖南出身の官僚への情実が見られたことを暗示している。労働者や軍事人員ですら湖南人による支配があったと報告された。[*9]

この10年間,江南製造局で重要な総辦の1人は,聶緝槼であった。聶は湖南省衡山の出身で,曾国藩の娘婿であった。科挙試験に合格せずに官界に入った。1882年,聶が27歳の時に南京で小役人になった。その時,湖南の著名人であり曾国藩の昔からの戦友であった左宗棠が,南洋大臣に任命された。左宗棠との最初の対談で,左宗棠が20年以上前に記憶した『皇朝経世文編』からの一節を朗唱したところ,聶緝槼はその誤りを正して,有能な政治家であることを印象づけた。その結果,左宗棠は聶を自分の軍事幕僚に任命した。2人はよく食事を共にした。機転の利く聶は,左宗棠が自分の昼食の狗肉を新米の幕僚に分けてやろうと骨を折っていた時,その年老いた総督に調子を合わせていた。聶緝槼が江南製造局の幇辦 (assistant director) に任命されるまで長くはかからなかったが,それは聶の妻が左宗棠の息子の嫁に聶家からの賄賂をほのめかしてからのことであった。清仏戦争中,聶緝槼は,左宗棠に代わって江南製造局で伝統的兵器の生産を監督し,総辦李興鋭を巻き込んだスキャンダルを効果的に揉み消した。李興鋭は,その後母憂に服するため退職し,潘鏡如が後を継いだ。潘鏡如は1884年に離任したが,その年左宗棠は,曾国藩の弟である曾国荃 (任期1884～1890) に南洋大臣を引き継いだ。鍾雲谷の総辦在職期間は短く,不成功に終わった。その後,曾国荃は婚姻によって自分の甥となった聶緝槼を200両という前例のない月給で総辦の職に任命した。[*10]

聶緝槼の家族は,生活費を厳しく切り詰めることで知られていた。総辦在任期間中の聶緝槼は,江南製造局を健全財政の基盤の上に置くことにも成功した。しかし,聶の倹約振りは極端な方向に進み,結局製造局で人員が不合理で無駄な行いをする結果をもたらしたように思われる。不適切な人事運営は1880年代の後半,最初に報告された。その時まで10年以上もの間,製造

局では技術訓練計画が実施されていた。この計画の中で，学生は言語学校の学生と同様に卒業する日や給付金が定められておらず，彼らが学校を卒業した後に就くべき地位が確定していなかった。数学と機械製図の両方を修めた者の中にも，働き口を持ち続けるため機械作業場に割り振られた者がいた。10年以上も学び続け，技術的な能力を見せていた別の学生は，自分の奨学金を減額されてしまい，より高い毎月10～20万両の給料を稼ぐために製造局へ働きに行くことを勧められた。一文惜しみの聶緝槼は，この男が馬車に乗っているのを視て，彼の贅沢を非難した。聶は，その学生の地位が変わることを認めなかった。そして，たとえ給料が上がったとしても，彼の馬車の料金を支払うのに充分でないであろうと皮肉たっぷりに言った。その後，この学生は，ある外国人鉱山技術者と共に，その地で1箇月に100両を稼ぐ地位を受け入れ，数学と機械製図で最も高い能力をもつとの評判を得たと報告された。幻滅を感じた学生が外国企業を選択するこうした例は，明らかに数多く存在した。[*11]

1890年3月から1895年9月まで，劉麒祥(りゅうきしょう)が，聶緝槼の後を継いで総辦となった。劉麒祥もまた湖南籍であり，李鴻章の親類であった。父の劉蓉(りゅうよう)は，曾国藩と同郷の著名な湖南軍人であった。彼らは少年時代共に学び，太平天国および捻軍(ねんぐん)の乱の時は共に戦った。しかし，劉麒祥は江南製造局によりいっそうの家族的縁故と著しい湖南閥を持ち込んだ。劉には西洋諸国と交渉した経験があったが，そうした経験を通じて，西洋の軍事力に関する知識と権力について現実的に評価していた。1880年，曾紀沢(そうきたく)（劉と姻戚関係にあった）がサンクト・ペテルブルグでイリ紛争の再交渉を行うに際し，劉を連れて行き，公使館秘書として仕えさせた。その一団の中に，中国軍事工場で長い経験をもつ外国人が含まれていた。以前福州船政局に属したホリディ・マカートニーとプロスペル・ジゲルである。1883年，劉麒祥はパリ公使館に駐在する曾紀沢の第二秘書として仕えた。次の年，劉は両江の諸省で曾国荃を手伝うよう命じられた。その後，左宗棠の要望で福建に転じている。[*12]

劉麒祥の在任期間中，聶緝槼の極度に倹約的な人事方針は反転し，正反対の極端へと進んだ。官僚の数は，約80名から約180名に増加した。批判者

[第7章] 武器・弾薬生産の近代化 (1885～1895)

の告発によると, そのうち 2/3 は給料を受け取るだけで, それ以上のことは何もしなかった。下級官僚は以前毎月 20～30 両を受け取っており, 書記は 6～8 両を受け取っていた。給料は高い者で毎月 80 両まで上がった者がおり, 最も低い者で 20 両であった。人員過剰はこの時激化したように思われるが, 劉麒祥の在任期間中に突然発展した問題ではなかった。江南製造局で雇われた貧乏な労働者, 見張り番, 雑役の数は, 創設時以来, 3 倍になったと報告された。戦後当局が行った人員に関する実態調査は, 総辦が毎回替わったときでも, 新任の総辦は現存する人員の数を減らさず, 30～40 名の腹心を委員や司事として連れて来るのが慣例であったことを明らかにしている。劉麒祥の在任期間が終わるまでに, 委員と司事の数は 200 名に近かった。労働力は, ほんの少数の熟練度の高い職人と, それ以外の古参の年老から成っており, 後者は働けないのに高い給料を受け取っていたことが報告されていた。砲営兵は 600 名まで増加した。薪水・工価は合わせて月額約 3 万両であり, 年額にして約 36 万両に至り, 洋税収入から分配された経常費のほぼ 45～60 ％を費やした。聶緝槼と劉麒祥の総辦時期における人事慣例は, 製造局の貧弱な技術的人材源を無駄にし, 総辦のお気に入りや総辦と同じ省の出身者が高給で雇われたことに伴う人員過剰により, その財源を涸渇させる結果をもたらしたように思われる。

　1886 年から 1889 年に至るまで, 外国人技術者の労賃は次第に先細りし, 4 年間で総額 6 万 1,622 両に減少した。1889 年以後数年間の数字は得られなかった。もし変化があれば, それは増加であろう。なぜなら, 1889 年以後いくつかの新しい生産品が導入され, かつ新規の技術者が雇われ, 生産過程に導入されたからである。たとえば, 1889 年, 聶緝槼は技術者 1 人当たり 300 両の月給を与えることに同意したが, その額は, 総辦自身の月給より月額 100 両も多かった。

　聶緝槼と劉麒祥の総辦在任期間中, 先行する 10 年間に始まった購買手続きの退廃は著しく悪化した。伝えられるところでは, 聶緝槼の在任期間中, 製造局は貿易商に欺かれ, 不正の引き渡しに遭った。江南製造局が生産に必要な品質が保証された鉄を注文し支払いを行った際, 支払った金額のわずか

3/8 の値打ちしかない普通の英国製の鉄を受け取った。その普通の鉄は製造局で使い物にならず，少なくとも 1902 年まで未使用のままにされた。この手の資金漏出は広範に拡がっていたと報告されている。不正の引き渡しが行われた注文は，常設の購入機関たる報価処ではなく，総辦の管理事務室により始められた。[*15]

　劉麒祥の下で，報価処の役割はいっそう縮小された。それは雑貨の購買を時折行うだけであった。石炭，鉄，銅，導線，およびその他の常時必要な材料は，すべて劉麒祥が非常に親密にしていた或る外国会社の買辦（ばいべん）を通じ，総辦により購買された。競争入札は放棄された。劉が製造局の必要とする材料を低価格で仕入れ，第三の団体に高価格で製造局に転売させたことも告発された。総辦の管理事務室が報価処の役割を引き継いだ後，製造局と商売をしたいと望む者は皆，彼らが劉麒祥に達する前に，使用人や役人を通じて手筈を整えなければならなかった。まず最初に個人的な謝礼が話し合われ，それから実際の価格が話し合われた。価格は謝礼を隠蔽（いんぺい）するために吊り上げられた。そして，購買された品物の費用として実際に充当された製造局の支出総額は，非常に小さかった。[*16] これらの請求金額の中には誇張されたものがあるかもしれないが，劉麒祥の在任期間中，購買する際にこうした放漫（ほうまん）と不正行為が存在したために，高価な外国材料がより高価となり，江南製造局の財政力を奪ったことは，ほとんど疑いないのである。

　海軍衙門が江南製造局の生産を他の軍事工場の生産と協調させるのに無力であることが証明されたため，工業で強力に中央集権化された指導力の必要から発生した潜在的問題が，この 10 年間に急に現れた。李鴻章は総理海軍大臣に準じる職務に尽力していた時，口径の異なった 2 種類のライフル銃の生産を同時に発展させる計画を承認した。1889 年 5 月，李鴻章は両広総督張之洞に電報を打ち，機械を購買して 11 ミリ口径のモーゼル銃を生産するという張の提議を海軍衙門は認可する見込みであると伝えて安心させた。それから，1890 年の秋，李鴻章は 7.9 ミリ口径のモーゼル銃とオーストリア製マンリッヒャー・ライフルを江南製造局に導入した。彼らの生産を改良するためのモデルとしてであった。その後，張之洞は 7.9 ミリ口径のライフル銃

[第7章] 武器・弾薬生産の近代化 (1885〜1895)

に注文を変更したが，江南製造局は，1891年頃生産を始めた8.8ミリ口径の独自モデルを発展させた。協調して生産することに失敗した結果，張之洞が新設した漢陽槍砲廠が生産を開始した1895年，中国には二つのライフル銃工場施設が存在し，異なったサイズの弾薬が必要な口径の異なる2種類のライフル銃を生産した。それとは対照的に，1886年，日本はすべての陸軍のための標準兵器として東京砲兵工廠で生産された村田銃を採用していた。[*17]

江南製造局の経営と管理にこれらの深刻な問題を抱えていたにもかかわらず，製造局は生産と設備の近代化の両方で10年間に及ぶ猛烈な活動を行った。事業は，汽船の整備と操作，新しい生産施設の確立，そして機械・武器・弾薬の生産を含んでいた。汽船の整備と操作が，洋税収入から製造局に分配される銀両の著しい部分を消費し続けていたとはいえ，——それは1886年から1889年まで13万5,900両であった——この10年間では，重要な活動ではなかった。新しい事業は，省政府の汽船の修理と老朽化の進むドックの使用に制限されていた。[*18]

製造局内の工場は，新型の武器・弾薬と機械の生産，および新しい生産を提供する工場施設の建設に主に関わっていた（付表I-3を参照のこと）。材料は大部分が外国で入手され続けた。生産を進歩させる最初の刺激は，1885年6月の上諭により与えられた。上諭は，南洋大臣左宗棠に対し兵器生産を改良するために卓越した規準を採り，左宗棠の命令の下で軍事工場を再編成するよう指示したものであった。ドイツ大使許景澄が，光緒帝にヨーロッパ軍需産業における発展を報告したところ，その翌年に変化が始まった。許景澄は，錬鉄の環帯を付けた鋼鉄製の砲身を製造するアームストロング社の方法は，ヨーロッパではすでに流行遅れであると指摘した。鋼鉄と錬鉄が加熱と冷却に対し異なった反応をするため，大砲を長く使用すると，砲身はガタガタになった。クルップ社は，鋼鉄の砲身と鋼鉄の強化環帯付きの大砲を発達させていた。最近ではアームストロング社も鋼鉄の強化環帯に改造し，クルップ社と同様に，今や前装砲より後装砲を生産していた。許景澄は江南製造局の生産を全鋼製後装砲に全面的に変えるよう促した。1886年，江南製造局は軍事技術者コーニッシュを雇った。コーニッシュは，アームストロン

グ砲の最新モデルを生産することに熟練していた。[19]

　1887年の中頃,南洋は800ポンドの沿岸防御砲8門を新規購入し,江陰と呉淞(ごしょう)の港に備え付けた。1890年,江南製造局は最初の全鋼製後装砲を完成させた。それは,アームストロング型に基づく800ポンドのものであった。この大砲用弾薬は,新しいタイプの推進用の褐色火薬を必要とした。天津機器局はすでにこれを生産し始めていたが,生産品を南洋に供給するのは不適切であった。1889年,総辦聶緝槼は江南製造局も生産を立ち上げるよう提議した。1891年に至り,海軍衙門は必要な設備の購買を認可した。江南製造局の職人たちは選抜されて,生産訓練のため天津に行った。褐色火薬の生産は,1893年に龍華の新しい工場施設で始まった。クルップ社から購買された火薬製造機は,江南製造局に建設された工場施設から動力を供給された。1893年に天津機器局で生産された黒色火薬との比較試験では,江南製造局の生産品がやや劣っていた。[21]

　1890年,総辦劉麒祥が南北洋大臣に対し江南製造局が最初の全鋼製後装砲を完成したことを報告した時,さらに4門の全鋼製沿岸防御砲を生産する計画を表明した。それは,47トンのものが2門と52トンのものが2門であった。それらが完成すると,劉麒祥は10門の全鋼製連発砲を生産することを計画した。それは,劉がヨーロッパに勤務していた時に見たモデルであった。[22] この大砲は,単発式の沿岸防御砲の4倍から5倍の火力を有し,艦船に搭載するだけでなく,沿岸を防御する要塞にも適していた。劉麒祥は,大きな沿岸防御砲に必要な外国製鋼鉄をすでに購買していた。連発砲の計画を聞くと,北洋大臣李鴻章は,生産に必要な鋼鉄の購買を追加し,他に必要な準備をすることを製造局に認めた。新しい工場が建設され,新しい溶鉱炉,収縮壺(Shrinking pot),巨大な穿孔(せんこう)・旋盤(せんばん),施条設備が,新兵器の生産のため外国で購買された。1893年の初め,沿岸防御砲と連発モデルがいずれも完成し,試験発射に成功した。前者は20インチ口径で,長さが35フィートであった。連発砲は4.7インチ口径で,長さは16フィートであった。1分間に20発が発射できた。どちらも,コーニッシュの指導の下,中国人職人によって生産された。[23]

[第7章] 武器・弾薬生産の近代化 (1885～1895)

1891年，連発砲に用いる弾薬の生産が始まった。1893年に至り，巨大な沿岸防御砲により放たれる800ポンドの発射体を生産するために，専門設備が備え付けられた。当時，江南製造局で生産された大砲の弾薬は，製造局で生産されたアームストロング砲のために必要な多様なサイズを含むだけでなく，輸入大砲向けにクルップ製とウールウィッチ製の弾薬をも含んでいた。[*24]

小火器の生産は，重火器とほとんど同じ程度，総辨劉麒祥の眼に留まった。1890年，劉麒祥は中央発火式ライフル銃を救い出す計画を展開した。その銃は1884年以来江南製造局が生産してきたが，欠点があった。しかし劉は，それらの兵器は西洋の標準からすればすでに時代遅れのものであり，たとえ自分がそれを救い出せたとしても，平時の訓練用にしか使えないと認識していた。それゆえ劉は，新しくかつ改良されたライフル銃を常時生産する計画に従事する外国人技術者と中国人職人を同時に有していた。江南製造局には最新型の西洋式小火器を生産するのに必要な設備が欠如していたが，小火器工場は英国製リー・ライフル銃をわずかに修正した数種のモデルの生産に成功した。製造局で行われた試験で，これらのライフル銃は，無煙火薬の弾薬筒に火が付けられた時，当時西洋で人気のあったモーゼル銃あるいはホッチキス銃と比べ半分の威力があり，レミントン銃の2倍の威力があった。劉麒祥は試験用として南洋大臣曾國荃にそのモデルを送り，自分は製造局がすでに所有している機械を適応させ，部品を作るために手工労働者を雇用することで生産を開始したいと声明した。すると，機械を追加する必要があれば，資金が入手でき次第，徐々に購買されることになった。南洋大臣が行った試験の結果，このライフル銃の優れた性能は，無煙火薬の使用により左右されることがわかった。劉麒祥は江南製造局に対し，この新しい発射火薬の生産を研究するよう命じた。[*25]

2,000挺に満たなかったにせよ，改良型リー・ライフル銃の生産は，マガジンライフルに取り換えられた1892年まで続いた。[*26]このモデルの導入は，北洋大臣李鴻章により促進され，総辨劉麒祥により成し遂げられた。1890年，李鴻章は，江南製造局で生産していた改良型リー・ライフル銃が，決して満足すべき出来映えではないことを突き止めた。その年の秋，李鴻章は小火器

169

生産を向上させる基礎として，新型モーゼル銃とオーストリア製マンリッヒャー・ライフル銃を研究するよう製造局に指示した。中国人・外国人の人員はその問題に取り組んだ。1891年，江南製造局はオーストリア製マンリッヒャー銃を基礎に，8.8ミリ口径のマガジンライフルの試験的生産を開始したが，かなりの修整を伴った。最も著しい進歩は，発射力の増加であった。レミントン銃にも必要であったが，発射する度(たび)にふたたび弾丸を詰めるための休止をせずに，5回の発射が成し遂げられた。製造局で行われた試験の結果，黒色火薬の弾薬筒よりも無煙火薬が使用された時，弾薬筒の破壊力がより強くなることがわかった。また，そのライフル銃は，2度の発射（あるいは弾薬10発分)，または黒色火薬の弾薬筒が発射された後に過熱するので冷却が必要であったが，無煙火薬の弾薬筒なら過熱が発生するまでに3度の発射（あるいは弾薬15発分）が可能であることもわかった。南洋大臣 劉 坤一(りゅうこんいつ)(任期1891～1894)は，この問題はより高品質の鋼鉄を生産に使用することで克服可能であると提議した。ところが，江南製造局は専門化された機械が必要であるのに，それを有していなかった。それゆえ，このライフル銃は，英国製のリーを基礎とした先駆者と同様に，部分的に手製であった。[*27]

　北洋大臣の李鴻章は，その新型ライフル銃に非常に感動した。1892年の秋に天津で李鴻章の幕僚である軍人や外国人指導者が試験を行ったところ，江南製造局製の兵器は，精確さ，操作の容易さ，発射力，破壊力，速度の点で，新型のドイツ製モーゼル銃に匹敵することがわかった。次の年，日本陸軍中将川上操六が天津に李鴻章を訪れた時，川上は江南製造局製のライフル銃によい印象を受け，村田銃は日本人が同時代のドイツやフランスのモデルより優れたものと見なしているが，それとは比べものにならないと陳べた。川上は，モデルとして役立てるため2挺を日本に持ち帰った。しかし，こうした賞賛は長期にわたっての使用や綿密な比較に耐えられなかった。新型兵器が中国で生産されると，江南製造局製のライフル銃の評判は色褪せたのであった。1897年，外国人技術者達は，そのライフル銃と，新設された漢陽槍砲廠で生産されたドイツの1888年型モーゼル銃との比較試験を行った。すると，技術者の評価は，江南製造局のライフル銃が主に10の点で劣って

いることを見つけ出した。1891年には，国内で生産される小火器・弾薬の標準化を成し遂げるため最終的に生産が停止された。次の年，現存する在庫は長期間使用すると発火する欠陥が現れたため，廃棄処分にすると公表された。[*28]

新型マガジンライフル銃に必要な弾薬筒の生産は，江南製造局の多様な小火器用弾薬の生産品にもう一つの型を付け加えることになった。この10年間にいくつかの新型小火器を使用した結果，江南製造局は全部で六つの異なった型の弾薬筒と雷管を生産したが，すべての型を毎年生産したわけではなかった。[*29]

1891年の南洋大臣による指示の結果，劉麒祥は新型マガジンライフルと連発銃に用いる弾薬の必要分を供給するため，無煙火薬の生産問題に取り組み始めた。[*30] 1893年1月，劉麒祥は，綿火薬（gun cotton），硝酸，1日当たり1,000ポンドの無煙火薬を生産できる能力がある一揃えのクルップ製機械設備を得るため，ブックハイスター社との契約に署名した。その契約では，生産過程に1人の新任技術者を提供し，指導に当たらせることにもなっていた。費用の総額は10万両を超えた。機械設備は8箇月か9箇月以内に到着することが期待された。その間，必要とされる工場施設の建設に向けた外国側の計画は，建設がすぐに始められるよう前もって送り届けられた。当時，無煙火薬の生産過程は，それを保有する諸国により注意深く保護された秘密であった。工場施設が創設されてから時間が経過したが，外国人技術者は無煙火薬の生産過程の再生産に成功しなかった。その新しい仕事に関わっていた中国人官僚は，王世綬（おうせかん）であった。王世綬は1895年4月になってようやく適切な方法を考えついたが，この時すでに日本との戦争は勝敗が決していた。生産量は年間6万ポンドと報告されたが，品質は充分でなかった。1897年にコーンウォール氏は，江南製造局で生産された無煙火薬は，わずかにワセリンで薄められ，他のもので溶かされた綿火薬であるにすぎないと陳べた。綿火薬の難点は容易に爆発してしまうことであった。[*31]

1890年末，総辦劉麒祥は南北洋大臣に対し，江南製造局の設備は全鋼砲と元込めライフル銃を生産するには充分でないが，生産を維持するのが妥当

であると報告した。しかし製造局は，大型の大砲，鋼鉄砲弾，ライフルの銃身を生産するための鋼鉄を高価な外国製輸入品に全面的に依存していた。そこで，費用を引き下げ，かつ安定した国内資源を提供するために，劉麒祥は江南製造局が自ら精錬所を設立することを勧めた。両大臣はその提案を認可した。そして，劉麒祥は小さな精錬炉とライフルの銃身を巻く装備の購買を進めた。費用はわずか1万2,000両であった。そして，期待された1日当たりの生産量は，3トンの鋼鉄と100挺分のライフルの銃身であった。翌年，江南製造局で輸入鉄鉱石から鋼鉄が精錬され，試験のため金陵機器局と天津機器局に送られた。二つの工場施設は，江南製造局の生産品は高品質の外国製大砲用鋼鉄に匹敵すると報告した。1892年に至り，製造局は湖南省産の鉄鉱石を使って鋼鉄砲弾を生産し始めた。[32]

単一炉での操業であったため，鋼鉄の精錬工程は非効率的で費用がかかった。炉を精錬に必要な温度まで熱くするのに2週間を要し，それから鉄鉱石が入れられた。鉄鉱石から銑鉄が取り出されてからも，2週間の冷却期間が必要であった。その後，必要に応じて炉内を検査し，修繕しなければならなかった。そしてようやく，銑鉄が精錬された。3トンの鋼鉄を生産するために，1箇月以上を要した。そして冷却期間中，労働者はブラブラしていたが，給料が貰えた。それにもかかわらず，1893年に江南製造局で銃砲身の国内生産が正式に始まり，精錬所の拡張が完成し，新しい英国式の設備が取り付けられた。[33]

急速な生産の近代化と新しい設備の建設が為されたこの時期，新しい機械設備の生産と獲得により，製造局の財源から相当な額が流出した。1893年と1894年，新しい機械設備のため費やされた支出額は，著しい増加を示した（付表Ⅰ-5を参照のこと）。生産高も，機械生産が製造局の操業の中に占める位置について手掛かりを与えている。大型機械の生産は，新規に購買された生産設備に動力を提供するものもあったが，1890年の14台から1894年の28台に増えた（付表Ⅰ-3を参照のこと）。1895年，南洋大臣劉坤一は，機械生産が製造局での主要な活動であると論評した。[34]

この10年間，江南製造局で生産された武器・弾薬の大部分は，南洋の艦船，

[第7章] 武器・弾薬生産の近代化（1885〜1895）

部隊，要塞に配給され続けた（付表Ⅰ-4を参照のこと）。北洋の部隊への配給は限られていた。北洋艦隊の艦船は，江南製造局から1隻も供給されなかった。1880年代の初め，北洋の部隊への唯一重要な供給品は，重火器と大砲用弾薬であった。1886年から1895年まで，江南製造局製の大砲11門と2〜3万ポンドの弾薬が，北洋大臣李鴻章に従属する部隊・兵站部に送られた。このほか，唯一の配給は200挺のマガジンライフルと合計6万1,000個の弾薬筒であり，1892年から1894年の間に送られた。日本に対抗する中国軍に対する江南製造局の貢献は，戦場に移動させられた南洋の部隊により果たされた。1894年と1895年に，黒色火薬の弾薬筒，ライフル銃，大砲，砲弾は，山海関(さんかいかん)に移動された湘軍(しょうぐん)の諸部隊に配給された。南北洋の他の区域への輸送は，1893年，1894年，1895年だけでもかなりの量にのぼった。これらの戦時物資は，湖北，湖南，台湾の諸部隊，および東南沿海の諸省に送られた。[*35]

　1894年の夏，上海を非交戦地帯とすることで，日本とイギリスとの間に合意が成立し，そのおかげで江南製造局からの軍需品輸送は戦争中停止されることなく続いた。しかし，製造局は絶えず危険な状態に置かれていた。1894年の秋，日本政府は，上海を攻撃しないとする約束に背くような傾向をはっきりと示した。この点について，上海に権益をもつ諸列強——アメリカ合衆国，イギリス，フランス——が介入した。1894年12月13日，江南製造局総辦の劉麒祥は，南洋大臣を代行する張之洞に電報を打ち，上海の領事と商人の間で，日本人がふたたび協定を破棄するつもりであるとの噂がなくならないことを伝えた。日本人はまず製造局を攻撃し，それから長江上流に移動すると予想された。地方の防衛長官達は，江南製造局の職人2,000名の家族を製造局からより安全な場所に移動すること，その工場施設を取り囲む堀をもっと広く深くすること，そして周辺の壁をもっと高く建てるよう提議した。これらの処置には時間と財源が必要であると指摘されたが，いずれも劉麒祥が自由にできることではなかったので，劉は製造局を防衛する軍隊の追加を提議した。ところが，日本は攻撃しなかった。おそらく1月初めにイギリスが出した声明のためであろう。その声明は，中立協定が適切に遵守されることを保証するために必要であれば，いかなる手段であっても行使す

るとしていた。*36

戦争後，南洋大臣代理の張之洞は，この経験を通じ，中国で最も重要な軍事工場の位置として，上海は戦略的に不適切であることがはっきりと立証されたと建議した。張は，江南製造局からの船による軍需品輸送は，国際的な協定があってはじめて可能であると指摘した。上海で生産材料が容易に供給できることが，先行する数十年間の上海における製造局の位置を決定していた。しかし，戦略的な考慮は，ずっと見過ごされてきたのである。張之洞は，その結果，危険な情況が生じたのであり，もはや許容できないと陳べた。*37

江南製造局は攻撃されなかったし，その配給する役割も妨害されなかったという事実がある。にもかかわらず，戦時中，製造局からの軍需品は重要な要因でなかった。日本との戦争は，主に日本の艦隊と北洋艦隊との間の海戦により勝敗が決定した。江南製造局製の軍需品は，どの北洋艦隊の船にも装備されていなかった。江南製造局で建造されたか，あるいはその生産品を備え付けた南洋艦隊の船は，戦時中，北洋艦隊に対し何の援助も提供しなかった。「操江(そうこう)」は重要ではないが，唯一の例外である。北洋の部隊は，陸戦の矢面にも立った。戦争前のほぼ15年間，江南製造局は，北洋の歩兵に対し意味のある武器・弾薬の船積みを実行していなかった。最大の南洋部隊が戦場へと移動した時，その艦船には，おそらく江南製造局製の軍需品が装備されていたが，到着が遅すぎたため戦闘に参加できなかった。*38 1886年から1895年まで，江南製造局から配給された軍事物資の大半は華南の諸地域に送られたが，そこは直接戦争に巻き込まれなかった。要するに，江南製造局の兵器は，日清戦争中にその有効性を試されることがなかったのである。なぜなら，南洋の艦船は北洋での海戦から隔離されていたし，江南製造局製の軍需品を装備した陸軍部隊の到着が遅れたからである。

総辦劉麒祥の下で，江南製造局は，1867年から1875年に至る創設期以来，最も急速な拡張と近代化を経験した。しかし，日清戦争の時期における製造局の生産をよく検討してみると，いくらよく見ても，その結果に斑(むら)があった。1890年代の初め，江南製造局で生産された重火器は，西洋で生産されたものと同等の品質であった。しかし，毎年たった1門か2門の大型沿岸防御砲

[第7章] 武器・弾薬生産の近代化（1885〜1895）

と最大20門の40ポンド連発砲か，あるいは6門の100ポンド連発砲を製造できただけであった。江南製造局は，軽装の野砲を生産するのに必要な機械設備をまだ所有していなかった（対照的に，日本は1887年から野戦大砲部隊にイタリア・モデルを基礎に大阪兵工廠で生産された7センチ口径の山砲を装備していた）。連発砲やマガジンライフル用の弾薬に必要な無煙火薬の生産は，ほとんど戦争が終わる頃になってはじめて開始された。そして，そのうえ，品質に問題があった。沿岸防御砲用の弾薬のために使用される褐色火薬は，毎日800ポンドが生産可能であった。江南製造局の生産した時代遅れのライフル銃の生産高は，専門の生産機械が不足したため限界があり，こうした兵器は，1日5挺か6挺が部分的に手作りで生産されただけであった。戦時中に中国軍が必要としたものは多様であったため，製造局はその資源を分割し，雷管と四つの異なったタイプの弾薬筒を生産した。その中には，製造局が独自に生産しているマガジンライフルに必要な弾薬筒を含んでいた。毎日5,000発が生産可能で，外国から購買した無煙火薬を使用した。湖南の鉄鉱石から鋼鉄の精錬を行い，ライフルの銃身を製造した。しかし，重火器を生産するための鋼鉄には，スウェーデンから輸入した銑鉄が必要であった。同様に，外国人技術者と外国原材料が他の生産分野の多くで必要とされた。[39]

日清戦争の時期，江南製造局は，斑のない高品質な近代的武器・弾薬を大量生産できなかった。その主な理由は，先行する6年間に為された生産能力の近代化が，未完成であり，不完全であり，遅れていたからである。設備が近代化された数年間，生産費が非常に大きかったので，その限度を超えた新しい設備と税源の獲得が制限された。1895年の初め，江南製造局総辦の劉麒祥は，南洋大臣代理の張之洞に対して，かねてから改良を進めているうちの多くは，まだ支払いが済んでいないと陳べた。製造局は外国企業から信用貸し付けを受け取っていたが，当時その負債額を支払うことができなかった。また，鋼鉄の精錬と火薬・兵器の生産に必要な新たな機器の代価として，25万両が未払いとなっていた。これに加え，土地の購入，鋼鉄精錬工場と新設火薬工場の建築，兵器用の鋼鉄と火薬生産原料の購買のため，15万両が外国企業から前払いされていた。[40]

175

近代化を開始していた数年間の製造局の出費を調査すると，江南製造局の財政難および生産設備の不全は，人件費と原料費が原因であるとの結論を免れることは難しい。製造局の人件費の総額は，1890年の26万4,468両から，1895年の34万9,531両に増加した。6年間で経費全体の36％に上っている。このほか51％は，材料の購買に充てられた。残りの13％は，軍需品と機械の購買に向けられ，翻訳関係の出費もあった。(付表Ⅰ-5を参照のこと。)

　これらの経費要因の背景には，先行する10年間に兵器生産への転換が損なわれたのと同じ根本問題が存在した。江南製造局は，原材料産業が発展に必要な状態からはるかに遅れているという経済環境の中で，近代的産業を発展させようと試みた。それだけでなく，製造局を指導・管理した官員は，伝統社会の官僚層の中から現れた。彼らには近代的産業の経営者たる地位に応じた訓練がなされておらず，そのため不経済な人事慣行や財政上の出鱈目を許した。そして，このことは製造局の財源の大規模な浪費をもたらしたのである。これら発達途上での弱点に加え，戦時中の経験を通じて，中国は江南製造局を防御できないし，生産品を妨害されずに配給する保証もできないことが明白になっていた。この問題は1895年に頂点に達したが，30年間ずっと存在していた。江南製造局が最初まだ一造船工場であった時，高昌廟の永続設備に投資することによって，移転は起こらないであろうとする惰力を創り出した。そのうえ上海は，おそらく製造局が生産に必要な輸入原料を得るのに中国で最善の位置であった。他の何よりも，このことが製造局の位置を決定していた。この意味で，国内経済における欠陥に適応したために，江南製造局は防御するのが難しく，かつ戦時中に配給の中心地点として不適切な位置に置かれることになったのであった。

金陵機器局と洋火薬局

　金陵機器局の操業は，上海における隣の巨大工場〔江南製造局を指す〕の操業により成長が妨げられた。ところがこの10年間，金陵機器局は南洋大

[第7章] 武器・弾薬生産の近代化 (1885～1895)

臣の真摯な心遣いを受け続けた。なぜなら金陵機器局は，中国軍事工場の中で陸軍が使用する大砲の生産を唯一強調していたからである。清仏戦争後暫くして，南洋大臣曾国荃は戦争中兵器を輸入する際に経験した障碍を考慮し，国内生産を拡大すべきであると建議した。戸部は，金陵機器局の拡大と近代化のために，上海，九江，漢口の洋税収入から10万両の特別支出を認可した。任務は1886年から1887年の上半期の間に成し遂げられた。江南製造局から外国人技術者の援助があり，アメリカのラッセル商会を通じて購買された新しい機械設備が取り付けられたのである。[*41]

生産設備の拡張に引き続き，11万両に固定されていた年間収入（特別な分配は含まず）は，1887年から4,000両が増額された。これらの資金は地方防衛費から供給されたもので，淮軍および他の防衛部隊に向けて追加軍需品を生産するため指定された。1890年，閏年ゆえ1箇月長い期間中の生産を支援するために，江南製造局の洋税収入から1万両を分配することが，認可された。通常の年間収入は11万4,000両であり，閏年は12万4,000両となった。（付表I-7を参照のこと。）

金陵機器局で設備が近代化され，新たな収入が分配されて以後，だいたい同じようなもの，すなわち，銃砲，銃架，砲弾，雷管，導火線，要塞装備を生産したと報告された。1ポンドおよび2ポンドの鋼鉄大砲の生産も，おそらくこの頃始まった。小型船の「一氅」は長さが39フィート，船幅が8フィートで，6馬力のエンジンを有していた。1886年に建造され，上海から生産原料を運んだ。生産品は南北洋の両方に配給された。北洋への配給は，おそらく李鴻章が海軍衙門における新しい地位により新たに影響力を獲得したことを反映しているのであろう。[*43]

日清戦争期，金陵機器局は追加人員を雇い，規定時間外にも操業を行った。しかし，機器局が軍事物資を中国軍に供給したわずか二，三の実例しか，はっきりと記録に残っていない。例えば，元込めのマスケット銃は，中国軍の指令官により要求され，金陵機器局から供給された兵器の一つであった。金陵機器局から送られた大砲は射程が短いと評価されたが，戦争中に中国軍に届いたことも知られている。前近代的なマスケット銃の時代錯誤的な生産は，

177

イギリス人ロード・ベレスフォードの視察により実証された。ベレスフォードは1898年に金陵機器局を訪問した後,「機械は最新式で一級品であるが,時代遅れで使い物にならない兵器を造るために使用されていた。ほとんどの工場施設が,依然としてマスケット銃を生産するために充てられていた」と書き記した。[*44]

　金陵洋火薬局は,生産設備が拡張された時にはほとんど設立されていなかった。1885年の下半期と1886年の初めになって,新しい建物が創設され,追加の機械が8万9,481両の費用で備え付けられた。この資金は,地方防衛費および清朝宮廷が支配する基金から供給された。生産の伸びは,年間収入により支援された。そして,その年間収入は1887年以来,5万両以上に増加した。1888年,建設と機械の整備のため7,000両以上の分配が地方防衛費から受け取られ,1893年に再度受け取られた。(付表Ⅰ-8を参照のこと。)

　1885年から1886年に拡張された後,金陵洋火薬局の生産能力は,おそらく1日当たり黒色火薬2,000ポンドに近かったであろう。生産はこの水準に到達してはいなかったが,1886年の報告に拠ると,両江諸省の必要量にほぼ等しく,火薬は台湾にも船で運ばれたという。日清戦争の当初,金陵機器局は30万ポンドの火薬を生産するよう命じられた。1894年9月から1896年2月の間に,4万0,031両の追加費用で,合計31万ポンドが生産された。[*46]

　金陵洋火薬局は,黒色火薬の比較的簡素な生産に関わっていた。それは少額だが安定した生産収入だけでなく,工場施設の拡大・維持に向けた通常の分配からも利益を得ていた。洋火薬局の生産は両江諸省に駐屯する防衛部隊の平時の必要を満たし,戦時状況の下で素早く生産量を増やすことができた。その状態は,金陵機器局とまったく異なっていた。そこでは,管理する側が機器局の生産する兵器の型について,いくつかの選択肢をもっていた。戦争中,或る中国陸軍司令官の要求に応じるため,金陵機器局の新しく近代化された設備は,旧式のマスケット銃を生産するために使用された。このことは,外国人が誰も常駐していないという,この工場施設における管理問題を提起している。この比較的孤立した内陸部で,中国人管理人は造り慣れた型の生産に逆戻りする傾向があったのであろうか。我々は限られた証拠をもとに,

[第7章] 武器・弾薬生産の近代化 (1885～1895)

事実をあれこれと推測するしかない。それでもやはり，1898年にロード・ベレスフォードが，金陵機器局を視察し，「中国の役人は，自分たちが何を製造しているのか，そしてなぜそれを製造するのかを理解していないようである」と書き記したことは無視できない。*47 管理問題が金陵機器局での生産に影響を与えた重大な否定的要因とはしがたいが，江南製造局の劉麒祥のような精力的かつ近代的な指導者が存在するという肯定的要因がなかったことは明白である。

　人件費と行政費の高さの問題も継続していた。この問題は，金陵機器局の生産資金を消耗させた。この10年間，そうした出費は，概して機器局の経費の1/2を浪費した。しかし，金陵機器局の規模と限られた設備は，明らかに生産性を限定する最も重要な要因であり，物事を変えるために為し得ることはほとんど何もなかった。日清戦争後，張之洞が陳べたように，金陵機器局の位置は，四方八方が険しい地形に取り囲まれていた。生産設備を拡充したり，あるいは追加したりする余地はまったくなかった。選択した改良が行われたとしても，現状のままの位置にあるかぎり，金陵機器局が中国軍事工業において主要な役割を担うべく大規模に拡張される道はなかった。*48

天津機器局

　北洋大臣李鴻章が直接監督する下で，中国で2番目に大きい天津機器局は，日清戦争に先行する10年間に生産を拡大し，設備を近代化し続けた。天津機器局は直接武力衝突に巻き込まれた唯一の主要軍事工場であった。初めの数年間，李鴻章にとって主要な問題は，(通常の生産を支援する)津海関・東海関の四成洋税(洋税収入の40％)を超えた追加資金をいかに見出し，拡張と近代化のために融通するかであった。

　1887年，機器局は一つの近代化計画に乗り出した。それは北洋の要塞と海軍に最先端の弾薬を供給する計画であった。その年，褐色火薬の生産工場施設がドイツ人顧問の助力で建設された。機械設備はイギリス人のスチュ

ワートにより構築された。スチュワートは，そのまま主任技術者として機器局にいた。その後，ドイツ人技術者が生産を手伝うようになった。『ノース・チャイナ・ヘラルド』は，火薬工場施設が完成した暁には，中国は世界で最大にして最良の弾薬製造工場を持つことになると陳べた。[*49]

　1887年，ちょうどこの近代化が始まった時，清朝宮廷は，天津機器局が辺境防衛費から受け取っていた年間分配資金を終結した。次の年，機器局は海軍衙門が公認した，江海関の洋薬釐金〔インド・アヘンに課された内地通過税で，天津条約（1858）により海関税とは別に一括して徴収されることになった〕からの新たな分配資金を受け取ることになっていた。これが実現しなかった時，李鴻章は外交使節を支援するため指定された出使経費を引き出し，1888年の支出を補填した。新しい海軍章程は，1888年から年額8万両を追加で供給し，各省の海関から機器局に送られ，長身の海軍砲や要塞砲に使用する褐色火薬と鋼鉄砲弾の生産を支援することも規定した。しかし，この収入も頼りにならないことが証明された。1894年に李鴻章はまだその全額を受け取っていないと報告した。[*50]

　それだけでなく，1889年に李鴻章は設備を購買し，鋼鉄の鍛造と長距離砲弾の生産に必要な技術者を雇うことを決めた。新しい海軍章程により義務づけられていたのに従い，李鴻章は兵部にこの計画を提議した。兵部は輸送費と保険費が高すぎるとして反対したため，鋼鉄鍛造設備の購買計画は頓挫した。1891年の中頃になっても，依然として議論中であったため，機械設備は中国に船で運ばれていなかった。その間，外国で鍛造された鋼鉄から長距離砲弾を生産するための機械設備は，1890年初めまで作動していた。しかし，李鴻章は訓練と貯蔵の両方に必要なものを供給するには不充分であると報告し，さらに16セットの機具購買の認可を要求した。[*51] 1891年，李鴻章は，遂に鋼鉄鍛造設備の獲得を進める上で必要な認可を得た。李鴻章は，イギリスのニュー・サウスゲイトにあるニュー・サウスゲイト・エンジニアリング・カンパニーにシーメンス・マーティン法による精錬・鍛造機械設備一揃えを注文した。1893年5月，製鋼工場が完成し，生産を開始する準備が整った。製鋼工場は，熔解，鍛鉄，化学分解の方面で外国人技術者の助力を受けた。

[第7章] 武器・弾薬生産の近代化（1885〜1895）

　その間，機器局は鋼鉄砲弾の生産を支援するため各省洋税収入から分配するよう指定された年額8万両をまだ受け取っていなかったので，1891年から北洋海防経費からの分配資金が，鋼鉄砲弾の生産だけでなく褐色火薬の生産を支援した。津海関からの特別分配資金を使って，褐色火薬の機械設備を追加購入した。旅順（りょじゅん），威海衛（いかいえい），大連（だいれん）に向けて配給する褐色火薬，鋼鉄砲弾，大砲の生産は1892年も継続した。それは北洋海防経費からの分配資金により支援され，津海関からの分配資金は，新たに追加された機械設備費の支払いに使われた。[52]

　天津機器局は，新設海軍や沿岸防衛基地に配給する近代的火薬・砲弾の生産に全面的に専門化されたわけではなかった。李鴻章の年間報告は，通常の生産・配給が継続していることを簡単に陳べていたが，詳細には踏み込んでいなかった。1888年，『ノース・チャイナ・ヘラルド』は，海光寺の軍事工場が約300名の労働者を雇用し，小火器，小型施条カノン砲，弾薬筒，砲弾，そしていくつかの爆発物を生産したことを報道した。一方，賈家沽道（こかこどう）にある主力工場の東局は，約1,100名の労働者を雇用した。そこでは世界最大のものの一つと評された火薬工場施設に加え，西局は蒸気汽艇を建造し，蒸気汽艇のためにエンジン，ボイラー，施条式青銅砲，さまざまな砲弾，ライフル銃，水雷，鉄電池を生産し，橋梁を生産した。[53]

　1887年から，天津機器局は，軍備とはまったく無関係なタイプの生産に取り組んだ。その年，李鴻章と沈葆靖（しんほせい）は，銅貨鋳造のための造幣局を設立することを計画したのである。しかし，大失敗となる冒険であった。外国製機械設備が購入・設置された後，李鴻章と沈葆靖は，設備が貨幣の真中に穴を開けるのにうまく適応できないことに気付いた。それだけでなく，機械製の貨幣に含まれる銅の比率を大幅に増やさなければならなかった。その事業は，高い生産費を理由に取り止められた。[54]

　1887年から1891年の間，機器局は造船計画をふたたび開始した。この時の指令は海軍衙門から来た。船は頤和園にある昆明湖（いわえん）（こんめいこ）の湖面を定期的に往復した。合計3隻の小型汽船——2隻の牽引船と1隻の豪華な遊覧客船——が建造された。2隻の牽引船は，それぞれ9,000両以上の費用を要した。1889

年から 1890 年の間，頤和園で行われた改良工事のため追加の出費を負担させられた。昆明湖にドックが建設された。電灯と鉄路が頤和園西側の公園に取り付けられた。消防車が購入され，船で北京へ運ばれた。頤和園には電灯も取り付けられ，鉄路が外火器営まで敷かれた。1892 年，小さな鉄路が東局と城市を結びつけた。完成時には，機器局から埠頭まで連結できる直接の高速輸送となるものであった。これは，これまで小型船が迂回して行っていたことである。[*55]

　日清戦争の勃発時，李鴻章は，手元にある天津機器局の軍需生産品を見積もった。そこに含まれていたのは，すべての型の大砲，モーゼル銃，ホッチキス砲，そしてウィンチェスター小型銃用の弾薬 1,000 万発分，ライフル銃用の火薬 60 万ポンド，大砲用の火薬 60 万ポンド，褐色火薬 30 万ポンドであった。生産速度を上げるため，超過時間労働が始められた。しかし，李鴻章は機器局に絶対的な信用をおかなかった。李鴻章は中立国から武器・弾薬を秘密裏に購買するため，外国商人と契約を結び始めた。こうしてわずか 250 発の艦砲用砲弾をふたたび供給する準備ができた。更に，李鴻章は，最初の戦闘後に必要となると見積もった 1,300 発を緊急に注文しようとした。[*56]

　1894 年 9 月 17 日の黄海海戦は，海軍による最初の全面的交戦であり，中国にとって壊滅的な敗北となった。黄海海戦では，海軍の弾薬の粗末な品質と供給不足が中国海軍の戦力に影響を及ぼしたと報告された。10 月 4 日，李鴻章は旅順で修理中の残りの艦隊に電報を打ち，機器局は艦砲に使用する弾薬を生産するため日夜稼働していることを伝えた。ところが，11 月 16 日，李鴻章は，臨時の人員が雇われ，24 時間ぶっ通しで作業が続けられてきたのは事実であるが，天津機器局は陸海軍の部隊に向けて砲弾の全需要を満たすことはできないと報告した。弾薬を必要としている部隊は，製造局の生産量が充分な量に達するまで待機しなければならなかった。モーゼル銃およびホッチキス砲の弾薬の供給は，11 月半ばにはほとんど使い果たされた。北京の貯蔵庫に保有されたライフル銃と大砲の備蓄は，1894 年末以前に使い尽くされた。戦争が終わるまでに，天津機器局は前近代的なマスケット銃の生産を開始したが，それは近代的兵器生産に向けた装備がなされてい

[第7章] 武器・弾薬生産の近代化（1885～1895）

ない工場施設から兵器を供給するという，おそらくは自暴自棄な動きであった。*57

　日清戦争の期間中，北京の武器庫からの軍事物資の供給は，中国軍の必要を満たすには不充分であった。とりわけ，天津機器局から供給された軍需品は，1894年末までにすべて使い尽くされるか，あるいは供給が不足した。1885年から1895年までの機器局における生産と近代化の歴史は，このことについていくつかの理由を示している。生産量，とりわけ火薬と弾薬の生産は莫大で，近代化の進展は着実であったが，生産と近代化のいずれも比較的少なく不安定な洋税収入に連動していた。1888年以来，両方の領域での増産は，毎年10万から20万両の追加収入を見つけ出す李鴻章の手腕に依存していた。1887年まで洋税収入を補っていた辺境防衛費の分配資金は，生産の増大に向けて多用され，軍需品の危機的需要を満たした。しかし，1887年以後，火薬・砲弾生産の近代化を支援するための追加的収入の供給は，悩ましい問題となった。資金の遅れは，生産の遅れをもたらした。その結果，戦争の一年前まで海軍の砲弾は輸入鋼鉄を使って限られた量しか造られていなかったにもかかわらず，海軍の砲弾に使用する鋼鉄は，天津機器局でそれまで生産されていなかった。1887年から天津機器局へ供給される収入が不確実であったため，生産設備の近代化は妨げられ，結局，日清戦争以前および戦争期間中，北洋海軍に配給される品質の高い弾薬の量を制限したのである。

　他の型のライフル銃や砲弾の生産量も，同様に少額で不安定な収入により制限された。これらの生産品は，すでに広範な地域へと配給を拡げていた。つまり，戦時中の需要を満たすのに充分な量まで増産するためには，実質的な新しい経常収入源が，あらかじめ充分に供給されるべきであった。金陵機器局で広まっていたような分別のない生産方針のために，天津機器局の管理を非難することはできない。それでもやはり，貨幣鋳造の試みの失敗は高価な失敗であったし，遊覧船の建造や頤和園施設の改造は，おそらく清朝宮廷の命令なのであろうが，機器局の少額で不安定な操業資金をよりいっそう涸渇させた。

結　　論

　日本は，兵器の方面で中国に対する優位を享受していた。それは，日本国内軍需産業の優れた業績の結果生じたものであるが，日清戦争の結果は，両国の軍隊の相対的な火力により決定されたのではなかった。この研究論文の領域をはるかに超えるもっと大きな問題が含まれていた。[*58] ところが，戦前の10年間に南北洋の軍事工場で近代化が不均衡に発展したことは，中国軍を後方支援の上で制約し，外国製兵器の購買に依存することを余儀なくさせた。[*59] これに加えて，江南製造局と金陵機器局は，華北の軍事作戦の舞台から遠く離れていた。そして，繁雑な指揮系統が，中国側の援助を複雑にした。

　中国軍事工業は，中国軍の武器供給に重要な貢献をするための準備がまったくできていなかった。三つの工場施設は主な近代化事業を引き受けていたが，それは清仏戦争期に得た経験，あるいはヨーロッパ軍事工業の発展により刺激されたものであった。江南製造局の職人たちは，ヨーロッパの同業者と同質の近代的重火器の生産を習得した。天津機器局の軍需工場は，外国人観察者により，世界中で最も規模が大きく，かつ最も良質の設備が備え付けられていると描かれた。生産量は不足していたが，天津機器局で火薬と弾薬の生産が着実に向上しており，ただ李鴻章が追加収入を見つける際に遭遇した困難により成長が妨げられただけであると指摘されている。二つの工場施設での管理は，生産の最高水準に向けて妥協しない態度で臨んだことを示していた。二つの工場施設は，鋼鉄精錬所の創設と共に，原材料の自給に向けた最初の一歩であり，中国で初めての事であった。金陵機器局で，そうした進歩は明白でなかったけれども，黒色火薬の生産は，両江諸省の必要に対処するため，新設の金陵洋火薬局で急速に発展した。

　それでも問題は容易ではなく，新たな問題がこの10年間に現れた。諸経費が江南製造局および金陵機器局を麻痺させた。原料を輸入する必要と人事・購買において伝統的慣例に固執したことで経費が膨張したためであった。中国における教育改革は，製造局での技術的人員の必要に遅れをとった。外

[第7章] 武器・弾薬生産の近代化 (1885～1895)

国人技術者は，ある種の生産にとって依然欠かせない存在であった。これは，外国人による通常の助言を排除するのがおそらく早過ぎた金陵機器局においては，異なっていたかもしれない。この10年の終わり頃，軍事工場に関するもう一つの基本問題が生じた。それは位置問題であった。中国の海防は相対的に弱く，福州船政局と江南製造局は外国からの攻撃・威嚇にさらされていた。天津機器局は，数年後の義和団事件の際，外国陸軍により破壊された。金陵機器局のある内陸部もよく考えずに選択された。戦後，戦略的工業計画は，この新しいジレンマを処理しなければならなかった。

進歩は大きかった。しかし，圧倒的に重大な問題により，ひどく損なわれた。そして，生産は中国が戦時中に必要としていたものに遠く及ばなかった。南北洋の軍事工場における戦略的工業発展の見地から見て，日清戦争はとても悪い時期に起こった悪い戦争であった。戦争は，既存の経済的・社会的状況の下では対処不可能な近代化に向けた予定表(タイムテーブル)をこれらの工場施設に強要したのである。

註

＊1　孫毓棠編『中国近代工業史資料』第一輯，507～508頁。

＊2　『中国近代工業史資料』第一輯，507～509頁。Thomas L. Kennedy, "Chang Chih-tung and the Struggle for Strategic Industrialization: The Establishment of the Hanyang Arsenal, 1884-1895", *Harvard Journal of Asiatic Studies*, 33: pp.177-178 (1973). 王爾敏『清季兵工業的興起』146頁。

＊3　『洋務運動文献彙編』第三冊，1頁，52～53頁。『李文忠公海軍函稿』巻1，10頁。

＊4　陳真編『中国近代工業史資料』第三輯，11頁。Kennedy, "Chang Chih-tung and the Struggle for Strategic Industrialization", pp.154-182.

＊5　『中国近代工業史資料』第一輯，508～509頁。

＊6　Kennedy, "Chang Chih-tung and the Struggle for Strategic Industrialization", p.174. 上海区域から江南製造局を移転させる計画は，1895年以後最初に提案された。Thomas L. Kennedy, "The Kiangnan Arsenal in the Era of Reform,"『中央研究院近代史研究所集刊』第三期（上），269～346頁（1972年7月），参照。

＊7　『劉坤一遺集』（台北，1966年）奏疏，巻25，32～35頁。

＊8　唐駝編『且頑老人七十歳自叙』（台湾・中央研究院近代史研究所蔵），272～275頁。

* 9　Hummel, *Eminent Chinese of the Ch'ing Period*, p.523, p.749, p.762; *North China Herald*, November 12, 1902. 沈雲龍編『現代政治人物述評』(台北, 1966 年), 下冊, 51 頁．
* 10　沈雲龍編『現代政治人物述評』38〜48 頁。魏允恭編『江南製造局記』巻 6, 42 頁は, この任命を明確に記していない。
* 11　沈雲龍編『現代政治人物述評』48〜51 頁。『中国近代工業史資料』第三輯, 75 頁, 79 頁。
* 12　『劉坤一遺集』奏疏, 巻 25, 33 頁。Hummel, *Eminent Chinese of the Ch'ing Period*, p.855. 『清史』第六冊, 4843〜44 頁。李恩涵『曾紀澤的外交』(台北, 1966 年), 6 頁, 118〜119 頁, 226 頁。
* 13　『中国近代工業史資料』第三輯, 77〜78 頁。『張文襄公全集』(台北, 1963 年), 電牘 28, 13 頁。
* 14　『洋務運動文献彙編』第四冊, 65 頁, 71 頁。『江南製造局記』巻 2, 34 頁。
* 15　『中国近代工業史資料』第三輯, 77 頁。
* 16　『中国近代工業史資料』第三輯, 75 頁, 77 頁。
* 17　『張文襄公全集』電稿 11, 9〜10 頁。Kennedy, "Chang Chih-tung and the Struggle for Strategic Industrialization", p.172. 『李文忠公奏稿』巻 77, 1〜3 頁。『中国近代工業史資料』第三輯, 265 頁。栂井義雄『日本産業・企業史概説』(東京, 1969 年), 85 頁。
* 18　『洋務運動文献彙編』第四冊, 66 頁, 72 頁。『江南製造局記』巻 3, 1 頁。『中国近代工業史資料』第三輯, 90 頁。
* 19　『洋務運動文献彙編』第四冊, 64 頁, 70 頁, 197〜199 頁。劉錦藻編『清朝続文献通考』巻 238, 9833 頁。*North China Herald*, June 9, 1893.
* 20　1880 年, 西洋では火薬を生産する際に, 黒色の木炭ではなく燃焼していない木炭を使用することにより, 大砲用火薬の燃焼を制御する点で進歩があった。できあがった褐色火薬は, 黒色火薬よりゆっくり燃焼し, 大型砲の発射火薬として完全に取って代わった。Ormond M. Lissak, *Ordnance and Gunnery*, pp.1-15.
* 21　『洋務運動文献彙編』第四冊, 55〜56 頁。『江南製造局記』巻 2, 1 頁, 33〜35 頁；巻 3, 1 頁, 63〜64 頁, 69〜70 頁, 72 頁。*North China Herald*, September 8, 1893.
* 22　後装砲が完成された後ですら, 後座(こうざ)した大砲を発射位置まで戻す問題があった。大砲が大型になると, それに応じて位置を移動することと再度照準を定めることに対し, より多大な人力が必要となった。1880 年代, アームストロング社とクルップ社は, 後座する際に発生する力を砲架に伝えずに蓄え, 元の発射位置に砲身を戻

[第7章] 武器・弾薬生産の近代化（1885～1895）

　すのにその力を使用するという装置を開発した。これにより大砲がふたたび配置されるや否や，もう一度発射する準備ができた。これが連発砲（quick-firing gun）であった。*Encyclopedia Britannica*, 1910-1911, Ⅱ, pp.866-873; 1967, Ⅰ, pp.801-804.

＊23　『江南製造局記』巻3，63～64頁。*North China Herald*, June, 9, 1893.
＊24　『江南製造局記』巻3，18～39頁。*North China Herald*, June, 9, 1893.
＊25　『江南製造局記』巻3，65～67頁，71頁。
＊26　19世紀後半，西洋で，マガジンライフルあるいは連発銃の発展は，個々の銃兵に非常に増強された火力をもたらした。1870年代および1880年代初め，アメリカとヨーロッパの武器製造会社は，速やかに弾薬筒を薬室に充填できる銃床尾の仕組みを発展させた。これらは，安全性に乏しく，誤作動しやすいことがわかった。1880年代後半および1890年代，これらは銃の遊底（bolt）より下に置かれた弾倉（magazin）に置き換えられた。弾薬筒は下からバネの圧力で弾倉の中に込められていた。遊底が後部に引っ張られた時，使用済みの弾薬筒を燃焼したばかりの1発分の火薬から抜き取られた。そしてバネの圧力は，新しい弾薬筒を遊底の後方へ向けた動きを引き起こす隙間に上げた。遊底が再度前に動いた時，新しい弾薬筒は薬室に収められた。こうして再装填は，弾薬筒を手動で装入するのに必要な時間の何分の一かで成し遂げられた。H. Ommundsen and E. H. Robinson, *Rifles and Ammunition*, pp.91-102.
＊27　『李文忠公奏稿』巻77，1～3頁。『江南製造局記』巻3，68～70頁。
＊28　『李文忠公奏稿』巻77，1～3頁。栂井義雄『日本産業・企業史概説』85頁。『張文襄公全集』公牘，巻15，29～34頁。『江南製造局記』巻3，76～77頁。
＊29　『江南製造局記』巻3，19～39頁。
＊30　1886年，無煙火薬がフランスで最初に生産された。無煙火薬は，機械的な操作ではなく化学的な製法により造られた。その基礎は，硝酸と硫酸の溶液のなかで綿を処理することで生じるニトロセルロースあるいは綿火薬であった。これは，金属塩とニトログリセリンを機械的に化合し，そのとき乾燥し粒状となっているコロイド状のゼリーにした。無煙火薬の利点は，ほとんど全面的にガスに転化することであった。褐色火薬により放出されるガスは，その元の重量の約43％に過ぎず，ガスのエネルギーの一部は，口径から火薬の残留物を排出する際に使い尽くされた。無煙火薬が完全燃焼することで，より小さな弾薬がより大きなパワーを生み出し，発射物に対し，より大きな速力を与えた。実際，口径を汚してしまう残留物はまったくなかった。無煙火薬は，煙が出ないので発射後速やかに再度照準を定め，再度発射するのが可能であったため，連発砲やマガジンライフルの使用に非常に適していた。Ormond M. Lissak, *Ordnance and Gunnery*, pp.1-15.

* 31 『江南製造局記』巻2，37頁；巻3，70頁，76頁。North China Herald, April 26, 1895, July 16, 1897.
* 32 『江南製造局記』巻2，35～37頁；巻3，70～72頁。『洋務運動文献彙編』第四冊，62～63頁。重火器の使用に伴い，より硬質の金属が砲弾のために必要となった。1880年代に至り，鉄甲艦と要塞に鋼鉄の使用が普及したため，鋳鉄製の砲弾の使用は大幅に減少していた。1890年以前，西洋では，鋳鉄で装甲された砲弾が普通に使われていた。Encyclopedia Britannica, 1910-1911，II，pp.866-87；1967，I，pp.801-804.
* 33 『中国近代工業史資料』第三輯，78頁。『李文忠公奏稿』巻77，1～3頁。North China Herald, May 19, 1893.
* 34 『劉坤一遺集』奏疏，巻11，5頁。
* 35 『江南製造局記』巻5，29～57頁。
* 36 Hosea Ballou Morse, *The International Relations of the Chinese Empire* (London, 1910-1918), III, p.31.『張文襄公全集』電牘19，31頁。North China Herald, January 11, 1895.
* 37 『張文襄公全集』奏議38，4頁。
* 38 Rawlinson, *China's Struggle for Naval Development, 1839-1895*, pp.167-197; Hummel, *Eminent Chiese of the Ch'ing Period*, pp.686-688.
* 39 『張文襄公全集』奏議38，4頁。『中国近代工業史資料』第一輯，296～297頁。栂井義雄『日本産業・企業史概説』85頁。『江南製造局記』巻3，34～38頁。
* 40 『中国近代工業史資料』第一輯，296～297頁，319頁。『張文襄公全集』奏議37，12～15頁。
* 41 『中国近代工業史資料』第一輯，330～332頁，339～340頁。
* 42 『洋務運動文献彙編』第四冊，213～215頁，220～222頁。
* 43 『洋務運動文献彙編』第四冊，213～217頁，220～226頁。『中国近代工業史資料』第一輯，332～333頁，334頁。
* 44 『中国近代工業史資料』第一輯，333頁。『諭摺彙存』(北京)，光緒21年5月初2日，5～6頁。『李文忠公電稿』巻18，4頁a；巻18，50頁b；巻19，30頁a。Charles Beresford, *The Breakup of China* (New York and London, 1899), pp. 298-299.
* 45 『洋務運動文献彙編』第四冊，206～207頁，213頁，227～228頁。
* 46 『中国近代工業史資料』第一輯，335～337頁。『洋務運動文献彙編』第四冊，443頁。
* 47 Beresford, *The Breakup cf China*, pp.298-299.

* 48 『張文襄公全集』奏議 39, 4 頁。
* 49 *North China Herald*, October 27, 1887.
* 50 『洋務運動文献彙編』第四冊, 274～278 頁, 280～281 頁, 282～283 頁, 284～285 頁。
* 51 『李文忠公電稿』巻 10, 14 頁。『洋務運動文献彙編』第四冊, 275 頁, 279～280 頁。
* 52 *North China Herald*, May 19, 1893.『洋務運動文献彙編』第四冊, 284～285 頁。
* 53 *North China Herald*, November 23, 1888.
* 54 『李文忠公奏稿』巻 63, 8 頁 a。
* 55 *North China Herald*, October 27, 1887.『李文忠公海軍函稿』巻 4, 7 頁。『洋務運動文献彙編』第四冊, 280～283 頁。*North China Herald*, July 22, 1892.
* 56 『李文忠公電稿』巻 16, 61～62 頁。
* 57 Rawlinson, *China's Struggle for Naval Development, 1839-1895*, pp.184-185.『李文忠公電稿』巻 17, 38 頁 b；巻 18, 4 頁, 40 頁 b, 45～46 頁；巻 19, 30 頁 a。*North China Herald*, April 19, 1895.
* 58 栂井義雄『日本産業・企業史概説』84～86 頁。
* 59 王爾敏『清季兵工業的興起』133 頁。

第8章
結 論

1900年の夏，外国軍から砲撃を受けた後の天津機器局西局

[第8章] 結 論

　19世紀後半の中国軍事工業は，自強運動の縮図であり，その成果の先導者であり，その欠点の犠牲者であった。その歴史的意義を捉え，軍事工場での経験から実証的根拠に裏付けられた結論を引き出すために，中国軍事工業の創設と事業に関するいくつかの基本問題が考察されなければならない。

　まず第一に，なぜこれらの工場施設が創設されたのか？　そして，どの程度その使命を実感していたのか？　中国軍事工場での近代的機械生産の確立は，多くの原因，すなわち対外的原因と国内的原因，および軍事的原因と非軍事的原因により動機づけられていた。国内の叛乱により創出された軍事的緊急事態が軍事工場創設の直接的背景であったにもかかわらず，それらの工場施設を開花させたさまざまな官僚の理論は，疑いなく中国から外国の影響を取り除くことを究極の目的としていた。そして，関心は新儒教学者にも共有され，彼らの著作から着想を得た軍事工場の創設者に思想的源泉を与えた。こうした愛国的な美辞麗句以上に，軍事工場そのものから反駁する余地のない確かな証拠がある。1867年から1895年に至るまで，江南製造局，金陵機器局，天津機器局において持続的な取り組みが行われ，かつ莫大な出費を掛けて，最も近代的な遠洋戦艦，沿岸防御兵器，海軍用軍需品を生産したのであり，ただ国内の敵を鎮定するための準備というだけでは合理的に折り合いがつかないのである。1880年代，金陵機器局はこの点で尻込みしたかもしれないが，江南製造局と天津機器局の反帝国主義的重要性は，時間が経過し，海防のための武器・弾薬がいっそう重要視されていくに伴い，より明瞭になっていった。

　しかし，軍事工場は不慣れな新式の機械設備を含め，すべてが当時の軍事的要件に促された伝統的生産様式から適切な第一歩を踏み出したと単純に見なされるべきではない。同時代の要求に応えるため制度を適合させようとする考えは，19世紀の経世致用学派の特徴であった。これは，軍需生産を目的とする近代的機械工業の確立を合理化した儒教的政治理論の題目であった。これらの工場施設をめぐっては，改革運動の流れから派生した実質的な革新の例と見なすのが適当であると思われる。この改革運動は，19世紀の儒教に特徴的なものであり，清朝を国内の敵から，そして幾分かは

193

反帝国主義によって守ろうとする強い願望により引き起こされたものであった。

　軍事工場は，国内の敵と戦うのに適した機関であった。しかし，これらの工場施設からの武器・弾薬は，外敵に対抗して使用するのに成功しなかった。このことから，軍事工場の反帝国主義的重要性を否定的に評価する学者がいる。これは，複雑な問題を極度に単純化してしまった見解である。帝国主義の圧力に清朝が抵抗できない根本的な責任が，中国軍事工業に負わされているのであるが，その責任は当然，中国社会および指導者に関する他の諸要因と分担されるべきである。それだけでなく，この状況を生み出した諸要素に対し，相対的に論理的な弱点に関する簡単な事実を見逃している。中国軍事工業の反帝国主義的な鋭いほこ先は，対外依存の支配的状態ないし半植民地化により先細りした。江南製造局，金陵機器局，天津機器局に投資された2,500万以上の銀両のうち，80%以上は外国貿易で得た洋税から直接もたらされた。それだけでなく，30年間の軍事工業の操業後も，中国は依然として大部分の技術，そして最新化された生産をするために必要なすべての専門的な機械設備を外国に求めなければならなかった。新しい技術を導入し，近代的生産を整備するには，外国人の技術的な助言をなお必要としていた。原材料や燃料ですら，多くの場合外国からもたらされたものを使い続けた。そうなると，中国と供給国の一つとの間で武力衝突が発生するか，あるいは交戦国と同盟している供給国が通商停止に賛成することで通商の中断が引き起こされれば，中国軍事工業の財源・材料・人員にかなり破壊的な結果を必然的にもたらしたであろう（数年後の義和団事件の時がそうであったように）。

　要するに，外国に依存する環境の下で工業が発展したため，軍事工場は近代的生産の維持に必要な諸要素を得るために中国の潜在的な敵を頼みにすることを余儀なくされた。結局この状態は，イギリスが掛けて来たような，帝国主義諸列強からの圧力に抵抗するために軍事工場を使用することを妨げた。しかし中国は，この数年間イギリスとの直接的な武力対決を差し控えた。その上，外国軍事力との衝突が発生した清仏戦争および日清戦争において，帝国主義の巧みな操作よりも，むしろ軍事工場での生産不足自体が，中国の後

[第8章] 結論

方支援を弱めた。したがって，軍事工場での遅々として不完全な近代化の進展は，その反帝国主義的使命を蝕む2番目に重要な要因であった。

中国近代軍事工業の設立を促した動機は主に軍事であったが，その創設者は，経済上の広範な変化は蒸気機関を備えた生産設備の導入により生じることに気が付いていた。彼らは，軍事工場での機械生産が，他の経済部門に向けて使用されることを期待した。しかし，そのようなことは決して起こらなかった。その理由は，中国の国家と社会の性質，およびその帝国主義列強との相互作用という両方の点で教訓的である。まず第一に，1870年の天津教案から1894〜1895年の日清戦争に至るまで，清朝は一連の対外的脅威に直面した。そして，そうした対外的脅威は，非軍事的生産を好んだ李鴻章のような少数の先見の明ある官僚の注目を充分に集めた。それだけでなく，軍事的圧力の結果，兵器生産に財源が集中されることになった。実質的に，主要軍事工場における経費の全額は，現行の軍需品生産費および兵器製造機械設備の更新費，経営の非効率，浪費，原材料の入手困難により膨張した費用，そして不正購買に費やされた。兵器生産に必然的に与えられた高い優先権，そして軍事工場における生産過程の費用効率の悪さは，ただ単に財源を浪費させ，非軍事的機械類の製造を妨げただけであった。国際情勢を考慮したならば，軍事工場での生産が拡張され，非軍事的使用を目指して原料を包含するおそらく唯一の方法は，国家の財政的基礎の大規模な再編成を行い，最も重要な追加設備に投資するために，他の経済部門からの自由財源を巻き込ませることであったろう。これは日本が1873年の地租改正以後進んでいった道であった。しかし中国では，軍事工業の財源に関連しては決して議論されなかった。

軍事工場は，1895年まで清朝が国内の敵を鎮圧するのに貢献した。ところが，その反帝国主義的潜在力は対外依存と生産不足により蝕まれ，他の経済部門への直接的貢献はなかった。しかしながら，ただ単に軍事工場の使命が不完全にしか達成されなかったという理由で，これらの工場施設が歴史的に重要でないと見なすのは，誤りであろう。経済発展の観点から見れば，軍事工場に蒸気機関による生産設備を導入したことは，大量生産の時代を開い

た。このことは，経済の技術的近代化の方向へ向かう際に必要な最初の第一歩であった。機械工具と精密測量法の使用，および取り換え可能な構成部品の生産——小火器生産にとってまず最初に不可欠と見なされる技術——は，中国の軽工業が発展する技術的基盤を提供した。電気設備の生産や化学工業製品の製法のような，工業近代化に不可欠な他の基礎技術は，中国軍事工場においてはじめて導入された。

　よりいっそう重要なのは，軍事工業における近代化が経済の関連部門に及ぼした間接的影響であった。採取・原料工業の近代化，人事の近代化，輸送・通信の近代化を含む均衡的工業発展の概念は，1870年代初めまでに軍事工業に関わった官僚の脳裏に具体化した。しかし，そうした計画は，1895年までに体系的に遂行されることはなかった（おそらく対外的脅威により資源が兵器生産に狭く集中されたこと，そして清朝の指導力が欠如していたことが原因である）。しかし，軍事工業と並行して断片的な努力が為され，関連部門に近代化がもたらされた。江南製造局における汽船整備費の一部を負担する目的で設立された輪船招商局から始まり，直隷，台湾，山東における炭鉱の近代化と江南製造局および天津機器局における鉄鋼精錬所の創設に引き継がれた。軍事工業が必要とするものは，中国経済に近代化をもたらしたのである。

　教育は，軍事工業の間接的影響が感じられる，もう一つの分野であった。兵器生産を近代化するよう最も早く唱えた者から始まり，軍事工場に向けて技術的・科学的に訓練された人員を供給するため，伝統的教育様式を改良する必要があると気付く者が増えていた。外国人技術者の下での職業訓練が江南製造局と天津機器局で行われた。金陵機器局では1879年まで行われた。江南製造局は外国語学校と公立の技術訓練事業も支えていた。彼らの仕事振りの素晴らしさについて言及されていることから判断して，外国人の技術指導の下で，中国人職人は実作業を通じた訓練に好反応を示したように思われる。江南製造局のマガジンライフルや無煙火薬の生産のように，中国人の人員が武器・弾薬の生産において技術的指導を引き継ぐ方向に動いた例がいくつかある。江南製造局により支援された翻訳事業は，軍事技術や他のさまざまな題目の付いた書物を含んでおり，その生産的な影響は計りしれない。

[第8章] 結 論

　こうした間接的貢献は，後続する中国経済の近代化が必要とする多くの要素を導入した。そのほか，軍事工場は武器・弾薬の生産に関して急速に進捗した。生産は安慶内軍械所で生産された粗末な大砲と砲弾から始まり，上海機器局・洋砲局，蘇州洋砲局，江南製造局，金陵機器局で生産された滑腔の鉄製・真鍮製カノン砲，金陵機器局で生産された西洋式鉄製施条砲の模造品とマスケット銃，江南製造局で生産されたモーゼル前装銃を含み，そしてすべての工場施設で，これらすべての武器に使用される弾薬と大量の雷管，導火線，その他の点火装置を生産した。近代的生産は，1870年に天津機器局で火薬製造用の特別装置が導入された時に始まり，1895年にマスケット銃が依然として生産を継続していたけれども，徐々に初期の粗末な形態のものに取って替わった。江南製造局では，1871年に購入されたレミントンの機械設備が，1884年に修正され，1890年ふたたび修正された。そして1892年，江南製造局のマガジンライフルを生産するために改良された。重火器の生産は，最初に鋼鉄製の砲身が造られた1878年から，全鋼製後装式連発砲や大型沿岸防衛砲を製造した1890年代初期に至るまで着実に進歩した。小火器用弾薬の近代的機械生産は，1874年江南製造局の龍華工場で開始され，1875年天津機器局で開始された。1895年までに江南製造局は，マガジンライフル銃や連発砲の効果を最大限に引き出すために必要な無煙火薬の生産能力を発展させた。清仏戦争後，江南製造局と天津機器局は，最新式の軍艦搭載・沿岸防御兵器および連発砲に必要な弾薬を生産するために近代化された。この弾薬のための褐色火薬の生産は，天津機器局で1887年に始まり，江南製造局では1894年に始まった。一方，砲弾に必要な鋼鉄は，江南製造局で1892年にはじめて生産され，天津機器局で1893年にはじめて生産された。その間，これらの工場施設は，いずれも電気的に爆発させる水雷の生産を始めた。すなわち，天津機器局で1870年代後半に始まり，江南製造局で1880年代前半に始まった。生産物の中には不完全で標準に達しないものもあったが，わずか35年間に中国軍事工場での生産は，マスケット銃と球形砲弾から最新式の武器・弾薬にまで進歩した。

　最後に，失敗した原因は何かが問われなければならない。軍事工業の近代

化を阻害し，その戦略的潜在力を蝕んだ問題は何か？　他の個別的要因よりも，現行生産費の高さが1894〜1895年の時点での生産不足を招いた責任を負うべきである。生産費，とりわけ一般経費のために財源が引き離された結果，武器・弾薬の生産を更新し，拡大するのに必要な新しい設備に投資することができなかった。このことは，江南製造局で最も明瞭に立証された。すなわち，江南製造局において，ライフル銃の生産不足，および製造された大砲の数量と型式における限界は，生産設備の不適切から直接的に生じたのである。その生産設備は置き換えられ，増大されるべきものであったが，製造局の財源のほとんどが現行生産費により使い果たされていたため，実行されなかったのである。金陵機器局では，現行生産費が相対的に小規模な歳入のほとんど全額を使い果たした。このことは，臨時充当金が設備を拡大・更新する費用を支払うのに必要であることを意味していた。30年の操業中，そうした充当が行われたのは，たった一度の実例だけである。天津機器局での現行生産費に関する資料は不足しているが，そこでも生産の発展を妨げていたらしい。なぜなら，江南製造局や金陵機器局でコスト高の原因となった根本的な問題は，それほど深刻ではなかったにせよ，同様に天津機器局における問題でもあったからである。

　江南製造局で生産費の中で最も重要な構成要素は，原料と燃料に支払われた代価であった。これは，金陵機器局でもひどく有害な出費であったし，おそらく天津機器局でも問題であった。正確な資料は不足しているが，天津機器局では，国産の石炭を使用してから，費用は下がったかもしれない。原料に支払われる高い代価を決定づけた最大の要因は，原料のほとんどが外国から輸入されたことであった。その代価は必然的に輸送費と仲介者の利益を含んでいた。近代的な兵器生産が必要とするものは急速に増大していたのに，中国の採取工業と精錬工業は，そうした必要物を供給するのに必要な発展状態からはるかに立ち後れていた。江南製造局では，購買の責任を負う官僚の一部に，経験不足，だらしなさ，不正行為が見られ，この問題をさらに悪化させた。

　軍事工場の生産費に関する2番目に重要な構成要素は，人件費と行政費で

あった。人員過剰の慣習は，1880年頃，金陵機器局と江南製造局で深刻な程度に達した。そして，1890年代，軍事工場の財源を損なう資金の流出を構成するようになるまで，その後の機関で次第に拡大していった。江南製造局での人員過剰は，行政レベルにおいても，労働力に帰する場合においても，少なくとも部分的に，同郷人を好む局内湖南閥の影響から生じた。

　人件費におけるもう一つの重要な要素は，外国人技術者に支払われる給与であった。中国で新設された近代的な学校や軍事工場での訓練課程は，科学的・技術的に訓練された人員に対し，工業が必要とする水準にはるかに及ばなかった。結果的に1895年まで，外国の技術援助はある一定の生産様式を改良し，そして維持するためにさえ必要であった。軍事工場での生産に関する外国人の効果は一様ではなかったが，彼らの給与は一律に高かった。李鴻章が経営上の高い地位から外国人を排除し，外国人技術者の数を最小限にするよう促した理由の一つは，ここにあった。指摘しておきたいのは，天津機器局がこの点で非常に成功したことである。高給取りの外国人技術者の雇用は，江南製造局で様々な結果をもたらした。そして，金陵機器局において予算上の理由から外国人人員の全員が早期に離脱したのは，おそらく近代化に逆行する影響を及ぼしたであろう。

　兵器生産の近代化を妨げたもう一つの要因は，軍事工場の資金調達システムであった。江南製造局や天津機器局の年間操業資金は，一定の港における洋税収入の割合により決まったが，外国貿易での上下変動に伴い毎年激しく変動した。長期計画は，事実上不可能であった。また，天津機器局において，洋税収入は有限であった。そして，1887年以後，近代海軍向けの兵器生産は李鴻章の手腕により調整され，10万両か，あるいはさらに1年ごとに追加された収入内に引き締められた。財政上の不安定は生産の遅れを生じさせ，戦時中，弾薬を供給する上で有害な影響を与えた。

　軍事工場の位置は，その戦略的な潜在力をおおいに蝕んだ。江南製造局と天津機器局の位置は，外国海軍の攻撃や封鎖に弱いことに適切な配慮をしないで選ばれた。二つの機器局の位置は，1860年代の叛乱期に，鎮定部隊の供給地点として都合がよいという観点で選ばれた。それだけでなく，条約港

の位置は，軍事工場の操業に不可欠な輸入原材料の購買と外国技術者の雇用を促した。江南製造局は，造船の普及にも意を尽くした。日清戦争後，江南製造局を安全な場所に移転することは，両江総督と清朝政府のいずれにとっても中心の関心事となった。1900年，天津機器局は外国陸軍により破壊され，徳州の内陸都市に再建された。金陵機器局は1860年代，捻軍の乱の時期に監督を容易にするため両江諸省の首都に置かれていた。しかし，その位置は誤った選択であった。生産設備の拡張に向けた発展性に関して無制限の現実的限界が押しつけられたためである。

おそらく軍事工業に影響を及ぼしたすべての問題の内で最も全面的に広まったのは，その指導者たちの問題であった。四つの異なった指導層が，経営に影響を及ぼした。すなわち，清朝宮廷，軍事工場を監督する督撫，それを管理する総辦，技術的指導を行う外国人技術者である。太平天国の乱や捻軍の乱の終結期，地方権力の後援を受けて軍事工場は創設された。それらは，清朝宮廷の自覚的な政策の成果というよりは，地方官僚の革新的な改革計画の表現であった。宮廷の役割は，主に近代的軍事工場の創設と操業を裁可し，承認し，奨励し，あるいは（資金を保留することにより）時に思いとどまらせることであった。それでもやはり，宮廷の指導力は，これらの工場の発展に強力な，そして総じて抑圧的な影響を及ぼした。1875年，清朝宮廷は海防よりも西北の辺境防衛を最優先することを決定したが，このことは最もよい例証である。何百万もの銀両がトルキスタンの再征服に注ぎ込まれる一方で，海防計画は切り詰められた予算で執り行われた。軍事工業や経済の関連部門における生産と近代化を刺激するために使用できたはずの資金が，代わりに清朝の支配を広大で人口の少ない荒廃地に拡げるため使用された。1895年までに，中国は砂漠を得たが，日本との戦争に敗れた。

清朝政府には，工業に関する中央集権的な計画や方向付けが欠如していた。このことも壊滅的な結果をもたらした。清朝官僚は，海軍衙門がそうした目的を念頭に創設された後ですら，他の督撫が監督する下では軍事工場において標準化された兵器の生産を強制できないことに気付いた。南北洋大臣は自らの監督下にある軍事工場で生産する際，深刻な非標準化をどうにかして避

[第8章] 結 論

けようとした。しかし，1890年代，江南製造局および湖広総督張之洞が監督した新設の漢陽槍砲廠は，異なった口径のマガジンライフルを発展させた。にもかかわらず，それは海軍衙門の規定に反するものであった。また清朝政府は，国家財源である洋税収入が江南製造局で浪費的に支出されるのを統制しようとしたが，失敗した。最悪なのは，地方政府が外国から購買するすべての小火器について，北京政府が公定の口径にするよう迫れなかったことである。そのため，軍事工場（とくに江南製造局）は，六つもの異なる口径の弾薬筒を生産するため財源を分割し，中国軍の多様な要求に応じることを余儀なくされた。

　南北洋大臣による指導方針からもたらされた問題は，同じほど深刻であった。1867年，李鴻章はその責務が南方に集中していたため，天津機器局の創設を支援するのを躊躇した。このように，南北洋の権力者が各区域での生産の発展を調整することに失敗したことは，工業発展の障害となった。造船政策において，監督者の指導による決定事項は，最も損失が大きかった。江南製造局の財源を汽船の建造に集中させようとした曾国藩の決定は，よく考えられてはいるがあまりにも野心的であった。その決定は，必要な技術的・経済的要因に関する不充分な理解を基に為された。そのため，代価は高いが品質の低い船が建造される結果となり，1875年以前の製造局の財源の半分近くを使い果たした。それ以後，汽船計画の長引くコストは，江南製造局の財政力を徐々に奪った。1880年代初めになると，軽率な造船の再開は資金を奪い，新しいライフル製造機械類を入手するのを妨げ，そして小火器生産設備の長期間の欠乏を創出した。このことは，1890年代ライフル銃の製造に不利な影響を及ぼした。

　兵器生産に関する政策の領域ですら，監督者の指導は重大な問題を創出した。李鴻章は賢明にも，軍事工業のために最も現実的な方針は，原料工業および精錬工場の発展により生産費が引き下げられるまで重火器の生産を遅らせることであると決心した。その後，李鴻章は江南製造局で沿岸防衛用重火器を生産するかどうか迷い，そしてこの政策から離れたのち是認した。しかし，最も重大な誤りは，江南製造局が生産する大砲の選択であった。

1875年の大沽の大惨事の反動で，李鴻章はアームストロング式前装砲の生産を認可した。それは最も強力であり，それゆえ最も安全であったが，同時にまた最も重く，かつ操作が最も難しかった。結局10年も経たないうちに，この大砲は，最初に採用されていた後装式に取り換えられた。それとは対照的に，李鴻章は天津機器局を監督した際，生産財源を火薬と弾薬に集中させる政策に執着した。その結果，機器局は少なくとも火薬・弾薬生産にそこそこ成功したように思われる。もっとも，この印象を裏付ける詳しい資料はないのだが。

　軍事工場での操業と管理を指揮した地方官僚は，近代工業の有力者としての役割を果たすために備えておくべき教育的背景もなければ，経験もなかった。劉麟祥のように，自分の新しい地位において驚くべき決意と熱意を示した者も居たが，他の者は，馮焌光のように，発展の問題に関してほとんど夢想的な見解を示した。結局のところ，軍事工場を運営した官僚は，おそらく彼らが解決した問題より多くの問題を創り出した。軍事工場を経営するこれらの官僚の性癖は，彼らが伝統的政府に属する他の部局に所属した場合と同様であった。すなわち，経営の費用対効果を考慮することなく，人員過剰，人員誤用，締まりのなさ，資金運用の際の不正行為に帰着した。それだけでなく，次のような結末は避けられなかったのである。すなわち，金陵機器局において，中国人の管理人は外国人による通常の技術的助言を受けられなくなったため，新たに設置された機械設備を使用して時代遅れの兵器を生産したのである。

　おそらく中国軍事工業の指導力に関する最も決定的な側面は，外国人技術者から始まった西洋の影響力であった。いったん軍事工場が創設されると，次のような問題が発生した。それは，中国が中国独自の人的資源を使用して機械工業を発展し続けることができるのか，あるいはよりいっそう西洋の技術・人員を注入することによって，これらの西洋式機関を存続する必要があるのかであった。この点で，中国軍事工場で助言者，指導者，技術者として仕えた西洋人は非常に重要であった。というのは，彼らは二つの文明の間の架け橋であったからである。西洋技術の神秘，それを使用するのに必要な訓

[第8章] 結 論

練，そしてそれが基盤とする科学的原理ですら，軍事工場に仕える外国人を通じて中国人にもたらされた。しかし，これらの助言者や技術者はせいぜい当たり外れのある籤(くじ)であり，なかには文化的な仲介者の役割を果たすのに不適当な気質と背景をもつ者も居た。マッケンジーのように，アームストロングが創り上げた兵器を江南製造局に導入した人々は，疑いなく高度な適任者であった。マッケンジーは，その使命に一身を捧げた。しかし，記録に拠ると，それ以外の者について深刻な問題が挙げられている。この期間中，中国軍事工場で最も有名な外国人であったホリディ・マカートニーは，李鴻章の精力的で忠実な雇われ人であった。しかし，マカートニーは軍事技術者の地位により中国人から手厚い報酬を得たのであるが，軍事技術者としての適性あるいは経験をもたない医者であった。李鴻章は，江南製造局で最初に招いた外国人技術者の一部に，能力がなく遅刻する者を見つけて憤激し苦々しい思いをした。その外国人技術者は，軍事技術者と二役をこなしていた造船工であったことが思い出されるであろう。1895年頃になってからでさえ，外国人技術者は無煙火薬の生産を命じる契約を果たすことができなかった。そして，ぎりぎりの結末であったにせよ，その問題を最終的に解決したのは中国人であった。要するに，多くの例から見て，外国人は中国軍事工場で西洋の科学と技術の伝導者として仕えるのに適していなかった。清朝の生き残りのため決定的に重要な文化的融合の第一段階が成功するか，あるいは失敗するかは，投機師，日和見主義者，無能者を含む外国人から成る小集団の有能性次第で大部分が定まった。

　軍事工業における業績や事業の進展に関する記録は，ある程度の回復力と生存力を示唆している。しかし，それは19世紀の中国ですべての書き手が見つけ出した訳ではなかった。軍事工業の一部の指導者が有した，現実主義，実用主義，偏見のなさに導かれ，軍事工業は近代化された兵器生産の時代を開いた。それだけでなく，教育や経済でも変革を鼓舞したが，最も重要なのは官僚の態度を変えたことであった。それでもなお軍事工場を悩ませた問題は，その多くが伝統的な社会経済的・知的環境から生じたものであり，圧倒的であった。そして，成し遂げられたものは，為すべきことのほんの小さな

断片にすぎなかった。1895年までの軍事工業における近代化は，部分的に水で満たされたコップに譬(たと)えられるのであろうか，それとも部分的にからっぽであるのか？　欧米の基準で評価すると，情けないほど不適当と見られたものが，ほんの35年前に普及していた伝統的兵器生産の基準線で評価すると，驚くべき成果を表している。外国列強の猛攻撃に対する中国の自強に失敗したからといって，軍事工業の重要性をみくびることは，単純に割り切り過ぎた判断をすることであり，全面的に拡がった帝国主義の影響を無視することである。帝国主義は軍事工業の急速な近代化を中国の死活問題としたが，急速な近代化は，ただ帝国主義列強の指導の下でのみ起こったのであり，帝国主義列強の人材，機械設備，材料に依存することを通じてのみ起こったのである。こうした依存性は，軍事工場における生産不足と結び付き，軍事工業から反帝国主義的潜在力を奪った。そして，新興帝国主義である日本は，中国軍事工業が近代的生産に向かう長い道のりの上で最初の困難な段階に踏み出したちょうどその時，中国に武力に訴えるよう強要した。その結果は，悲惨であった。

[付　表]

付表 I-1　江南製造局で建造された汽船（1867～1885）

完成時期	船　名	長さ・幅（フィート）	馬　力	排水量（トン）	種　類	建造費（両）
1868 年 8 月	恬　吉（てんきつ）	217　32	150	600	木製の船体，翼式明輪	81,397
1869 年 5～9 月	操　江（そうこう）	211　32	80	640	木製の船体，プロペラ	83,306
1869 年 8 月 25 日	測　海（そくかい）	206　33	125	600	木製の船体，プロペラ	82,736
1870 年 9～10 月	威　靖（いせい）	241　38	150	1,000	木製の船体，プロペラ	118,031
1872 年 5 月 24 日	鎮　海（ちんかい）（海安（かいあん）と改名）	352　49	500	2,800	木製の船体，プロペラ	355,190
1872 年 7 月					鋼甲，一対のプロペラ	5,360
1872 年 7 月					鋼甲，一対のプロペラ	13,599
1874 年 1 月					鋼甲，一対のプロペラ	
1873 年 12 月 23 日	馭　遠（ぎょえん）	352　49	500	2,800	木製の船体，プロペラ	318,717
1874～75 年	金　甌（きんおう）	123　23	200		鉄甲（沿岸航行用）	62,586
1874～75 年					鋼板，一対のプロペラ	8,960
1874～75 年					鋼板，一対のプロペラ	10,943
1874～75 年					エンジン付の舢板（サンパン）	990
1874～75 年					西洋式の帆船（はんせん）	57,005
1881 年		160　26	650	400	一対のプロペラ	
1885 年	保　民（ほみん）	264　42	1,900		鋼板	223,800

〔出典〕『曾文正公全集』奏稿，839～841 頁。『洋務運動文献彙編』第四冊，33～34 頁，40～41 頁，51～52 頁，62 頁。『江南製造局記』巻 3，1～3 頁，55 頁。『中国近代工業史資料』第一輯，287～290 頁。『海防档』丙，45 頁，60～61 頁，75 頁，83～90 頁，137～138 頁。『北華捷報』1881 年 9 月 27 日。『上海県続志』巻 13，4～5 頁。

205

付表 I－2　江南製造局の収入（1867～1875）　　　単位：両

年	総収入	江海関からの税収	その他の雑収入	諸省からの軍需品収益
1867～73	2,927,458	2,884,498	42,960	
1874	537,154	491,682	45,472	
1875	549,411	520,594	28,817	
1876	531,444	472,595	58,849	
1877	353,135	333,975	19,160	
1878	444,626	434,779	9,847	
1879	487,147	468,742	18,405	
1880	594,057	560,995	33,062	
1881	746,172	657,226	88,946	
1882	616,325	529,038	87,287	
1883	573,615	438,148	135,567	
1884	907,253	505,206	361,387	40,660
1885	604,999	527,132	77,867	
1886	553,390	525,468	20,135	7,787
1887	610,204	530,669	27,411	52,124
1888	568,555	556,932	11,623	
1889	631,142	502,347	128,795	
1890	895,866	793,399	96,098	6,369
1891	786,578	679,905	96,595	10,078
1892	673,311	647,834	19,108	6,369
1893	629,135	564,128	58,638	6,369
1894	817,893	662,307	126,851	68,735
1895	1,298,141	780,134 400,000 ※	50,783	67,224

※二成洋税ではなく，江海関からの特別分配金。1890年から1895年までの負債を返済するのもの。
〔出典〕『江南製造局記』巻4, 2～4頁。

[付 表]

付表Ⅰ-3　江南製造局で生産した機械と武器・弾薬（1867～1895）

年	機械	小火器	大砲	水雷	火薬(ポンド)	小火器用弾薬	砲弾
1867～73	127	9,920	112			2,000	15,624
1874	35	2,500	8	44	81,200	542,000	33,450
1875	40	3,358	8	44	88,982	581,000	31,215
1876	19	2,510	1	44	115,544	1,213,400	41,739
1877	24	1,730			85,060	792,600	11,369
1878	18	1,638	4		80,920	731,850	30,266
1879	17	1,300	13		82,530	1,045,650	11,437
1880	14	2,200	6	64	224,446	1,162,000	8,235
1881	18	2,800	8		162,760	1,156,000	956
1882	21	2,400	11		171,360	1,159,900	4,681
1883	42	2,024	12	10	160,350	1,139,000	29,329
1884	9	2,327	16	22	357,250	1,177,000	33,719
1885	19	2,562	4	10	346,300	665,000	7,595
1886	17	2,250	7		235,537	1,753,880	12,080
1887	17	2,352	7	50	246,780	2,067,200	14,359
1888	14	2,450	10	52	233,516	2,012,500	32,186
1889	15	2,126	13	20	158,700	1,635,000	11,070
1890	14	825	9	82	282,000	1,964,000	41,916
1891	15	1,106	5	6	254,500	1,482,000	22,979
1892	19	860	12	91	206,960	854,500	12,216
1893	19	578	4	28	128,525	805,000	12,951
1894	28	1,224	4	40	378,249	1,494,880	10,628
1895	27	1,109	4	10	511,754	2,456,110	23,746

〔出典〕『江南製造局記』巻3, 2～38頁。

付表Ⅰ－4　江南製造局製の武器

年	生産物	南洋大臣の艦隊と部隊	北洋大臣の艦隊と部隊	その他の部隊	年	生産物	南洋大臣の艦隊と部隊	北洋大臣の艦隊と部隊	その他の部隊
1869	大砲	17	4		1877	大砲	1		
	砲弾	952				砲弾	7,797		
	小火器	40	1,524	1,000		小火器			
	弾薬	1,000	1,000			弾薬	12,000	200,000	
	火薬	1,200	1,600			火薬	82,600	32,000	
1870	大砲	17		25	1878	大砲	23		
	砲弾	639		3,100		砲弾	3,522	22,000	
	小火器	310		500		小火器	575	4,002	
	弾薬					弾薬	28,156	355,400	
	火薬	1,200				火薬	45,373	44,000	
1871	大砲				1879	大砲			
	砲弾	320	4,240	4,000		砲弾	1,840		
	小火器	24	1,700	1,500		小火器	10	1,000	
	弾薬					弾薬	38,500	350,000	
	火薬	50	8,480	15,000		火薬	96,647		
1872	大砲				1880	大砲	8	8	
	砲弾					砲弾	4,302	1,200	
	小火器		900			小火器	8,039	2,000	
	弾薬					弾薬	384,000	400,000	
	火薬		1,600			火薬	154,979		
1873	大砲	13	10		1881	大砲	8	4	
	砲弾	400	800			砲弾	2,811		
	小火器	60	1,500			小火器	1,122		
	弾薬					弾薬	119,500		
	火薬					火薬	81,673		
1874	大砲	82	100	2	1882	大砲	6	5	
	砲弾	7,050		200		砲弾	3,338		
	小火器	3,664	100			小火器	362		
	弾薬			400		弾薬	81,600		
	火薬	49,482				火薬	214,015		
1875	大砲	3	2		1883	大砲	127		
	砲弾	2,832	23,110			砲弾	13,100		
	小火器	36	1,000			小火器	294		
	弾薬	120,520				弾薬	69,690		
	火薬		3,420			火薬	79,542		
1876	大砲	2				水雷			60
	砲弾	1,280	10,040		1884	大砲	38		15
	小火器	2,081	1,000			砲弾	27,492	2,000	1,856
	弾薬	278,016	400,000			小火器	15,582	140	2,000
	火薬	80,824	80			弾薬	3,566,382		2,000,000

〔出典〕『江南製造局記』巻5, 1～57頁。

[付　表]

・弾薬の供給（1867～1895）

年	生産物	南洋大臣の艦隊と部隊	北洋大臣の艦隊と部隊	その他の部隊
1884	火薬	472,803		
	水雷	23		20
1885	大砲	57		1
	砲弾	15,488		1,100
	小火器	1,089		
	弾薬	606,800		268,200
	火薬	70,410		
	水雷			10
1886	大砲			
	砲弾	8,495		
	小火器	139		
	弾薬	70,200		
	火薬	116,568		
	水雷			
1887	大砲		4	
	砲弾	5,219	630	
	小火器	36		
	弾薬	1,987,000		
	火薬	110,982		
	水雷			
1888	大砲	1		
	砲弾	2,743	10,000	
	小火器	250		
	弾薬	87,710		
	火薬	185,896		
	水雷			
1889	大砲			
	砲弾	5,223		1,000
	小火器	2		
	弾薬	19,100		
	火薬	304,671		
	水雷			
1890	大砲	11	2	6
	砲弾	414,283	9,000	4,000
	小火器	883		1,000
	弾薬	69,520		
	火薬	155,079		
	水雷			
1891	大砲			
	砲弾	14,180		

年	生産物	南洋大臣の艦隊と部隊	北洋大臣の艦隊と部隊	その他の部隊
1891	小火器			
	弾薬	48,840		
	火薬	637,824		
	水雷			
1892	大砲	6	1	
	砲弾	1,414	20	
	小火器	265	200	
	弾薬	71,636	21,000	
	火薬	65,247	100	
	水雷			
1893	大砲	6		
	砲弾	1,742		
	小火器	5,102		
	弾薬	562,590		
	火薬	34,769		30,000
	水雷			
1894	大砲		4	2
	砲弾	8,550	3,600	1,600
	小火器	7,150		
	弾薬	3,386,811	40,000	2,400,000
	火薬	165,680	800	302,480
	水雷	168		40
1895	大砲	6		3
	砲弾	2,427		1,060
	小火器	805		2,000
	弾薬	2,044,393		1,400,000
	火薬	165,680		80,274
	水雷			

付表Ⅰ-5　江南製造局の支出（1867～1895）　　単位：海関両

年	総支出	建築費及び官員・補助員の給与	技術工の給与	機械購買費	原料購買費	弾薬購買費	翻訳・絵図費
1867～73	2,919,911	431,360	741,567	110,576	1,533,049	86,899	16,460
1874	567,794	50,918	129,942	46,615	303,877	29,642	6,800
1875	528,039	37,730	155,004	27,108	289,385	14,057	4,755
1876	549,628	47,789	150,965	53,835	279,371	14,288	3,380
1877	411,571	39,568	125,555	26,123	190,575	27,292	2,458
1878	348,926	84,649	106,971	5,846	66,880	80,817	3,763
1879	397,540	73,078	124,458	3,912	193,015	345	2,731
1880	588,370	63,696	133,034	60,831	312,161	16,402	2,246
1881	853,081	105,469	166,798	24,227	534,579	19,895	2,113
1882	613,770	132,389	153,128	71,304	65,565	189,658	1,726
1883	546,853	84,777	163,469	29,430	241,635	23,856	2,686
1884	983,196	76,155	243,983	32,794	294,848	133,837	1,579
1885	505,174	68,723	187,703	9,623	238,089		1,036
1886	491,687	73,547	160,622	16,244	240,001	771	502
1887	661,542	82,134	179,247	18,939	379,513	557	1,152
1888	487,518	72,718	153,663	25,463	233,320	1,657	697
1889	688,690	73,499	157,517	23,992	411,637	21,472	573
1890	755,717	86,740	177,728	29,034	441,962	18,674	1,579
1891	644,520	84,678	161,202	55,037	333,304	9,680	619
1892	763,154	94,154	205,248	27,936	426,110	8,750	956
1893	843,151	91,637	199,906	133,337	411,073	185	1,013
1894	859,935	93,021	231,902	222,933	308,782	22,005	1,292
1895	976,829	109,024	240,507	47,584	568,565	10,241	908

〔出典〕『江南製造局記』巻4, 6～8頁。

[付　表]

付表Ⅰ-6　天津機器局の収支（1876～1892）

年	総収入	津海関・東海関からの税収	総支出
1870～1871	256,080	256,080	244,988
1872～1873	395,269	395,269	394,700
1874～1875	584,617	584,287	595,494
1876～1877	484,119	445,608	488,364
1878～1879	461,542	338,910	482,539
1880～1881	671,667	453,999	643,757
1882	297,768	266,000 ※	266,969
1883	313,436	281,697 ※	277,078
1884	398,067	369,000 ※	454,468
1885	356,679 ※	?	294,066
1886	320,332 ※	?	296,212
1887	300,201 ※	?	345,966
1888	367,321	?	296,800
1889	358,706	?	383,074
1890	317,713	?	328,679
1891	421,572	?	316,419
1892	456,472	?	509,911

※辺防経費からの供給を含む
〔出典〕『中国近代工業史資料』第一輯，367頁。『洋務運動文献彙編』
　　　　第四冊，273～276頁。

付表Ⅰ-7　金陵機器局の収入と支出（1879～1894）

年	収　入	支　出
1879～1880	202,415	199,421
1881～1882	256,047	257,894
1883	108,000	108,857
1884	153,076	153,116
1885	118,091	118,250
1886	210,000	210,362
1887	114,000	114,052
1888	114,000	113,545
1889	114,000	124,595
1890	124,532	124,595
1891	114,000	114,008

（単位：両）

〔出典〕『洋務運動文献彙編』第四冊, 185～186頁, 193～194頁, 203～204頁, 207～217頁, 220～226頁。『曾忠襄公奏議』巻22, 23頁 a。『中国近代工業史資料』第二輯, 440頁。

[付 表]

付表Ⅰ-8 金陵洋火薬局の収入と支出(1884〜1891)

年	収入	支出
1884.6〜	26,826	26,809
1885	38,589	38,450
1886	89,481	89,276
1887	54,424	54,349
1888	57,608	57,552
1889	50,178	50,158
1890	53,986	53,966
1891	49,599	49,592

(単位:両)

〔出典〕『洋務運動文献彙編』第四冊, 196頁, 201〜202頁, 205〜206頁, 206〜207頁, 212〜213頁, 215頁, 220頁, 222頁, 224〜228頁。

付表Ⅱ　中国軍事工場

年	工場名	省	場所	創設者	管理総責任者
1861	安慶内軍械所	安徽	安慶	曾国藩	
1863	上海洋砲局	江蘇	上海	李鴻章	韓殿甲
1863	上海機器局	江蘇	上海	李鴻章	丁日昌
1863	松江砲局	江蘇	上海	李鴻章	マカートニー，劉佐禹
1863～64	蘇州洋砲局	江蘇	蘇州	李鴻章	マカートニー，劉佐禹
1865	江南製造局	江蘇	上海　虹口	李鴻章　曾国藩	丁日昌
1865	金陵機器局	江蘇	南京　南門	李鴻章	マカートニー
1866		直隷	天津	劉長佑，崇厚	
1866	天津機器局東局	直隷	天津　賈家沽道	崇厚	メドウス
1867	天津機器局西局	直隷	天津　海光寺	崇厚	スチュワート
1869	福建機器局	福建	福州水部門	英桂	頼長
1869	西安機器局	陝西	西安	左宗棠	
1870	天津行営製造局	直隷	天津	李鴻章	
1872	蘭州製造局	甘粛	蘭州	左宗棠	頼長
1872	雲南機器局	雲南	昆明		
1873	広州機器局	広東	広州聚賢坊	瑞麟	温子紹
1875	山東機器局	山東	済南濼口	丁宝楨	徐建寅，薛福成
1875	湖南機器局	湖南	長沙	王文韶	韓殿甲
1875	広州火薬局	広東	広州曾歩	張兆棟	潘露
1877	四川機器局	四川	成都東門	丁宝楨	夏旹，労文翻
1881	吉林機器局	吉林	吉林	呉大澂	宋春鰲
1881	金陵洋火薬局	江蘇	南京双橋門	劉坤一	孫伝樾，龔照璦
1882	浙江火薬局	浙江	杭州艮山門		
1882～84	山西機器局	山西	太原	張之洞	
1883	神機営機器局		北京　三家店	醇親王奕譞	潘駿徳
1883	浙江機器局	浙江	杭州	劉秉璋	王恩咸
1885	広東機器局	広東	広州石井墟	張之洞	薛培榕
1885	台湾機器局	台湾	台北北門	劉銘伝	丁達意
1890	漢陽槍砲廠	湖北	漢陽大別山	張之洞	蔡錫勇
1894	陝西機器局	陝西	西安風火洞	鹿伝霖	

〔出典〕
孫毓棠編『中国近代工業史資料』第一輯，564～566頁。王爾敏『清季兵工業的興起』（台北・献彙編』第四冊，185頁，を参照。湖南機器局については，『洋務運動文献彙編』第四冊，333～器局の創設費は，本書の第3章からの数字に基づいている。江南製造局の創設費の概算は，第 and *Development of the Kiangnan Arsenal 1860-1895* (unpublished Ph.D. dissertation, Columbia Struggle for Strategic Industrialization: The Establishment of the Hanyang Arsenal, 1884 -1895",

[付　表]

一覧（1860～1895）

建設費	年間収入	主要生産品	備考
		小型の大砲，炸裂する砲弾	
		小型の大砲，炸裂する砲弾	1865年江南製造局に編入
		小型の大砲，炸裂する砲弾	1865年江南製造局に編入
		炸裂する砲弾	1863年蘇州に移動
		炸裂する砲弾	1865年金陵機器局に編入
1,000,000		ライフル銃，沿岸防御用重火器，速射砲，黒色・褐色・無煙火薬，弾薬，水雷，鋼製機器，汽船	1867年高昌廟に移転，同年陳家港に火矢工場が創設，1871～74年龍華に火薬工場が創設
	100,000～150,000	鉄製兵器，弾薬	1874年烏龍山工場が長江要塞を支援するため創設，1879年移動
	69,000	伝統的兵器	1868年生産を停止
388,178	125,000～450,000	黒色・褐色火薬，弾薬，海軍用弾薬，鋼	
95,795		小型の大砲，機械	
		弾薬，火薬	1872年生産を停止，1875年再開
		弾薬，火薬	1872年恐らく蘭州に移動
		弾薬	淮軍に従属
		各種の武器・弾薬，火薬	1882年生産を停止
		武器・弾薬，火薬	生産を停止（日付不詳），1880～81年再開，1885年生産を再開
170,000		小型汽船，弾薬，水雷	1885年広州火薬局と合併
186,000	36,000	ライフル銃，弾薬，火薬	
		火薬	
77,000	20,000～60,000	ライフル銃，大砲，弾薬，火薬	1880年賈家壩の近くに四川火薬廠を創設
	40,000～100,000	弾薬，火薬	
183,000	50,000	火薬，弾薬	
100,000		火薬	1885年浙江機器局に編入
		弾薬	
200,000～300,000			1890年火災により焼失
		火薬，弾薬	
		弾薬	
		弾薬，火薬	
14,000,000		ライフル銃，軽装砲，弾薬，火薬	1895年生産を開始
		弾薬	

中央研究院近代史研究所，1963年），105～127頁。烏龍山機器局に関する資料は，『洋務運動文335頁，を参照。山西機器局については，『洋務運動文献彙編』第四冊，419頁，を参照。天津機3章で言及した費用に1875年の創設費を加えている。Thomas L. Kennedy, *The Establishment* University 1968), pp.95-96. 漢陽槍砲廠の創設費は，Thomas L. Kennedy, "Chang Chih-tung and the *Harvard Journal of Asiatic Studies,* Vol. 33 (1973), pp.154-182. に拠る。

215

訳者あとがき

　本書は，Thomas L. Kennedy, *The Arms of Kiangnan: Modernization in the Chinese Ordnance Industry, 1860-1895*, Westview Press, Boulder, 1978. の全訳である。著者のトーマス・L・ケネディ氏は1930年生まれの中国近代史学者で，長年にわたりワシントン州立大学の史学科教授を務め，歴史研究及び歴史教育に従事してこられた。退職された現在も，同州のプルマンで著作活動に勤しんでおられる。

　「日本語版への序文」の中で表白されているように，中国軍事工業の近代化について論究したこの研究書の原点は，1950年代末，当時二十代のケネディ氏がアメリカ海兵隊で中国語専門の情報部員として活躍していた頃まで遡る。時あたかも東西冷戦時代の最中である。世界はソビエト連邦とアメリカ合衆国を盟主とする東西両陣営に分かれ，激しく対立していた。若きケネディ青年は，こうした現代史の最前線に身を置く中で，建国してまだ10年にも満たない中華人民共和国に関する知識を吸収するとともに，この新興国を成立せしめた歴史過程について止めども尽きない向学心を募らせていったように思われる。兵役を終えて一般市民の生活に戻ったケネディ氏は，コロンビア大学の博士課程に進学し，マーチン・ウィルバー教授の近代史ゼミに飛び込んでいった。数多くの後進を育てたことで知られるウィルバー教授との出会いは，ケネディ氏の進路に決定的な影響を与え，やがて氏は，中国の開明的な地方官僚が叛乱を鎮圧して瀕死の王朝政府を救い，西洋先進技術の導入を通じて軍事工場を建設し，近代化に邁進してゆくという歴史認識を獲得するに至った。こうして研究の方向が定まったケネディ氏は，博士論文に着手する。氏が焦点を当てたのは，洋務期の代表的な軍事工場である江南製造局であった。江南製造局は，「日本語版への序文」で言及されている江南造船所の前身である。

　コロンビア大学で博士号を得たケネディ氏は，遠く西方の太平洋を渡って，台湾の中央研究院近代史研究所に研鑽の場を求める。中央研究院近代史研究

所は，1965年4月台北市の南港に設立された研究機関で，中国近現代史に関する档案史料の宝庫として知られており，専門研究書，所蔵史料集，機関誌，そしてシンポジウムの成果を纏めた論文集等も出版している。ケネディ氏は，この地で初代所長の郭廷以教授や軍事史研究の大家王爾敏教授と知り合い，大きな学問的影響を受けた。また，原書には夥しい数の参考史料が挙げられているが，その中には近代史研究所の所蔵する稀覯史料が含まれている。ケネディ氏がこの研究所で得た史料面での成果も多大なものであったことがわかる。

　ケネディ氏はそれまでの研鑽を基に，中央研究院近代史研究所の発行する機関誌『中央研究院近代史研究所集刊』に，下記のような論文を次々に発表された。それは，(1) The Kiangnan Arsenal in the Era of Reform, 1895-1911.（第三期・上，1972年7月），(2) The Establishment of Modern Military Industry in China, 1860-1868.（第四期・下，1974年12月），(3) The Coming of the War at the Kiangnan Arsenal, 1885-1895.（第七期，1978年6月），(4) The Peiyang Arsenal and the Evolution of Warlord Logistics, 1895-1911.（第十期，1981年7月）の四篇である（これらの論文は，近代史研究所のホーム・ページでPDFファイルとして公開されており，容易に参照することができる）。この度，私が翻訳したケネディ氏の著書は，こうした氏の研究活動の一つの頂点をなし，この分野の研究水準を一挙に引き上げた斯界の高峰である。アメリカ合衆国のウエストビュー社から1978年に出版されてからすでに30年以上が経過しているが，現在でもその価値は失われていない。むしろ時間の経過と共に古典的基本文献としての地位を高めていくのではなかろうか。

　なお，ケネディ氏はその後，曾国藩の末娘として生まれ聶緝槼に嫁いだ曾紀芬が残した『崇徳老人自訂年譜』の翻訳と研究に取り組まれるようになり，第一冊目の専門書から約15年を経て，*Testimony of a Confucian Woman: The Autobiography of Mrs. Nie Zeng Tifen, 1852-1942*, Univ of Georgia Pr, 1993. として完成された。この著作の編集にはケネディ氏ご本人だけでなく，Micki夫人も参加されている。研究書として纏める過程で，ケネディ氏は，

訳者あとがき

1987年8月中央研究院近代史研究所の档案館会議室において開催された『清季自強運動研討会』で研究発表されており,その概要はSelf-Strengthening, the "Women's World": Exerpts from the Autobiography of Mrs. Nieh Tseng Chi-fen (1852-1942) と題して,上下2冊から成る中央研究院近代史研究所編『清季自強運動研討会論文集』(1988年刊) に収録されている (下冊, 975~1000頁)。このことからも,ケネディ氏が中央研究院近代史研究所との間に長期にわたって親密な関係を築いてこられたこと,そして氏が自分の研究を世に送り出す際に,入念な準備を怠らなかったことが窺われるのである。

ところで,ケネディ氏の書かれた原書については,すでに中国の四川大学から中国語版が出されている。T.L.康念徳著『李鴻章与中国軍事工業近代化』(四川大学出版社,1992年) がそれである。この中国語版を企画されたのは楊天宏教授で,楊教授を中心に陳力,楊天慶,陳建明,劉萍の各氏が翻訳事業に参加された。私は原書を日本語に訳す際,この中国語版を手元に置き,適宜参考にさせていただいた。特に難解な箇所では,ずいぶん助けられたものである。楊教授による「訳后記」(訳者あとがき) はケネディ氏の原書に対する論評も付け加えられており,原書の理解を大いに助けてくれると同時に,それを通じて中国人研究者の見方の一端に触れることができる。まず楊教授は,長年中国国内の研究者を悩ませてきた諸問題についてケネディ氏の著書は回答を提出している,と次のように高い評価をしている。

　長年,国内の学者を深く困惑させるか,あるいは論争が絶えなかった重大な学術問題,すなわち自強運動における中央政府と地方実力派との関係,近代軍事工業の中国近代化過程における地位と作用,王朝政府が優先的に「塞防」を考慮し「海防」の戦略決定を軽視したことが軍事工業の近代化に与えた影響,中国早期軍事工場の地理的位置と軍事工業発展の内在的潜在力との関係,そして自強運動の動機などの問題に対し,ケネディ教授は著書の中で回答を出している。

楊教授はケネディ氏の研究手法に対して非常に高く評価しており，利用した史料の詳細さと確実さ，論証の厳密さ，見解の斬新さを挙げると共に，研究方法の上で，ケネディ氏が「巨視的精察と微視的分析の有機的結合を重視している」と評している。ここで「巨視的精察」というのは，「地球規模の植民地拡張運動と世界軍事工業の発展を把握する」ことであり，「微視的分析」とは，「中国近代軍事工業の発展戦略，区域分布，生産管理，資金分配，生産品振分けの利害得失を比較検討する」ことである。楊教授の指摘するように，ケネディ氏による中国軍事工業の近代化に関する研究は，マクロとミクロの二側面が優れて有機的に関連づけられており，類書に例を見ないスケールの大きさと精密さを兼ね備えている。楊天宏教授のコメントは，我々がケネディ氏の業績から学ぶべき点を非常に的確に捉えていると言えよう。

　中国軍事工業の近代化について研究する中国人学者は，概して日清戦争の敗戦を重く受けとめ，それをいわゆる洋務運動の破産と捉えた上で，その原因はどこにあるのかを探求しようとする傾向が強い。それゆえ近代的兵器生産業への歴史評価は自ずと厳しくならざるを得ないのであるが，言うまでもなく，ケネディ氏は，こうした中国大陸で支配的な歴史意識からは自由な立場でこの問題にアプローチしている。この度翻訳書を上梓するに当たり，私が改めて感銘を覚えたのは，豊富な史料の収集と読解を通じて，中国軍事工業の近代化過程に関する内在的理解が徹底して追究されており，著者独自の歴史像を具体的且つ克明に構築することに成功している点である。

　もとより私には原書で考察された広範な問題についてあまねく解説を加えるだけの力量はなく，一通りの翻訳を終えてなお初学者の域を脱することができないのであるが，以下では若干の私見を思い付くままに陳べておきたい。まず，造船に拘泥する曾国藩に対し，その費用対効果を冷静に見極めていた李鴻章との対比が鮮明に捉えられており，清末洋務期に軍事工業を創立せしめたこの二人の巨頭の間に，軍事工業近代化の方向性をめぐって深刻な懸隔があったことがわかり，真に興味深いものがある。曾国藩をもってしても，軍事工場創設当初の見通しの甘さは避けられず，その死後，李鴻章が江南製造局における造船を停止する方向に転換してからも，船の整備に要する経費

訳者あとがき

負担は重い足枷となって武器・弾薬生産の進捗を制約していった過程が詳細に描かれている。

また，本書の対象とする35年間において，北洋大臣（直隷総督と兼務）を務めた曾国藩と李鴻章の両者が決定的に重要であり，もちろんそれ相応に詳細に叙述されているのであるが，北洋とは対照的に南洋大臣（両江総督と兼務）は数年ごとに頻繁に交替しており，本書のように，歴任した個々の官僚についてその思考形態と行動様式を把握するのは非常に根気の要る作業であったに違いない。しかも，そうした清朝官僚に関する探究は督撫レベルの高官にとどまらず，さほど知られる機会のない他の中級・下級官僚も数多く取り上げられており，且つそれぞれの官僚について丁寧な叙述がなされている。

このように実事求是に徹した歴史人物研究という点も，本書の優れた特質として挙げられるのであるが，やはり李鴻章への理解がとりわけ卓越しているように思われる。特に，江南製造局で造船を停止するようになって以後，李鴻章が天津・上海・南京（金陵）にある主要軍事工場の特徴を把握して，各工場における軍需生産を特化させ，全体を総合する総設計士のような役割を果たしていたことを鮮やかに描き出したのは，本書の白眉と言えよう。そして，このような李鴻章による指導性が発揮された結果，中国が日清戦争の直前に到達することの出来た兵器生産水準の高さが実証的に解明されているのである。

さて，いささか私事にわたり恐縮だが，今から四半世紀ほど前のことである。大学院の修士課程に在籍していた私は，江南製造局をテーマに修士論文を作成するに当たり，執筆に必要な基礎知識を得るため，ある1冊の専門書を読み始めた。その本こそ，この度私が訳出したケネディ氏の著書である。

私がその存在をはじめて知ったのは，指導教授の北村敬直先生を通じてである。北村先生はアメリカ合衆国における研究動向に通じておられ，演習では毎年ゼミ生のテーマに応じた英語文献を選んで，授業時間の一部をその購読のために費やすというスタイルをとっておられた。今では懐かしい想い出であるが，難しい英語論文をすらすらと日本語に訳される先生の技量に，私

はいつも感嘆せずにはいられなかった。授業の前半で英語文献の購読が終わると，後半は中国近代史に関する重要項目の検討がなされた。ケネディ氏の研究書は，江南製造局が取り上げられた際，先生が黒板に板書して紹介して下さった文献の一つである。

　今でも忘れられないのは，修士論文のテーマを決めるに当たり，北村先生の研究室にお邪魔して御意見を仰いだ際の激辛指導である。このとき私は，先生の口から単刀直入に「江南製造局は修論のテーマに値しない」という趣旨のお言葉を頂いた。しかし，だからといっていまさら引き下がるわけにもいかないし，また貶されるほどやる気が出てくるという若い頃の奇妙な性癖がもたげてきて，結局私はこのテーマで修論を書く決心をした。このとき先生は，輪船招商局か製鉄所（おそらく張之洞の設立した漢陽製鉄所）の研究をそれとなく勧めてくださったのであるが，そのまま軽く受け流してしまったのは，先生が亡くなられた今となっては悔いが残るのである。とは言え，ともかく自分の決めたことであるので，私は大阪梅田の旭屋書店を通じてこの薄い青色の装丁が施された洋書を取り寄せてもらい，夏休みに入った時分に読み始めたのである。

　当初，私の学習法は，下宿先のすぐ近くにある喫茶店で毎朝モーニング・セットをとり，その日の新聞に目を通した後，テーブルの上に書物とノートを広げ，辞書を引きながら，論文に使えそうな部分を日本語に訳すという何の変哲もないものであった。ワープロの普及する以前のことであるから，すべて手書きのボールペンで作業を進めたのであるが，地道に続けた甲斐があって，期限までに論文を書き上げることができた。次の関門である試問は，漢文史料の読解を中心に予定の時間をはるかに超える長丁場となったのであるが，その終わり間際に北村先生から「買ってるんですよ！」と褒めていただいた。このことも懐かしい想い出である。

　博士課程に進学後，翻訳は一時中断していたが，修論の手直しを終え活字にしてから再開することにした。使える部分を拾い読みするだけでは不充分で，1冊をすべて丸ごと消化した上で浮かび上がる問題をすくい取る必要があるのではないかと反省したのがその動機である。しかし，隙間の時間を見

訳者あとがき

つけて少しずつ訳していくといった程度の取り組みでは，遅々としてなかなか進まないのは当然で，手書きの翻訳ノートは確実に積み重なっていったものの，一通りやり終えた時には新しい世紀を迎えていた。そして，こうしてできあがった「粗訳の束」も，長らく本棚の中でほったらかしにしたままになっていた。

こうした「粗訳の束」が陽の目を見ることになったのは，数年前，立命館大学びわこ・くさつキャンパス（BKC）に出講した際，研究棟の5階にあるオフィスで金丸裕一教授と交わしたちょっとした雑談がきっかけである。その折り，非常勤講師の身分でも投稿可能ということでお誘いを受け，その場で『立命館経済学』誌上に件の翻訳を連載する話がまとまった。こうして，古びて変色したノートに蠢くように書かれた汚い字が，美しい活字に姿を変えてこの世に送り出されることになった。編集の労を執ってくれたのは，人文社会オフィスの藤本さやかさんである。この場を借りてお礼を申し上げたい。また，連載を終えた訳文を書物にするに当たっては，ＧＷ期間中のある日，駄目もとで京大農学部前の昭和堂に出版依頼メールを送ったところ，翌日に快諾の返信をいただいた。本書の編集を担当してくれた神戸真理子さんは，好不調の波が大きい翻訳者の作業を上手く軌道に乗せてくれた。真に有り難いことである。

それから最後に，原著者のケネディ先生と連絡がとれたことは最高に幸運であった。翻訳書出版の申し出と著作権の所在を知るために最初のメールを差し上げて以来，幾度となく質問をさせていただいたが，その都度懇切丁寧なご返事をいただき，その上本書のために序文を寄稿してくださった。その親切なお人柄に接することができ，感慨無量である。末尾ながら深く感謝の意を表したく存じます。

2013年3月

細見和弘

人名索引

あ

英桂　214
王恩咸　214
王世緩　171
王韜　55-56, 58
王徳均　60, 88, 149
王文韶　214
応宝時　77
王有齢　35
王陽明　12
温子紹　214

か

何璟　109
何桂清　32, 41
華衡芳　46-47
夏旹　214
賀長齢　27
鹿伝霖　214
川上操六　170
韓殿甲　50-52, 60, 214
咸豊帝　17, 32-34, 45
魏源　15, 27-29, 37, 38
龔之棠　17, 46
龔照瑗　145, 214
恭親王奕訢　33-34, 45, 54-55, 69
龔振麟　15-17, 46

さ

許景澄　167
桂良　34
元帝　7
康熙帝　14
光緒帝　159-160, 167
江忠源　17
黄冕　17
コーニッシュ　168
呉嘉廉　46
呉大澂　214
胡林翼　17
コロネル・ジョージ・ゴードン　57

蔡国祥　47
蔡錫勇　214
左宗棠　49, 112, 116-117, 124, 131, 133, 138, 155, 163-164, 167, 214
僧格林沁　53, 60
始皇帝　5
朱一新　159
聶緝槼　163-165, 168
朱元璋　11
朱晋　104-105, 107
醇親王奕譞　159, 214
昭帝　7
邵友濂　141
徐建寅　214

225

徐光啓　13
徐寿　46
ジョン・マッケンジー　137-138, 203
沈保靖　60, 65, 90-91, 181
沈葆楨　113-115, 118-124, 126,
　　129-130, 132-133, 137-138
瑞麟　214
崇厚　53-54, 62-64, 67-68, 72, 89-90
スチュワート　64, 68, 90, 180
石達開　16
薛煥　35
薛培榕　214
薛福成　126, 214
曾紀沢　164
曾国荃　46, 49, 142, 159, 163-164,
　　169, 177
曾国藩　17, 29-33, 35-36, 39, 45-51,
　　56, 60-61, 66-67, 70, 75-80, 82,
　　84-85, 89, 94, 103-106, 116, 133,
　　162-164, 201, 214
宋春鰲　214
孫伝樾　214

た

ダニエル・マッケンジー・デービットソン
　　91
張士誠　11
張之洞　141, 160-161, 166-167,
　　173-175, 179, 201, 214
張兆棟　115, 214
陳廷経　56
丁拱辰　15
丁日昌　50, 52, 55-56, 58-60, 62,
　　66-67, 69, 71, 75, 78-79, 98, 105,
　　113, 115-116, 124, 214
丁守存　15-16
鄭成功　14
丁達意　214
丁宝楨　214
董恂　79
同治帝
トーマス・ウェード　91, 115
徳椿　64
杜文瀾　78

な

ニコライ・イグナーチェフ　35
ヌルハチ　13

は

梅啓照　130
馬新貽　78-79, 89
潘鏡如　163
潘仕成　16
潘駿徳　214
潘鼎新　52, 62
潘露　214
馮桂芬　36-39, 45, 47, 54
馮焌光　60, 65, 82, 106-109, 111,
　　124, 153, 202
フェルディナンド・フェルビースト　14
武帝　6
フレデリック・タウンセント・ウォード
　　50
プロスペル・ジゲル　113, 164
文祥　34
文帝　5

226

卞宝第　159
彭玉麟　130-131
鮑超　148
ホリディ・マカートニー　51-53, 57, 61, 84-87, 91, 164, 203 , 214

ま

マキルレース　91
メドゥス　63-64, 72, 90-92, 214
孟子　30

や

ヤクブ・ベグ　112
容閎　47-48, 58, 60, 66, 69, 76
ヨハネス・ロドリゲス　13

ら

頼長　214
羅栄光　52
駱秉章　17
羅惇衍　78
羅大綱　16
李興鋭　135, 163
李鴻章　31-32, 36-37, 39, 45, 48-71, 75-76, 79-80, 82, 84-95, 98, 103-111, 113, 115, 117-124, 129-134, 136-139, 141-143, 146-151, 153, 155, 160, 164, 166, 168-170, 173, 177, 179-184, 195, 199, 201-203, 214
李之藻　13
李秀成　32-33, 45
李鍾珏　162163
李善蘭　46-47
李宗義　110-111
劉王龍　52
劉麒祥　164-166, 168-169, 171-175, 179
劉坤一　130-131, 145, 170, 172, 214
劉佐禹　52, 85-86, 214
劉長佑　63, 214
劉秉璋　52, 214
劉銘伝　66, 214
劉蓉　164
梁啓超　40
林則徐　15, 17
労文翺　214
ロード・ベレスフォード　178-179
ロバート・ハート　62

事項索引

あ

アームストロング（社） 136-137, 167, 169, 186, 203
アームストロング式前装砲 202
アームストロング砲 138-139, 141, 168-169
アヘン戦争 15-16, 18, 28-29, 33, 46
アムール川 14
アロー戦争 16
安徽（省） 16, 31-32, 46, 49
安慶 46-47, 49-50, 53, 197
安慶内軍械所 46-47, 197, 214
威海衛 181
威靖 108, 205
一巵 177
頤和園 181-183
ウィンチェスター銃 88
ウズリー川 35
烏龍山（工場） 85, 143-144
雲南 115, 141, 145
雲南機器局 214
永安 16
嶧県 149
沿岸防御砲 150, 160-161, 168-169, 175
沿岸防御船
沿岸航行用の鉄甲艦 119

烟台 89
塩鉄論 7, 19

か

海安 107, 111, 118, 124
海軍 76, 104, 107, 110, 113-123, 126, 130-131, 135, 148-149, 159, 161, 177, 180-183, 193, 199
海軍衙門 131, 133, 159-160, 166, 168, 177, 180, 182, 200-201
海軍章程 160, 180
海光寺 64, 88, 90, 99, 149, 181
『海国図志』 28
開山砲 63
海防 55, 64, 84-85, 93, 103, 113, 116-124, 130, 136, 143, 146-148, 150, 153, 185, 193, 200
海防経費 88, 117, 119, 120, 129-133, 137-138, 143-145, 147, 151, 155, 159-160, 181
回民起義 82, 84, 103, 112, 138
火器営 53-54, 60, 182
『火器説略』 55, 58
岳州 17
嘉興 52
滑腔砲 81, 136
褐色火薬 93, 168, 175, 179-182, 186-187, 197

228

事項索引

ガトリング砲　85, 144, 146, 150
カノン砲　52, 54, 65-66, 77, 90, 98,
　　139, 153, 181, 197
華北平原　4
漢口　50, 177
広西（省）　16, 141
甘粛　112
官督商辨企業　149
広東（省）　13, 15, 16, 17, 29, 70,
　　115, 145
広東機器局　214
咸陽　5
漢陽槍砲廠　160, 161, 167, 170, 201,
　　214
議価処　133
旗記鉄廠　58
旗昌洋行　125
旗昌輪船公司　146
吉林　147
吉林機器局
祁門　46
九江　177
牛荘　89
九龍橋　85
馭遠　111, 118, 124, 140, 205
ギリシア火薬　19
義和団事件　185, 194
金欧　108, 111, 205
金田村　16
今文学派　26, 27, 28
金陵機器局　60-61, 67, 84-88, 92,
　　94-95, 122, 129, 132, 136, 143-146,
　　150, 155, 160, 172, 177-179,
　　183-185, 193-194, 196-200, 202,
　　214
金陵洋火薬局　178, 184
空中開花砲弾　47
苦力　83
庫倫　148
クルップ（社）　136, 152, 159,
　　167-169, 171, 186
クルップ大砲　81, 131
京師　7-8, 10, 13, 29, 31, 34, 38, 64,
　　67, 78, 100, 106
経世致用学（派）　27-28, 30, 36-37,
　　39, 193
軽装野砲　160
桂平　16
紅夷大砲　13-14
江陰　16
黄海海戦　182
江海関　76-77, 79, 83, 120, 138, 143,
　　151, 161-162, 180
江漢関　50
黄鵠　47
広州　37, 56, 103, 142
杭州　45
広州火薬局　214
広州機器局　142, 214
考証学派　26, 37
高昌廟（鎮）　77, 79-80, 140, 153, 176
江西（省）　17, 32, 41, 145
江蘇（省）　17, 32, 45, 51, 54-55, 58,
　　60, 64, 67-68, 84, 105, 113, 131,
　　133, 141, 144-145
『皇朝経世文編』　27-28, 163
江南製造局　3, 57- 62, 64-68, 71,
　　75-84, 87-88, 90, 92, 94-95,

229

98, 103-111, 116-120, 122-123, 125-126, 129-145, 150-151, 160-177, 179, 184-186, 193-194, 196-203
江南製造総局　58
『校邠廬抗議』　36
広方言館　51, 80
黄浦江　77
賈家沽道　64, 89, 181
黒色火薬　20, 80-81, 97, 139, 145, 147, 150, 168, 170, 173, 178, 184, 186
黒竜江　147
湖州　52
呉淞　168
後装砲　138-139, 167-168, 186
湖南（省）　17, 29, 31-32, 162-164, 172-173, 175, 199
湖南機器局　214
湖北（省）　17, 145, 159, 173
虎門　29
昆明湖　181-182

さ

采石磯の戦い　10
塞防　116-117, 121
炸裂する砲弾　15, 19-20, 47, 51-52, 54, 60, 81, 98
山海関　148, 173
サンクト・ペテルブルグ　164
山西機器局　214
山東（省）　13, 60, 67, 125, 147, 149, 196
山東機器局　214

三藩の乱　14
自強　3, 28, 38-39, 46-47, 53, 55-56, 69, 103, 108, 121, 204
自強運動　39, 54, 75, 82, 84, 95, 103, 160, 193
施条砲　81, 85, 136, 144, 152, 197
四成洋税　64, 68, 77, 90, 145, 179
四川機器局　214
実用主義　30-31, 36, 39, 55, 69, 203
芝罘　63
斜方晶系の火薬　93, 97
上海　3, 32-37, 45, 49-56, 58, 60-62, 64-66, 68, 70-71, 76, 80, 82, 84, 94, 96, 98, 135, 140, 161, 173-174, 176-177, 186, 197
（上海）外国語言文学学館　51, 80
上海洋砲局　214
周辺起爆式弾薬筒　154
儒学者　7, 36
儒教　6-7, 18, 25-28, 59, 69, 193
朱子学　→　正統派宋学
シュナイダー式ライフル銃　140
蒸気機関　3, 15, 29, 36, 46-47, 52, 195
湘軍　31, 49-50, 173
松江　51, 55, 83, 135
松江火薬庫　135, 161
松江砲局　214
常州　52
常勝軍　50, 57
津海関　179, 181
新海防政策（新しい海防政策）　112, 118, 119, 129, 136
神機営　148

神機営機器局　214
新疆（省）　138
新儒教　18, 25, 27, 29-30, 39, 193
真鍮製カノン砲　77, 90, 98, 197
清仏戦争　141, 142, 145, 150, 159, 163, 177, 184, 194, 197
神木庵　61
水師学堂　149
水雷　16-17, 20, 88, 113, 118, 121-123, 135, 140-141, 144, 146-149, 154, 181, 197
水雷学堂　149
西安　5, 84, 112
西安機器局　214
陝西（省）　88, 112
正統派宋学（朱子学）　25-26, 30
西捻　67
浙江（省）　17, 32, 45, 49, 141, 145
浙江機器局　214
全鋼製連発砲　168
陝西機器局　214
前装施条砲　136
前装砲　137-138, 152, 167, 202
穿鼻　29
船砲局　38
操江　154, 174, 205
曹州　60
総税務司　45
操砲学堂　133
総理各国事務衙門　34
総理衙門　34-35, 45, 53-54, 62-63, 65, 66-67, 75, 79, 96, 103-105, 109, 113, 115-116, 126, 134
測海　205

蘇州　36, 41, 49, 51-52, 55, 60, 78, 83, 155
蘇州洋砲局　49, 52, 60-61, 197, 214

た

大沽（港）　16, 33, 85-87, 136, 137, 139, 153, 202
大運河　149
太湖　32
大角島　29
太古洋行　125
太倉　55, 83
第二次アヘン戦争　33
太平天国　16-17, 31-36, 41, 45-46, 49-51, 60, 112, 164
太平天国の乱　16, 18, 56, 60-61, 69, 164, 200
大連　181
台湾　14, 81-82, 93, 113, 115, 120, 141, 145, 173, 178, 186, 196
台湾機器局　214
涿州　13
丹陽の戦い　32
察哈爾　147, 148
中央点火式レミントン銃　139
中心起爆式弾薬筒　92, 93
中体西用　39
長江　4, 16-17, 31-32, 34-35, 45-46, 50, 60-61, 85, 94, 103, 115, 118, 130-132, 135, 138, 140, 161, 173
長江デルタ　32, 34, 61
長蘆塩税　63
直隷（省）　63, 67, 84, 88, 93, 100, 106-107, 147, 149, 196

鎮海　205
陳家港　79-80, 96
鎮江　17
通済門　61, 85
霆軍　148
帝国主義　4, 194-195
鉄甲艦　77, 94, 107, 111, 114, 118-120, 129-130, 188
電学館　144
恬吉　205
天京　32, 49
天津　33-34, 54, 62-65, 67, 68, 75, 85-90, 93-94, 105, 107, 121, 148, 168, 170
天津火薬局　64
天津機器局　61, 64, 66-68, 75, 80, 84, 87-95, 122, 129, 134, 141, 145-151, 160, 168, 172, 179-185, 193-194, 196-202
（天津機器局）西局　64, 68, 88, 90, 92, 181
（天津機器局）東局　64, 68, 89-92, 181-182
天津教案　89, 195
天津行営製造局　88, 214
電報学堂　149
東海関　179
登州　14
東捻　67
徳州　200
トルキスタン　103, 112-113, 116-117, 120, 122, 200

な

内蒙古　93, 106
南京　8, 14, 32, 41, 49, 56, 61, 65-66, 68, 85, 88, 94, 121, 140, 155, 163
南北洋大臣　34-35, 41, 75, 95, 121-124, 129, 134, 140, 150, 160, 168, 171, 200-201
南洋海防経費　131-133, 143-144, 151, 155
南洋大臣　34, 75-76, 78-79, 81, 85, 89, 105, 109-111, 115, 118-119, 122-124, 129-133, 137-138, 140, 142-145, 150-151, 155, 159-163, 167, 169-175, 177
二成洋税　63, 79, 129, 138, 143, 151
日清修好条規　113
日清戦争　25, 121, 160, 174-175, 177-179, 182-185, 194-195, 200
ニューキャッスル　137
寧遠の戦い　13
熱河　34, 147, 148
ネルチンスク条約　14
捻軍　60-61, 66-69, 75-76, 78, 82, 84, 98, 112, 164, 200
『ノース・チャイナ・ヘラルド』180-181

は

八旗軍　54
馬尾　140
パリ　89, 164
半植民地化　194
反帝国主義　95, 193-195

火矢　9, 61, 79, 80, 85, 98
福州船政局　103-104, 107, 112-113, 124-125, 131, 142, 159, 161, 164, 185
ブックハイスター社　171
福建（省）　49, 114-115, 141, 164
福建機器局　214
仏郎機（フランキ）　12-14
普仏戦争　89
プロペラ推進システム　77-78
平泉　149
北京　8, 13-14, 16, 32-35, 53, 54, 60, 67, 77, 79, 113, 118, 141, 144, 148, 182, 183, 201
汴京の戦　10
法家　5, 7, 8, 27, 28, 29
報価処　133, 166
砲隊営　133
奉天　64, 147
蓬莱　13
北洋海軍　130, 148, 149, 183
北洋海防経費　88, 120, 147, 181
北洋艦隊　120, 132, 141, 154, 173, 174
北洋大臣　34, 53, 62-63, 67, 82, 84-85, 89, 105-107, 115, 118-121, 123, 129, 131, 133-134, 139, 141, 143, 146, 149, 160, 168-170, 173, 179
ホッチキス銃　169
ホッチキス砲　182
保定　67
保民　131, 132, 151、205
虹口　58, 66

香港　51, 55, 71
翻訳館　29, 80

ま

マカオ　13-14
マガジンライフル　169-171, 173, 175, 187, 196, 197, 201
マサチューセッツ州　48, 70
マスケット銃　11-12, 61, 65, 98, 144-146, 150, 177-179, 183, 197
マテーニ・ヘンリー（社）　93
マテーニ・ヘンリー・ライフル銃　93
満洲　8, 12-14, 26, 35, 106
マンリッヒャー・ライフル　166, 170
無煙火薬　169-171, 175, 187, 196-197, 203
村田銃　167, 170
綿火薬　149, 171, 187
モーゼル前装銃　197
モーゼル銃　81, 92, 141, 166, 169-170, 182-183
モルテール　12

や

揚州　143
陽明学派　25
洋薬釐金　180

ら

雷管　16, 19-21, 47, 51-52, 61, 80, 85, 90-93, 98, 139, 144-145, 147, 150, 153-154, 171, 175, 177, 197
ライフル銃（施条銃）　11, 53, 57, 81,

233

92-94, 97, 113-114, 136, 139-141, 143, 147, 150, 160-161, 166-167, 169, 170-173, 175, 181-183, 197-198, 201
ラッセル商会　177
蘭州　112
蘭州製造局　214
リー式ライフル銃　140
リヴァディア条約　148
龍華（工場）　80-81, 140, 150, 153, 168, 197
琉球　113, 115
緑営　100
旅順　181, 182

輪船招商局　110, 125, 146, 196
レイ・オズボーン艦隊　51, 63, 71, 89
レイ・オズボーン事件　57
レミントン式弾薬筒　81, 122, 141
レミントン式元込めライフル　81
レミントン式ライフル銃　141, 147
練軍　93, 100, 147-148
連発砲　168-169, 175, 187-188, 197

わ

淮軍　50-52, 56, 60-61, 76, 78, 84-85, 88-89, 93, 103, 107, 113, 143-148, 177
淮軍収支局　143

■ 著者紹介

トーマス・L・ケネディ（Thomas L. Kennedy）

1930 年生まれ。元ワシントン州立大学史学科教授。中国近代軍事史・経済史に詳しく，論文として，Li Hung-chang and the Kiangnan Arsenal, 1860-1895 があり，朱昌峻と劉広京の両氏が編集した論文集 *Li Hung-chang and China's Early Modernization* (M.E.Shape, 1994) に収録されている（『立命館経済学』59-1 に邦訳あり）。曾紀芬（曾国藩の末娘）の年譜に関する研究でも知られている。

■ 訳者紹介

細見和弘（ほそみ・かずひろ）

1962 年，大阪府大阪市に生まれる。大阪市立大学文学部卒業。龍谷大学大学院修士課程（東洋史学専攻）修了，博士課程（同）を単位取得のうえ依願退学。
現在，大阪商業大学総合経営学部非常勤講師，立命館大学経済学部非常勤講師，社会システム研究所客員研究員。
主な著作に，「李鴻章と清仏戦争——北洋艦隊の派遣拒否問題についての再検討」（『中国——社会と文化』第 11 号，1996 年），「李鴻章と戸部——北洋艦隊の建設過程を中心に」（『東洋史研究』第 56 巻第 4 号，1998 年）など。

中国軍事工業の近代化——太平天国の乱から日清戦争まで

2013 年 4 月 30 日　初版第 1 刷発行

著　者　トーマス・L・ケネディ
訳　者　細　見　和　弘
発行者　齊　藤　万　壽　子

〒 606-8224　京都市左京区北白川京大農学部前
発行所　株式会社　昭和堂
振替口座　01060-5-9347
TEL（075）706-8818／FAX（075）706-8878

© 2013　細見和弘

印刷　亜細亜印刷
装丁　常松靖史

ISBN978-4-8122-1304-9
＊乱丁・落丁本はお取り替えいたします。
Printed in Japan

本書のコピー、スキャン、デジタル化等の無断複製は著作権法上での例外を除き禁じられています。本書を代行業者等の第三者に依頼してスキャンやデジタル化することは、たとえ個人や家庭内での利用でも著作権法違反です。

塩地　洋 編
中国自動車市場のボリュームゾーン
――新興国マーケット論

A5判・200頁
定価 2,940 円

　中国の自動車販売が爆発的に拡大を続けている。本書は中国自動車市場、特に売れ筋となる小型車市場の現状を詳細に分析、さらに小型車市場と競合・代替関係にある非自動車カテゴリー車両（農用車や低速電気自動車）の現状を明らかにする。

田島俊雄 編著
現代中国の電力産業
――「不足の経済」と産業組織

A5判・298頁
定価 5,985 円

　1990年代以降、政策的に取り組まれている電力改革の経済的意義と問題点について、中国で歴史的に形成された「不足の経済」のもとでの産業組織の「集中と分散の構造」を踏まえて究明。

ピーター・A・ロージ 著／本野英一 訳
アジアの軍事革命
――兵器から見たアジア史

A5判・256頁
定価 3,360 円

　本書は、9世紀中国の火薬発明の歴史と、周辺アジア地域（朝鮮半島、日本、東南アジアおよび南アジア）に、9～20世紀に及ぼした衝撃を跡づける。戦争とその技術がこれら初期社会の政治および文化的構造に及ぼした破滅的な結果であることを明らかにする。

ロバート・ビッカーズ 著／本野英一 訳
上海租界興亡史
――イギリス人警察官が見た上海下層移民社会

A5判・368頁
定価 3,465 円

　大英帝国の公僕であった、ある無名のイギリス人の生と死に関する波瀾万丈の物語を通して、大都市・上海の激動の歴史を浮き彫りにする。主人公は実在の人物でその写真帳と書簡を駆使した評伝であるが、それを当時の大英帝国と中国、日本の関係を読み解く。

愛宕　元・冨谷　至 編
中国の歴史（上）［新版］古代・中世

A5判・320頁
定価 2,415 円

愛宕　元・森田憲司 編
中国の歴史（下）［新版］近世・近現代

A5判・336頁
定価 2,415 円

　最新の専門的な学説を踏まえつつ、一般読者の中国史への興味を喚起するような平易な叙述内容につとめ、連続した通史として理解できるように構成。

（定価には消費税5％が含まれています）

昭和堂刊

昭和堂ホームページ　http://www.showado-kyoto.jp

清代中国地図

外蒙古

新疆

内蒙古

甘粛省

青海

西蔵

四川省

貴州

雲南省

黒竜江

吉林

直隷省
●北京
●天津
盛京

山東省

河南省
江蘇省
安徽省
●上海
浙江省

江西省

福建省

●広州
広東省

台湾島